现代数学译丛 3

现代非参数统计

〔美〕 L. 沃塞曼 著

吴喜之 译

科学出版社

北京

图字：01-2007-3532 号

内 容 简 介

本书是"All of Nonparametric Statistics"的中译本，源于作者为研究生开设的课程讲义，包括了几乎所有的现代非参数统计的内容. 这种包罗万象的书不但国内没有，在国外也很难找到. 本书主要包括 10 章内容，主要讲述非参数 delta 方法和自助法之类的经验 CDF、覆盖基本的光滑方法和正态均值、利用正交函数的非参数推断、小波和其他的适应方法等.

本书适合统计和计算机科学的高年级大学生、研究生作为教材，也适合统计学、计算机和数据挖掘等方向的研究人员参考.

图书在版编目(CIP)数据

现代非参数统计/〔美〕L. 沃塞曼著；吴喜之译. —北京：科学出版社，2008
（现代数学译丛；3）
ISBN 978-7-03-021229-0

I. 现… II. ① Larry… ② 吴… III. 非参数统计 IV. O212.7

中国版本图书馆 CIP 数据核字(2008) 第 027559 号

责任编辑：陈玉琛 / 责任校对：陈玉凤
责任印制：赵 博 / 封面设计：王 浩

科 学 出 版 社 出版
北京东黄城根北街 16 号
邮政编码：100717
http://www.sciencep.com

北京华宇信诺印刷有限公司印刷
科学出版社发行 各地新华书店经销
*
2008 年 5 月第 一 版 开本：B5(720×1000)
2025 年 1 月第六次印刷 印张：14 3/4
字数：271 000
定价：98.00 元
（如有印装质量问题，我社负责调换）

本书献给伊萨

译 者 的 话

非参数统计可以分为两个范畴, 一个是比较经典的基于秩的, 以检验为主的非参数统计推断, 而另一部分是近二三十年来发展的非参数回归、非参数密度估计、自助法以及小波方法等现代非参数统计方法. 这两者均不对总体分布做较为确定假定, 但除此之外, 这两部分内容在方法上和概念上均没有多少共同点. 这本书就是涉及后者的现代非参数统计的内容.

这本书之所以吸引人, 就在于它包括了几乎所有的现代非参数统计的内容. 这种包罗万象的书不但国内没有, 在国外也很难找到. 这对于读者实在是太方便了. 这也是原书名为 "非参数统计大全" (*All of Nonparametric Statistics*) 的原因. 为了包含更多的内容, 本书省略了许多证明细节, 这对于多数研究者来说并不会带来不便. 那些想知道个别数学细节的人, 可以从本书的参考文献中得到满足, 而大多数读者则会满足于本书的全面性和整体性.

吴喜之

2008 年 5 月于中国人民大学统计学院

前　言

目前已经有了许多涉及各种非参数推断的书, 如密度估计、非参数回归、自助法及小波方法等. 然而, 很难在一本书中找到所有这些内容. 本教材的宗旨就是为了在一本书中简单扼要地介绍非参数推断的许多现代课题.

本书以统计和计算机科学的硕士或博士生水平的读者为对象. 也适用于想在现代非参数方法方面自学速成的那些在统计学、机器学习和数据挖掘等方向的研究人员. 我的目标是让读者很快熟悉许多领域的基本概念, 而不是纠缠在一个题目上讨论大量的细节. 一方面要覆盖大量的内容, 另一方面要保持本书的精炼. 我决定省略许多证明. 读者可以从本书引用的文献中找到进一步的细节. 当然, 尽管本书标题那么写, 我还是必须在包含什么和省略什么内容方面作出选择. 大体上说, 我决定略去在一章中无法容下的题目. 例如, 不涉及分类或非参数贝叶斯推断.

本书源自我主要为硕士生所开的半学期 (20 小时) 课程的讲义. 教师可能想要求博士生学习更深入的内容并要求他们证明某些定理. 我始终试图遵照我的基本原则, 即绝不给出一个没有置信集的估计量.

本书是方法和理论的混合, 其内容为一些更加注重方法的教材的补充. 这些教材包括 Hastie et al. (2001) 和 Ruppert et al. (2003).

在第 1 章的引言之后, 第 2, 3 章涉及诸如非参数 delta 方法和自助法之类的经验 CDF. 第 4~6 章覆盖基本的光滑方法. 第 7~9 章有较高等的理论内容并且更难些. 第 7 章奠定了第 8, 9 章正交函数法所需的基础. 第 10 章概述了某些略掉的内容.

我假定读者学过像 Casella and Berger (2002) 或 Wasserman (2004) 的教科书那样的数理统计课程. 特别地, 假定读者熟悉下面的概念: 分布函数、依概率收敛、依分布收敛、几乎处处收敛、似然函数、最大似然、置信区间、delta 方法、偏差、均方误差及贝叶斯估计量等. 第 1 章将简单回顾这些背景概念.

数据集和代码能够在下面网址找到.

www.stat.cmu.edu/~larry/all-of-nonpar.

我需要做些澄清. 首先, 本书的内容是在 "现代非参数统计" 的标题之下, 略去诸如秩检验那样的传统方法并不贬低它们的重要性. 其次, 我大量利用大样本方法. 这部分地因为我认为统计大体上在大样本情况下是最成功和有用的, 也部分地因为构造大样本非参数方法常常更加容易. 读者应该意识到, 大样本方法在不够谨慎时自然会误导.

我谨感谢下面提供了反馈和建议的人士: Larry Brown, Ed George, John Lafferty, Feng Liang, Catherine Loader, Jiayang Sun 及 Rob Tibshirani. 特别要感谢一些提供了非常详细评论的读者: Taeryon Choi, Nils Hjort, Woncheol Jang, Chris Jones, Javier Rojo, David Scott 及一个匿名读者. 还要感谢我的同事 Chris Genovese, 他提出了大量的建议并且为本书的版式提供了 LaTex 宏. 我欠了 John Kimmel 很多, 他一直对我予以支持和帮助, 并且对本书的另类标题不表异议. 最后, 感谢我的夫人 Isabella Verdinelli, 因为她的建议改进了本书, 也因为她的爱心和支持.

L. 沃塞曼

2005 年 7 月于宾夕法尼亚　匹兹堡

目　　录

第1章 引　　言

本章将简要地描述将要涉及问题的类型. 然后, 定义某些符号并回顾概率论和统计推断的一些基本概念.

1.1　什么是非参数推断

非参数推断的基本思想是在尽可能少的假定时利用数据对一个未知量作出推断. 通常, 这意味着利用具有无穷维的统计模型. 的确, 对非参数推断的一个更好的名字可能是无穷维推断. 但很难给出非参数推断一个精确的定义, 而且如果一定要给出一个, 将会毫无疑问地遭到反对观点的炮轰.

为了本书的目的, 将把非参数推断这个词组用于旨在保持背景假定尽可能少的现代统计方法的一个集合. 具体地说, 将考虑下面问题:

(1) **估计分布函数**. 给定一个 IID 样本 $X_1, \cdots, X_n \sim F$, 估计 CDF $F(x) = \mathbb{P}(X \leqslant x)$ (第 2 章).

(2) **估计泛函**. 给定一个 IID 样本 $X_1, \cdots, X_n \sim F$, 估计一个泛函 $T(F)$, 如均值 $T(F) = \int x \mathrm{d}F(x)$ (第 2, 3 章).

(3) **密度估计**. 给定一个 IID 样本 $X_1, \cdots, X_n \sim F$, 估计密度 $f(x) = F'(x)$ (第 4, 6, 8 章).

(4) **非参数回归或曲线估计**. 给定 $(X_1, Y_1), \cdots, (X_n, Y_n)$, 估计回归函数 $r(x) = \mathbb{E}(Y|X = x)$ (第 4, 5, 8, 9 章).

(5) **正态均值**. 给定 $Y_i \sim N(\theta_i, \sigma^2)$, $i = 1, \cdots, n$, 估计 $\boldsymbol{\theta} = (\theta_1, \cdots, \theta_n)$. 这个看似简单的问题实际上非常复杂, 而且还对大量非参数推断提供了一个统一的偏倚 (第 7 章).

此外, 将在第 7 章讨论某些统一的理论上的原则. 在第 10 章考虑几个不同性质的问题, 如测量误差、逆问题及检验.

最有代表性的假定将是: 分布函数 F (或者密度 f 或回归函数 r) 属于称为**统计模型**(statistical model)的某个大集合 $\mathfrak{F}$. 例如, 在估计密度 f 时, 可能假定

$$f \in \mathfrak{F} = \left\{ g : \int [g''(x)]^2 \mathrm{d}x \leqslant c^2 \right\},$$

它是并不 "太波动" 的密度集合.

1.2 符号和背景知识

这里给出某些有用符号和背景知识的汇总, 参见表 1.1.

表 1.1 某些有用的符号

符号	定义
$x_n = o(a_n)$	$\lim\limits_{n \to \infty} x_n/a_n = 0$
$x_n = O(a_n)$	对大的 n, $\|x_n/a_n\|$ 有界
$a_n \sim b_n$	当 $n \to \infty$ 时, $a_n/b_n \to 1$
$a_n \asymp b_n$	对大的 n, a_n/b_n 和 b_n/a_n 有界
$X_n \rightsquigarrow X$	依分布收敛
$X_n \overset{\mathrm{P}}{\to} X$	依概率分布
$X_n \overset{\mathrm{a.s.}}{\to} X$	几乎处处收敛
$\widehat{\theta}_n$	参数 θ 的估计
bias	$\mathbb{E}(\widehat{\theta}_n) - \theta$
se	$\sqrt{\mathbb{V}(\widehat{\theta}_n)}$ (标准误差)
$\widehat{\mathrm{se}}$	估计的标准误差
MSE	$\mathbb{E}(\widehat{\theta}_n - \theta)^2$ (均方误差)
$\varPhi$	标准正态随机变量的 CDF
z_α	$\varPhi^{-1}(1-\alpha)$

令 $a(x)$ 是 x 的一个函数, 而 F 是一个累积分布函数. 如果 F 是绝对连续的, 令 f 表示其密度. 如果 F 是离散的, 则令 f 为其概率分布函数. a 的均值为

$$\mathbb{E}(a(X)) = \int a(x)\mathrm{d}F(x) \equiv \begin{cases} \int a(x)f(x)\mathrm{d}x, & \text{连续情况,} \\ \sum\limits_j a(x_j)f(x_j), & \text{离散情况.} \end{cases}$$

令 $\mathbb{V} = \mathbb{E}(X - \mathbb{E}(X))^2$ 表示一个随机变量的方差. 如果 $X_1, \cdots, X_n$ 是 n 个观测值, 那么, $\int a(x)\mathrm{d}\widehat{F}_n(x) = n^{-1}\sum\limits_i a(X_i)$, 这里 $\widehat{F}_n$ 是 经验分布 (empirical distribution), 它在每个观测值 x_i 都分配了概率 $1/n$.

对概率论的简单回顾. **样本空间** (sample space)Ω 是一个实验的所有可能结果的集合. Ω 的子集称为**事件** (event). 一个事件类 $\mathcal{A}$ 如果满足下面三个条件则称为一个 σ**域** (σ-field): (i) $\varnothing \in \mathcal{A}$; (ii) $A \in \mathcal{A}$ 意味着 $A^c \in \mathcal{A}$; (iii) $A_1, A_2, \cdots, \in \mathcal{A}$ 意味着 $\bigcup\limits_{i=1}^{\infty} A_i \in \mathcal{A}$. 一个**概率测度** (probability measure)是定义在一个 σ 域 $\mathcal{A}$ 上的函数, 它满足: 对于所有的 $A \in \mathcal{A}$, $\mathbb{P}(A) \geqslant 0$, $\mathbb{P}(\Omega) = 1$, 及如果 $A_1, A_2, \cdots, \in \mathcal{A}$ 是不相交

的, 则

$$\mathbb{P}\left(\bigcup_{i=1}^{\infty} A_i\right) = \sum_{i=1}^{\infty} \mathbb{P}(A_i).$$

三元组合 $(\Omega, \mathcal{A}, \mathbb{P})$ 就称为一个**概率空间** (probability space). 一个**随机变量** (random variable) 是一个映射 $X : \Omega \to \mathbb{R}$, 对于每个实数 x, 都有 $\{\omega \in \Omega : X(\omega) \leqslant x\} \in \mathcal{A}$.

考虑一个随机变量序列 X_n 和随机变量 X. 如果当 $n \to \infty$ 时, 极限

$$\mathbb{P}(X_n \leqslant x) \to \mathbb{P}(X \leqslant x) \tag{1.1}$$

在所有 CDF

$$F(x) = \mathbb{P}(X \leqslant x) \tag{1.2}$$

连续的点 x 成立, 那么称随机变量序列 X_n**依分布收敛**(converge in distribution) 或弱收敛 (converge weekly) 到 X, 记为 $X_n \rightsquigarrow X$. 如果当 $n \to \infty$ 时, 对于每个 $\epsilon > 0$,

$$\mathbb{P}(|X_n - X| > \epsilon) \to 0, \tag{1.3}$$

那么称随机变量序列 X_n**依概率收敛** (converge in probability)到 X, 记为 $X_n \xrightarrow{\text{P}} X$. 如果

$$\mathbb{P}(\lim_{n \to \infty} |X_n - X| = 0) = 1, \tag{1.4}$$

则称随机变量序列 X_n**几乎处处收敛** (converge almost surely)到 X, 记为 $X_n \xrightarrow{\text{a.s.}} X$. 下面的递推关系成立:

$$X_n \xrightarrow{\text{a.s.}} X \Rightarrow X_n \xrightarrow{\text{P}} X \Rightarrow X_n \rightsquigarrow X. \tag{1.5}$$

令 g 为一个连续函数. 按照**连续映射定理** (continuous mapping theorem),

$$X_n \rightsquigarrow X \Rightarrow g(X_n) \rightsquigarrow g(X),$$
$$X_n \xrightarrow{\text{P}} X \Rightarrow g(X_n) \xrightarrow{\text{P}} g(X),$$
$$X_n \xrightarrow{\text{a.s.}} X \Rightarrow g(X_n) \xrightarrow{\text{a.s.}} g(X).$$

按照 Slutsky 定理, 如果对于某个常数 c, $X_n \rightsquigarrow X$ 而且 $Y_n \rightsquigarrow c$, 那么, $X_n + Y_n \rightsquigarrow X + c$ 及 $X_n Y_n \rightsquigarrow cX$.

令 $X_1, \cdots, X_n \sim F$ 为 IID. **弱大数定理**(weak law of large numbers) 叙述, 如果 $\mathbb{E}|g(X_1)| < \infty$, 那么, $n^{-1} \sum_{i=1}^{n} g(X_i) \xrightarrow{\text{P}} \mathbb{E}(g(X_1))$. **强大数定理** (strong law of large number)叙述, 如果 $\mathbb{E}|g(X_1)| < \infty$, 那么, $n^{-1} \sum_{i=1}^{n} g(X_i) \xrightarrow{\text{a.s.}} \mathbb{E}(g(X_1))$.

如果随机变量 Z 有密度 $\phi(z) = (2\pi)^{-1/2}\mathrm{e}^{-z^2/2}$, 那么它有标准正态分布, 记为 $Z \sim N(0,1)$. 其 CDF 记为 $\Phi(z)$. 其上 α 分位点记为 z_α. 这样, 如果 $Z \sim N(0,1)$, 则 $\mathbb{P}(Z > z_\alpha) = \alpha$.

如果 $\mathbb{E}(g^2(X_1)) < \infty$, **中心极限定理叙述** (central limit theorem),

$$\sqrt{n}(\overline{Y}_n - \mu) \rightsquigarrow N(0, \sigma^2), \tag{1.6}$$

这里, $Y_i = g(X_i), \mu = \mathbb{E}(Y_1), \overline{Y}_n = n^{-1}\sum_{i=1}^{n} Y_i$ 及 $\sigma^2 = \mathbb{V}(Y_1)$. 一般来说, 如果

$$\frac{(X_n - \mu)}{\widehat{\sigma}_n} \rightsquigarrow N(0, 1),$$

那么, 写

$$X_n \approx N(\mu, \widehat{\sigma}_n^2). \tag{1.7}$$

按照**delta 方法**(delta method), 如果 g 为在 μ 可微的, 并且 $g'(\mu) \neq 0$, 则

$$\sqrt{n}(X_n - \mu) \rightsquigarrow N(0, \sigma^2) \Rightarrow \sqrt{n}[g(X_n) - g(\mu)] \rightsquigarrow N(0, (g'(\mu))^2\sigma^2). \tag{1.8}$$

类似的结果在向量情况也成立. 假定 $\boldsymbol{X}_n$ 为一个随机向量序列, 满足 $\sqrt{n}(\boldsymbol{X}_n - \boldsymbol{\mu}) \rightsquigarrow N(0, \boldsymbol{\Sigma})$, 这是具有 0 均值和协方差矩阵 $\boldsymbol{\Sigma}$ 的一个多元正态分布. 令 g 为可微的, 有梯度 ∇_g, 满足 $\nabla_\mu \neq 0$, 这里 ∇_μ 为在 $\boldsymbol{\mu}$ 的 ∇_g. 那么,

$$\sqrt{n}[g(\boldsymbol{X}_n) - g(\boldsymbol{\mu})] \rightsquigarrow N\left(0, (\nabla_\mu^\mathsf{T}\boldsymbol{\Sigma}\nabla_\mu\right). \tag{1.9}$$

统计概念. 令 $\mathfrak{F} = \{f(x;\theta) : \theta \in \Theta\}$ 为一个满足适当正则条件的参数模型. 基于 IID 观测 $X_1, \cdots, X_n$ 的**似然函数** (likelihood function)为

$$\mathcal{L}_n(\theta) = \prod_{i=1}^{n} f(X_i; \theta),$$

而**对数似然函数** (log-likelihood function)为 $\ell_n(\theta) = \log\mathcal{L}(\theta)$. 最大似然估计, 或 MLE $\widehat{\theta}_n$, 是使似然函数最大的 θ. **得分函数** (score function)为 $s(X;\theta) = \partial\log f(X;\theta)/\partial\theta$. 在适当的正则条件下, 得分函数满足 $\mathbb{E}_\theta(s(X;\theta)) = \int s(x;\theta)f(x;\theta)\mathrm{d}x = 0$. 此外,

$$\sqrt{n}(\widehat{\theta}_n - \theta) \rightsquigarrow N(0, \tau^2(\theta)),$$

这里 $\tau^2(\theta) = 1/I(\theta)$, 而

$$I(\theta) = \mathbb{V}_\theta(s(x;\theta)) = \mathbb{E}_\theta(s^2(x;\theta)) = -\mathbb{E}_\theta\left(\frac{\partial^2\log f(x;\theta)}{\partial\theta^2}\right)$$

为**Fisher 信息**(Fisher information). 还有,

$$\frac{(\widehat{\theta}_n - \theta)}{\widehat{se}} \rightsquigarrow N(0, 1),$$

这里 $\widehat{se}^2 = 1/(nI(\widehat{\theta}_n))$. 源于 n 个观测的 Fisher 信息阵 I_n 满足 $I_n(\theta) = nI(\theta)$; 因此, 也记 $\widehat{se}^2 = 1/(I_n(\widehat{\theta}_n))$.

一个估计 $\widehat{\theta}_n$ 的偏倚为 $\mathbb{E}(\widehat{\theta}) - \theta$ 而且均方误差 MSE 为 MSE$=\mathbb{E}(\widehat{\theta} - \theta)^2$. 对估计 $\widehat{\theta}_n$ 的 MSE 的**偏倚-方差分解**(bias-variance decomposition)为

$$MSE = bias^2(\widehat{\theta}_n) + \mathbb{V}(\widehat{\theta}_n). \tag{1.10}$$

1.3 置 信 集

非参数推断多是为了发现对某感兴趣的量 θ 的估计 $\widehat{\theta}_n$. 例如, 这里的 θ 可能是一个均值, 一个密度或者一个回归函数. 但是仍然想要提供关于这些量的置信集. 正如将要解释的, 有不同形式的置信集.

令 $\mathfrak{F}$ 为分布函数 F 的一个类, 而 θ 为某个感兴趣的量. 这样, θ 可能是 F 本身, 或者 F', 或者是 F 的均值等等. 令 C_n 为 θ 可能取值的集合, 它依赖于数据 $X_1, \cdots, X_n$. 为了强调概率的陈述依赖于背景中的 F, 有时记它为 $\mathbb{P}_F$.

1.11 定义　如果

$$\inf_{F \in \mathfrak{F}} \mathbb{P}_F(\theta \in C_n) \geqslant 1 - \alpha, \quad \text{对所有 } n \text{ 成立}, \tag{1.12}$$

那么 C_n 为一个有穷样本 $1 - \alpha$**置信集**(finite sample $1 - \alpha$ confidence set). 如果

$$\liminf_{n \to \infty} \inf_{F \in \mathfrak{F}} \mathbb{P}_F(\theta \in C_n) \geqslant 1 - \alpha, \tag{1.13}$$

那么 C_n 为一个一致渐近 $1 - \alpha$**置信集**(uniform asymptotic $1 - \alpha$ confidence set). 如果

$$\liminf_{n \to \infty} \mathbb{P}_F(\theta \in C_n) \geqslant 1 - \alpha, \quad \text{对每个 } F \in \mathfrak{F} \text{ 成立}, \tag{1.14}$$

那么 C_n 为一个逐点渐近 $1 - \alpha$**置信集**(pointwise asymptotic $1 - \alpha$ confidence set).

如果 $\| \cdot \|$ 表示某种范数, 而 $\widehat{f}_n$ 为 f 的一个估计值, 那么, 关于 f 的一个**置信球** (confidence ball)为有下面形式的一个置信集:

$$C_n = \{ f \in \mathfrak{F} : \| f - \widehat{f}_n \| \leqslant s_n \}, \tag{1.15}$$

这里 s_n 可能依赖于数据. 假定 f 定义在集合 $\mathcal{X}$ 上. 对于函数对 (ℓ, u), 如果

$$\inf_{f \in \mathfrak{F}} \mathbb{P}_F(\ell(x) \leqslant f(x) \leqslant u(x), \quad \text{对所有 } x \in \mathcal{X}) \geqslant 1 - \alpha, \tag{1.16}$$

那么 (ℓ, u) 称为一个 $1 - \alpha$ **置信带** ($1 - \alpha$ confidence band) 或 **置信包络**(confidence envelope). 置信球和置信带可能是上面所说的有穷样本, 逐点渐近和一致渐近的. 当估计一个实数值的量而不是一个函数时, C_n 恰好是一个区间, 则称 C_n 为置信区间.

理想地, 希望找到有穷样本置信集. 当这是不可能时, 则试图构造一致渐近置信集. 而最后的选择是求逐点渐近置信集. 如果 C_n 为一个一致渐近置信集, 那么下面的说法为真: 对任何 $\delta > 0$, 存在一个 $n(\delta)$, 使得对所有 $n > n(\delta)$, C_n 的收敛至少为 $1 - \alpha - \delta$. 对于逐点渐近置信集, 可能不存在一个有穷的 $n(\delta)$. 这时, 使得置信集收敛接近 $1 - \alpha$ 的样本量将依赖于 (未知的)f.

1.17 例　令 $X_1, \cdots, X_n \sim \text{Bernoulli}(p)$. 关于 p 的一个逐点渐近 $1 - \alpha$ 置信区间为

$$\widehat{p}_n \pm z_{\alpha/2} \sqrt{\frac{\widehat{p}_n(1 - \widehat{p}_n)}{n}}, \tag{1.18}$$

这里 $\widehat{p}_n = n^{-1} \sum_{i=1}^{n} X_i$. 根据 Hoeffding 不等式 (1.24), 一个有穷样本置信区间为

$$\widehat{p}_n \pm \sqrt{\frac{1}{2n} \log\left(\frac{2}{\alpha}\right)}. \quad \blacksquare \tag{1.19}$$

1.20 例(参数模型)　令

$$\mathfrak{F} = \{f(x); \theta) : \theta \in \Theta\}$$

为有纯量参数 θ 的参数模型, 而 $\widehat{\theta}_n$ 为最大似然估计, 它是使得似然函数

$$\mathcal{L}_n(\theta) = \prod_{i=1}^{n} f(X_i; \theta)$$

最大的 θ 值. 回顾在适当的正则假定下,

$$\widehat{\theta}_n \approx N(\theta, \widehat{se}^2),$$

这里,

$$\widehat{se} = [I_n(\widehat{\theta}_n)]^{-1/2}$$

为被估计的 $\widehat{\theta}_n$ 的标准误差, 而 $I_n(\theta)$ 为 Fisher 信息. 这样,

$$\widehat{\theta}_n \pm z_{\alpha/2}\widehat{se}$$

为一个逐点渐近置信区间. 如果 $\tau = g(\theta)$, 能够利用 delta 方法得到一个 τ 的渐近置信区间. τ 的 MLE 为 $\widehat{\tau}_n = g(\widehat{\theta}_n)$. 对于 τ, 被估计的标准误差为 $\widehat{se}(\widehat{\tau}_n) = \widehat{se}(\widehat{\theta}_n)|g'(\widehat{\theta}_n)|$. τ 的条件置信区间为

$$\widehat{\tau}_n \pm z_{\alpha/2}\widehat{se}(\widehat{\tau}_n) = \widehat{\tau}_n \pm z_{\alpha/2}\widehat{se}(\widehat{\theta}_n)|g'(\widehat{\theta}_n)|.$$

这又是一个典型的逐点渐近置信区间. ∎

1.4　有用的不等式

本书不时需要用某些不等式. 为了查阅方便的目的, 一些不等式在下面列出:

Markov 不等式. 令 X 为非负随机变量, 并假定 $\mathbb{E}(X)$ 存在. 对于任何 $t > 0$,

$$\mathbb{P}(X > t) \leqslant \frac{\mathbb{E}(X)}{t}. \tag{1.21}$$

Chebyshev 不等式. 令 $\mu = \mathbb{E}(X)$, 而且 $\sigma^2 = \mathbb{V}(X)$. 那么,

$$\mathbb{P}(|X - \mu| \geqslant t) \leqslant \frac{\sigma^2}{t^2}. \tag{1.22}$$

Hoeffding 不等式. 令 $Y_1, \cdots, Y_n$ 为独立观测, 满足 $\mathbb{E}(Y_i) = 0$ 及 $a_i \leqslant Y_i \leqslant b_i$. 令 $\epsilon > 0$. 那么, 对任何 $t > 0$,

$$\mathbb{P}\left(\sum_{i=1}^{n} Y_i \geqslant \epsilon\right) \leqslant \mathrm{e}^{-t\epsilon} \prod_{i=1}^{n} \mathrm{e}^{t^2(b_i - a_i)^2/8} \tag{1.23}$$

为 Bernoulli 随机变量的 Hoeffding 不等式. 令 $X_1, \cdots, X_n \sim \text{Bernoulli}(p)$. 那么, 对任何 $\epsilon > 0$,

$$\mathbb{P}(|\overline{X}_n - p| > \epsilon) \leqslant 2\mathrm{e}^{-2n\epsilon^2}, \tag{1.24}$$

这里, $\overline{X}_n = n^{-1}\sum_{i=1}^{n} X_i$.

Mill 不等式. 如果 $Z \sim N(0,1)$, 那么, 对任何 $t > 0$,

$$\mathbb{P}(|Z| > t) \leqslant \frac{2\phi(t)}{t}, \tag{1.25}$$

这里, ϕ 是标准正态密度. 事实上, 对于任何 $t > 0$,

$$\left(\frac{1}{t} - \frac{1}{t^3}\right)\phi(t) < \mathbb{P}(Z > t) < \frac{1}{t}\phi(t) \tag{1.26}$$

及

$$P(Z > t) < \frac{1}{2}\mathrm{e}^{-t^2/2}. \tag{1.27}$$

Berry-Esséen 界. 令 $X_1, \cdots, X_n$ 为 IID, 具有有穷均值 $\mu = \mathbb{E}(X_1)$, 方差 $\sigma^2 = \mathbb{V}(X_1)$, 而且三阶矩 $\mathbb{E}|X_1|^3 < \infty$. 令 $Z_n = \sqrt{n}(\overline{X}_n - \mu)/\sigma$, 则

$$\sup_z |\mathbb{P}(Z_n \leqslant z) - \Phi(z)| \leqslant \frac{33}{4} \frac{\mathbb{E}|X_1 - \mu|^3}{\sqrt{n}\sigma^3}. \tag{1.28}$$

Bernstein 不等式. 令 $X_1, \cdots, X_n$ 为独立零均值随机变量, 满足 $-M \leqslant X_i \leqslant M$, 那么

$$\mathbb{P}\left(\left|\sum_{i=1}^n X_i\right| > t\right) \leqslant 2\exp\left\{-\frac{1}{2}\left(\frac{t^2}{v + Mt/3}\right)\right\}, \tag{1.29}$$

这里, $v \geqslant \sum_{i=1}^n \mathbb{V}(X_i)$.

Bernstein 不等式 (矩形式). 令 $X_1, \cdots, X_n$ 为独立零均值随机变量, 而且对于所有 $m \geqslant 2$ 及某些常数 M 和 v_i 满足

$$\mathbb{E}|X_i|^m \leqslant \frac{m!M^{m-2}v_i}{2},$$

那么,

$$\mathbb{P}\left(\left|\sum_{i=1}^n X_i\right| > t\right) \leqslant 2\exp\left\{-\frac{1}{2}\left(\frac{t^2}{v + Mt}\right)\right\}, \tag{1.30}$$

这里, $v = \sum_{i=1}^n v_i$.

Cauchy-Schwartz 不等式. 如果 X 和 Y 有有穷方差, 则

$$\mathbb{E}|XY| \leqslant \sqrt{\mathbb{E}(X^2)\mathbb{E}(Y^2)}. \tag{1.31}$$

回顾一下, 如果对于所有 x, y 及每个 $a \in [0, 1]$, 函数 g 满足

$$g(\alpha x + (1 - \alpha)y) \leqslant \alpha g(x) + (1 - \alpha)g(y),$$

则称 g 为**凸的** (convex). 如果 g 为二次可微, 那么只要对所有 x, $g''(x) > 0$ 就满足了凸性. 能够表明, 如果 g 是凸的, 那么它在任何与 g 接触一点的线 (称为切线) 的上方. 而如果函数 $-g$ 是凸的, 那么 g 称为**凹的** (concave). 凸函数的例子有 $g(x) = x^2$ 及 $g(x) = \mathrm{e}^x$, 凹函数的例子有 $g(x) = -x^2$ 及 $g(x) = \log x$.

Jensen 不等式. 如果 g 是凸的, 那么

$$\mathbb{E}g(X) \geqslant g(\mathbb{E}X); \tag{1.32}$$

如果 g 是凹的, 那么

$$\mathbb{E}g(X) \leqslant g(\mathbb{E}X). \tag{1.33}$$

1.5 文 献 说 明

概率不等式及其在统计和模式识别中的应用包括 Devroye et al. (1996) 及 van der Vaart and Wellner (1996). 为了复习基本的概率论和数理统计, 推荐 Casella and Berger (2002), van der Vaart (1998) 及 Wasserman (2004).

1.6 练 习

1. 考虑例 1.17. 证明 (1.18) 是逐点渐近置信区间. 证明 (1.19) 是一致置信区间.

2. 计算机实验. 用模拟来比较 (1.18) 和 (1.19) 的收敛及长度. 取 $p = 0.2$, 并且用 $\alpha = 0.05$. 试各种样本量 n. 为使逐点区间有精确的收敛, n 应该是多大? 当这个样本量达到时, 比较这两个区间的长度.

3. 令 $X_1, \cdots, X_n \sim N(\mu, 1)$. 令 $C_n = \overline{X}_n \pm z_{\alpha/2}/\sqrt{n}$. C_n 是 μ 的有穷样本、逐点渐近、还是一致渐近置信集?

4. 令 $X_1, \cdots, X_n \sim N(\mu, \sigma^2)$. 令 $C_n = \overline{X}_n \pm z_{\alpha/2}S_n/\sqrt{n}$, 这里 $S_n^2 = \sum_{i=1}^{n}(X_i - \overline{X}_n)^2/(n-1)$. C_n 是 μ 的有穷样本、逐点渐近、还是一致渐近置信集?

5. 令 $X_1, \cdots, X_n \sim F$, 其均值为 $\mu = \int x \mathrm{d}F(x)$. 令

$$C_n = (\overline{X}_n - z_{\alpha/2}\widehat{\mathrm{se}}, \ \overline{X}_n + z_{\alpha/2}\widehat{\mathrm{se}}),$$

这里, $\widehat{\mathrm{se}}^2 = S_n^2/n$, 而且

$$S_n^2 = \frac{1}{n}\sum_{i=1}^{n}(X_i - \overline{X}_n)^2.$$

(a) 假定均值存在, 表明 C_n 为一个 $1 - \alpha$ 逐点渐近置信区间.

(b) 表明 C_n 不是一致渐近置信区间. 提示: 令 $a_n \to \infty$ 及 $\epsilon_n \to 0$, 并令 $G_n = (1 - \epsilon_n)F + \epsilon_n \delta_n$, 这里 δ_n 为在 a_n 的一个点概率. 说明, 以非常高的概率, 对于大的 a_n 和小的 ϵ_n, $\int x \mathrm{d}G_n(x)$ 大, 但 $\overline{X}_n + z_{\alpha/2}\widehat{\mathrm{se}}$ 不大.

(c) 假定 $\mathbb{P}(|X_i| \leqslant B) = 1$, 这里, B 为已知常数. 利用 Bernstein 不等式 (1.29) 构造 μ 的一个有穷样本置信区间.

第2章   估计 CDF 及统计泛函

要考虑的第一个问题是估计 CDF. 它本身并不是非常有趣的问题. 然而, 它是解决诸如估计统计泛函这样重要问题的第一步.

2.1   CDF

从估计 CDF(累积分布函数) 的问题开始. 令 $X_1, \cdots, X_n \sim F$, 这里 $F(x) = \mathbb{P}(X \leqslant x)$ 是在实数范围上的一个分布函数. 用经验分布函数来估计 F.

2.1 定义   经验分布函数 (empirical distribution function)$\widehat{F}_n$ 为在每个数据点 X_i 都有概率 $1/n$ 的 CDF. 形式上,

$$\widehat{F}_n(x) = \frac{1}{n} \sum_{i=1}^{n} I(X_i \leqslant x), \qquad (2.2)$$

这里,

$$I(X_i \leqslant x) = \left\{ \begin{array}{ll} 1, & X_i \leqslant x, \\ 0, & X_i > x. \end{array} \right.$$

2.3 例(神经数据, nerve data)   Cox and Lewis (1966) 报告了沿着一条神经纤维的相继脉冲之间的 799 个等待时间. 图 2.1 显示了数据和经验 CDF$\widehat{F}_n$.   ∎

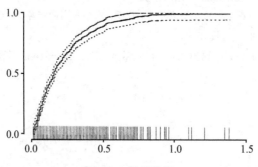

图 2.1   神经数据

每个竖直线代表一个数据点. 实线是经验分布函数. 在中间线上下的两条线形成一个 95% 置信带.

下面定理给出了 $\widehat{F}_n(x)$ 的某些性质.

2.4 定理 令 $X_1, \cdots, X_n \sim F$, 并令 $\widehat{F}_n$ 为经验 CDF. 那么

(1) 在每个 x 的固定值,

$$\mathbb{E}\left(\widehat{F}_n(x)\right) = F(x) \ \text{及} \ \mathbb{V}\left(\widehat{F}_n(x)\right) = \frac{F(x)[1 - F(x)]}{n}.$$

于是, MSE$= \dfrac{F(x)(1 - F(x))}{n} \to 0$, 并因此 $\widehat{F}_n(x) \overset{\mathrm{P}}{\to} F(x)$.

(2) Glivenko-Cantelli 定理.

$$\sup_x |\widehat{F}_n(x) - F(x)| \overset{\text{a.s.}}{\to} 0.$$

(3) Dvoretzky-Kiefer-Wolfowitz (DKW) 不等式. 对任何 $\epsilon > 0$,

$$\mathbb{P}\left(\sup_x |F(x) - \widehat{F}_n(x)| > \epsilon\right) \leqslant 2\mathrm{e}^{-2n\epsilon^2}. \tag{2.5}$$

由 DKW 不等式, 能够构造一个置信集. 令 $\epsilon_n^2 = \log(2/\alpha)/(2n)$, $L(x) = \max\{\widehat{F}_n(x) - \epsilon_n, 0\}$ 及 $U(x) = \min\{\widehat{F}_n(x) + \epsilon_n, 1\}$. 由 (2.5) 可得, 对任意 F,

$$\mathbb{P}\left(L(x) \leqslant F(x) \leqslant U(x) \ \text{对所有} \ x \ \text{成立}\right) \geqslant 1 - \alpha.$$

于是, $(L(x), U(x))$ 是一个非参数 $1 - \alpha$ 置信带[①].

作为总结:

2.6 定理 令

$$L(x) = \max\{\widehat{F}_n(x) - \epsilon_n, 0\},$$
$$U(x) = \min\{\widehat{F}_n(x) + \epsilon_n, 1\},$$

这里,

$$\epsilon_n = \sqrt{\frac{1}{2n} \log\left(\frac{2}{\alpha}\right)},$$

则对所有的 F 和所有的 n,

$$\mathbb{P}\left(L(x) \leqslant F(x) \leqslant U(x) \ \text{对所有} \ x \ \text{成立}\right) \geqslant 1 - \alpha.$$

2.7 例 利用 $\epsilon_n = \sqrt{\dfrac{1}{2n} \log\left(\dfrac{2}{0.05}\right)} = 0.048$, 图 2.1 的虚线给出了一个 95% 置信带. ∎

---

① 存在更紧凑的置信带, 但用 DKW 带是因为它简单.

2.2　估计统计泛函

一个**统计泛函** (statistical functional)$T(F)$ 是 F 的一个函数, 如均值 $\mu = \int x \mathrm{d}F(x)$,
方差 $\sigma^2 = \int (x - \mu)^2 \mathrm{d}F(x)$ 及中位数 $m = F^{-1}(1/2)$.

> **2.8 定义**　$\theta = T(F)$ **的插入估计** (plug-in estimator)**定义为**
>
> $$\widehat{\theta} = T(\widehat{F}_n). \tag{2.9}$$

一个形式为 $\int a(x)\mathrm{d}F(x)$ 的泛函称为**线性泛函** (linear functional).　回顾
$\int a(x)\mathrm{d}F(x)$ 在连续情况定义为 $\int a(x)f(x)\mathrm{d}x$, 而在离散情况定义为 $\sum_j a(x_j)f(x_j)$.
经验 CDF $\widehat{F}_n(x)$ 为离散的, 在每个 X_i 有概率 $1/n$. 因此, 如果 $T(F) = \int a(x)\mathrm{d}F(x)$
为一个线性泛函, 则有

> 对线性泛函 $T(F) = \int a(x)\mathrm{d}F(x)$ 的插入估计为
>
> $$T(\widehat{F}_n) = \int a(x)\mathrm{d}\widehat{F}_n(x) = \frac{1}{n}\sum_{i=1}^{n} a(X_i). \tag{2.10}$$

有时通过某些直接计算就可以得到 $T(\widehat{F}_n)$ 的估计的标准误差 $\widehat{\mathrm{se}}$. 然而, 在另外
一些情况, 如何估计标准误差是不清楚的. 在后面将讨论寻找 $\widehat{\mathrm{se}}$ 的方法. 目前, 仅
假定能够发现 $\widehat{\mathrm{se}}$. 在许多情况, 可以得出

$$T(\widehat{F}_n) \approx N(T(F), \widehat{\mathrm{se}}^2). \tag{2.11}$$

在这种情况下, $T(F)$ 的一个近似的 $1 - \alpha$ 置信区间则为

$$T(\widehat{F}_n) \pm z_{\alpha/2}\widehat{\mathrm{se}}, \tag{2.12}$$

这里, z_α 满足 $\mathbb{P}(Z > z_\alpha) = \alpha$, 而 $Z \sim N(0,1)$. 将称 (2.12) 为**基于正态的区间**
(normal-based interval).

　　2.13 例(均值)　令 $\mu = T(F) = \int x \mathrm{d}F(x)$. 其插入估计为 $\widehat{\mu} = \int x \mathrm{d}\widehat{F}_n(x) = \overline{X}_n$. 标准误差为 $\mathrm{se} = \sqrt{\mathbb{V}(\overline{X}_n)} = \sigma/\sqrt{n}$. 如果用 $\widehat{\sigma}$ 表示 σ 的一个估计, 那么估计的标准误差为 $\widehat{\mathrm{se}} = \widehat{\sigma}/\sqrt{n}$. μ 的基于正态的一个置信区间为 $\overline{X}_n \pm z_{\alpha/2}\widehat{\sigma}/\sqrt{n}$.　　■

2.14 例(方差)   令 $\sigma^2 = \mathbb{V}(X) = \int x^2 \mathrm{d}F(x) - \left[\int x \mathrm{d}F(x)\right]^2$，其插入估计为

$$\widehat{\sigma}^2 = \int x^2 \mathrm{d}\widehat{F}_n(x) - \left[\int x \mathrm{d}\widehat{F}_n(x)\right]^2$$
$$= \frac{1}{n}\sum_{i=1}^n X_i^2 - \left(\frac{1}{n}\sum_{i=1}^n X_i\right)^2$$
$$= \frac{1}{n}\sum_{i=1}^n (X_i - \overline{X}_n)^2.$$

它不同于通常的无偏样本方差

$$S_n^2 = \frac{1}{n-1}\sum_{i=1}^n (X_i - \overline{X}_n)^2.$$

在实践中，$\widehat{\sigma}^2$ 和 S_n^2 没什么大区别. ∎

2.15 例(偏度)   令 μ 和 σ^2 表示一个随机变量 X 的均值和方差. 关于分布缺乏对称性的一个度量 —— 偏度 (skewness) 定义为

$$\kappa = \frac{\mathbb{E}(X - \mu)^3}{\sigma^3} = \frac{\int (x - \mu)^3 \mathrm{d}F(x)}{\left[\int (x - \mu)^2 \mathrm{d}F(x)\right]^{3/2}}.$$

为了找到插入估计, 首先回顾 $\widehat{\mu} = n^{-1}\sum_{i=1}^n X_i$ 及 $\widehat{\sigma}^2 = n^{-1}\sum_{i=1}^n (X_i - \widehat{\mu})^2$. 这样, κ 的插入估计为

$$\widehat{\kappa} = \frac{\int (x - \mu)^3 \mathrm{d}\widehat{F}_n(x)}{\left[\int (x - \mu)^2 \mathrm{d}\widehat{F}_n(x)\right]^{3/2}} = \frac{\frac{1}{n}\sum_{i=1}^n (X_i - \widehat{\mu})^3}{\widehat{\sigma}^3}. \quad ∎$$

2.16 例(相关)   令 $Z = (X, Y)$, 而且 $\rho = T(F) = \mathbb{E}(X - \mu_x)(Y - \mu_Y)/(\sigma_x \sigma_y)$ 表示在 X 和 Y 之间的相关, 这里 $F(x, y)$ 是二元分布函数. 能够写 $T(F) = a(T_1(F), T_2(F), T_3(F), T_4(F), T_5(F))$, 这里,

$$T_1(X) = \int x \mathrm{d}F(z), \quad T_2(X) = \int y \mathrm{d}F(z), \quad T_3(X) = \int xy \mathrm{d}F(z),$$
$$T_4(X) = \int x^2 \mathrm{d}F(z), \quad T_5(X) = \int y^2 \mathrm{d}F(z)$$

及

$$a(t_1, \cdots, t_5) = \frac{t_3 - t_1 t_2}{\sqrt{(t_4 - t_1^2)(t_5 - t_2^2)}}.$$

在 $T_1(F), \cdots, T_5(F)$ 中用 $\widehat{F}_n$ 代替 F, 并且取

$$\widehat{\rho} = a(T_1(\widehat{F}_n), T_2(\widehat{F}_n), T_3(\widehat{F}_n), T_4(\widehat{F}_n), T_5(\widehat{F}_n)),$$

得到

$$\widehat{\rho} = \frac{\sum_{i=1}^{n}(X_i - \overline{X}_n)(Y_i - \overline{Y}_n)}{\sqrt{\sum_{i=1}^{n}(X_i - \overline{X}_n)^2}\sqrt{\sum_{i=1}^{n}(Y_i - \overline{Y}_n)^2}},$$

称为**样本相关** (sample correlation).   ■

2.17 例(分位数)   令 F 为严格递增的, 有密度 f. 令 $T(F) = F^{-1}(p)$ 为 p 分位点. 对 $T(F)$ 的估计为 $\widehat{F}_n^{-1}(p)$. 必须多加小心, 因为 $\widehat{F}_n$ 不是可逆的. 为避免不明确, 定义 $\widehat{F}_n^{-1}(p) = \inf\{x : \widehat{F}_n(x) \geqslant p\}$. 称 $\widehat{F}_n^{-1}(p)$ 为**样本 p 分位点** (the pth sample quantile).   ■

Glivenko-Cantelli 定理保证了 $\widehat{F}_n$ 对 F 的收敛. 这意味着 $\widehat{\theta}_n = T(\widehat{F}_n)$ 将会收敛到 $\theta = T(F)$. 而且, 希望在适当的条件下, $\widehat{\theta}_n$ 会是渐近正态的. 这是下一个题目.

2.3   影 响 函 数

影响函数被用来近似一个插入估计的误差, 其形式上的定义如下:

2.18 定义 T 在 F 沿方向 G 的**Gâteaux 导数**定义为

$$L_F(G) = \lim_{\epsilon \to 0} \frac{T((1-\epsilon)F + \epsilon G) - T(F)}{\epsilon}. \tag{2.19}$$

如果 $G = \delta_x$ 是在 x 的一个点概率, 那么记 $L_F(x) \equiv L_F(\delta_x)$, 并称 $L_F(x)$ 为**影响函数** (influence function). 这样,

$$L_F(x) = \lim_{\epsilon \to 0} \frac{T((1-\epsilon)F + \epsilon\delta_x) - T(F)}{\epsilon}. \tag{2.20}$$

经验影响函数 (empirical influence function)定义为 $\widehat{L}(x) = L_{\widehat{F}_n}(x)$. 于是

$$\widehat{L}(x) = \lim_{\epsilon \to 0} \frac{T((1-\epsilon)\widehat{F}_n + \epsilon\delta_x) - T(\widehat{F}_n)}{\epsilon}. \tag{2.21}$$

常常不写下标 F, 记为 $L(x)$ 而不是 $L_F(x)$.

2.22 定理   令 $T(F) = \int a(x)\mathrm{d}F(x)$ 为一个线性泛函, 那么,

1. $L_F(x) = a(x) - T(F)$ 和 $\widehat{L}(x) = a(x) - T(\widehat{F}_n)$.

2. 对任意 G,

$$T(G) = T(F) + \int L_F(x)\mathrm{d}G(x). \tag{2.23}$$

3. $\int L_F(x)\mathrm{d}F(x) = 0$.

4. 令 $\tau^2 = \int L_F^2(x)\mathrm{d}F(x)$. 则 $\tau^2 = \int [a(x) - T(F)]^2\mathrm{d}F(x)$, 而且如果 $\tau^2 < \infty$,

$$\sqrt{n}[T(F) - T(\widehat{F}_n)] \rightsquigarrow N(0, \tau^2). \tag{2.24}$$

5. 令

$$\widehat{\tau}^2 = \frac{1}{n}\sum_{i=1}^{n}\widehat{L}^2(X_i) = \frac{1}{n}\sum_{i=1}^{n}[a(X_i) - T(\widehat{F}_n)]^2. \tag{2.25}$$

那么, $\widehat{\tau}^2 \xrightarrow{\mathrm{P}} \tau^2$ 及 $\widehat{\mathrm{se}}/\mathrm{se} \xrightarrow{\mathrm{P}} 1$, 这里 $\widehat{\mathrm{se}} = \widehat{\tau}/\sqrt{n}$ 及 $\mathrm{se} = \sqrt{\mathbb{V}(T(\widehat{F}_n))}$.

6. 有

$$\frac{\sqrt{n}[T(F) - T(\widehat{F}_n)]}{\widehat{\tau}} \rightsquigarrow N(0, 1). \tag{2.26}$$

证明 很容易根据影响函数的定义来得到前 3 个结果. 为了证明第 4 个结果, 记

$$T(\widehat{F}_n) = T(F) + \int L_F(x)\mathrm{d}\widehat{F}_n(x) = T(F) + \frac{1}{n}\sum_{i=1}^{n}L_F(X_i).$$

由中心极限定理及 $\int L_F(x)\mathrm{d}F(x) = 0$ 的事实, 得到

$$\sqrt{n}[T(F) - T(\widehat{F}_n)] \rightsquigarrow N(0, \tau^2),$$

这里, $\tau^2 = \int L_F^2(x)\mathrm{d}F(x)$. 第 5 个结论可由大数定理得到. 从第 4, 5 个结论和 Slutsky 定理可得最后一个结论. ∎

上面理论告诉我们, 影响函数 $L_F(x)$ 有些像参数估计中的得分函数. 实际上, 如果 $f(x;\theta)$ 是一个参数模型, $\mathcal{L}_n(\theta) = \prod_{i=1}^{n}f(X_i;\theta)$ 是似然函数, 而最大似然估计 $\widehat{\theta}_n$ 为使 $\mathcal{L}_n(\theta)$ 最大的 θ 值. 得分函数为 $s_\theta(x) = \partial\log f(x;\theta)/\partial\theta$; 它在适当的正则条件下, 满足 $\int s_\theta(x)f(x;\theta)\mathrm{d}s = 0$ 及 $\mathbb{V}(\widehat{\theta}_n) \approx \int (s_\theta(x))^2 f(x;\theta)\mathrm{d}x/n$. 类似地, 对于影响函数, 有 $\int L_F(x)\mathrm{d}F(x) = 0$ 及 $\mathbb{V}(T(\widehat{F}_n)) \approx \int L_F^2(x)\mathrm{d}F(x)/n$.

如果泛函 $T(F)$ 不是线性的, 那么 (2.23) 将不能精确地成立, 但是它可能近似地成立.

2.27 定理   如果 T 关于 $d(F, G) = \sup_x |F(x) - G(x)|$ 是 Hadamard 可微的[①],
那么

$$\sqrt{n}[T(\widehat{F}_n) - T(F)] \rightsquigarrow N(0, \tau^2), \tag{2.28}$$

这里 $\tau^2 = \int L_F(x)^2 \mathrm{d}F(x)$. 此外,

$$\frac{T(\widehat{F}_n) - T(F)}{\widehat{\mathrm{se}}} \rightsquigarrow N(0, 1), \tag{2.29}$$

这里 $\widehat{\mathrm{se}} = \widehat{\tau}/\sqrt{n}$, 而

$$\widehat{\tau} = \frac{1}{n} \sum_{i=1}^{n} L^2(X_i). \tag{2.30}$$

把近似 $[T(\widehat{F}_n) - T(F)]/\widehat{\mathrm{se}} \approx N(0, 1)$ 称为**非参数 delta 方法**. 由正态近似, 一
个大样本置信区间为 $T(\widehat{F}_n) \pm z_{\alpha/2}\widehat{\mathrm{se}}$. 这仅仅是逐点渐近置信区间. 概括起来:

非参数 delta 方法

$T(F)$ 的一个 $1 - \alpha$ 逐点渐近置信区间为

$$T(\widehat{F}_n) \pm z_{\alpha/2}\widehat{\mathrm{se}}, \tag{2.31}$$

这里,

$$\widehat{\mathrm{se}} = \frac{\widehat{\tau}}{\sqrt{n}} \quad \text{及} \quad \widehat{\tau}^2 = \frac{1}{n} \sum_{i=1}^{n} \widehat{L}^2(X_i).$$

2.32 例 (均值)   令 $\theta = T(F) = \int x \mathrm{d}F(x)$. 其插入估计为 $\widehat{\theta} = \int x \mathrm{d}\widehat{F}_n(x) = \overline{X}_n$. 而且, $T((1 - \epsilon)F + \epsilon\delta_x) = (1 - \epsilon)\theta + \epsilon x$. 于是, $L(x) = x - \theta, \widehat{L}(x) = x - \overline{X}_n$ 及
$\widehat{\mathrm{se}}^2 = \widehat{\sigma}^2/n$, 这里 $\widehat{\sigma}^2 = n^{-1} \sum_{i=1}^{n} (X_i - \overline{X}_n)^2$. θ 的一个逐点渐近非参数 95% 置信区间
为 $\overline{X}_n \pm 2\widehat{\mathrm{se}}$. ∎

有时, 对于某函数 $a(t_1, \cdots, t_m)$, 统计泛函有 $T(F) = a(T_1(F), \cdots, T_m(F))$ 的形
式. 按照链规则, 影响函数为

$$L(x) = \sum_{i=1}^{m} \frac{\partial a}{\partial t_i} L_i(x),$$

这里,

$$L_i(x) = \lim_{\epsilon \to 0} \frac{T_i((1 - \epsilon)F + \epsilon\delta_x) - T_i(F)}{\epsilon}. \tag{2.33}$$

---

① Hadamard 可微定义在附录中.

2.34 例(相关)   令 $Z = (X, Y)$, 而且令 $T(F) = \mathbb{E}(X - \mu_x)(Y - \mu_Y)/(\sigma_X \sigma_y)$ 表示相关, 这里, $F(x, y)$ 是二元分布函数. 回顾 $T(F) = a(T_1(F), T_2(F), T_3(F), T_4(F), T_5(F))$, 这里,

$$T_1(X) = \int x \mathrm{d}F(z), \quad T_2(X) = \int y \mathrm{d}F(z), \quad T_3(X) = \int xy \mathrm{d}F(z),$$

$$T_4(X) = \int x^2 \mathrm{d}F(z), \quad T_5(X) = \int y^2 \mathrm{d}F(z),$$

$$a(t_1, \cdots, t_5) = \frac{t_3 - t_1 t_2}{\sqrt{(t_4 - t_1^2)(t_5 - t_2^2)}}.$$

由 (2.33),

$$L(x, y) = \widetilde{x}\widetilde{y} - \frac{1}{2}T(F)(\widetilde{x}^2 + \widetilde{y}^2),$$

这里,

$$\widetilde{x} = \frac{x - \int x \mathrm{d}F}{\sqrt{\int x^2 \mathrm{d}F - \left(\int x \mathrm{d}F\right)^2}}, \quad \widetilde{y} = \frac{y - \int y \mathrm{d}F}{\sqrt{\int y^2 \mathrm{d}F - \left(\int y \mathrm{d}F\right)^2}}.$$

2.35 例(分位数)   令 F 为严格递增的, 有正密度 f. $T(F) = F^{-1}(p)$ 为 p 分位点. 影响函数为 (见练习 10)

$$L(x) = \begin{cases} \dfrac{p-1}{f(\theta)}, & x \leqslant \theta, \\[2mm] \dfrac{p}{f(\theta)}, & x > \theta. \end{cases}$$

$T(\widehat{F}_n)$ 的渐近方差为

$$\frac{\tau^2}{n} = \frac{1}{n}\int L^2(x)\mathrm{d}F(x) = \frac{p(1-p)}{nf^2(\theta)}. \tag{2.36}$$

为估计这个方差, 需要估计密度 f. 后面将看到, 自助法提供了一个更加简单的方差的估计.

2.4 经验概率分布

本节讨论 DKW 不等式的一个推广. 如果愿意, 读者可以忽略这一节. 利用经验 CDF 来估计真实的 CDF 是一个更一般思想的特例. 令 $X_1, \cdots, X_n \sim P$ 为

来自概率测度 P 的一个 IID 的样本. 定义**经验概率分布** (empirical probability distribution)$\mathbb{P}_n$ 为

$$\widehat{\mathbb{P}}_n(A) = \frac{X_i \in A \text{ 的数目}}{n}. \tag{2.37}$$

希望能够说 $\mathbb{P}_n$ 在某种意义上接近 P. 对于一个固定的 A, 知道 $n\widehat{P}_n(A) \sim \text{Binomial}(n, p)$, 这里 $p = P(A)$. 按照 Hoeffding 不等式, 有

$$\mathbb{P}(|\widehat{P}_n(A) - P(A)| > \epsilon) \leqslant 2\mathrm{e}^{-2n\epsilon^2}. \tag{2.38}$$

想把这个推广到下面形式的说法, 即对某个集合类 $\mathcal{A}$,

$$\mathbb{P}\left(\sup_{A \in \mathcal{A}} |\widehat{P}_n(A) - P(A)| > \epsilon\right) \leqslant \text{某个小的数目}.$$

这恰好是取 $\mathcal{A} = \{A = (-\infty, t] : t \in \mathbb{R}\}$ 时, DKW 不等式所做的. 但是, DKW 不等式仅仅对一维随机变量有用. 能够利用 Vapnik-Chervonenkis(VC) 定理得到更一般的不等式.

令 $\mathcal{A}$ 为一个集合类. 给定一个有穷的集合 $R = \{x_1, \cdots, x_n\}$, 令

$$N_{\mathcal{A}}(R) = \#\{R \bigcap A : A \in \mathcal{A}\} \tag{2.39}$$

为当 A 在 $\mathcal{A}$ 中变化时, R"拣出来" 的子集数目. 在 $N_{\mathcal{A}}(R) = 2^n$ 时, 称 R 是被 $\mathcal{A}$ 所**粉碎的** (shattered). **粉碎系数** (shatter coefficient)定义为

$$s(\mathcal{A}, n) = \max_{R \in \mathcal{F}_n} N_{\mathcal{A}}(R), \tag{2.40}$$

这里, $\mathcal{F}_n$ 包含所有大小为 n 的有穷集合.

2.41 定理(Vapnik and Chervonenkis, 1971)   对于任意的 P, n 和 $\epsilon > 0$,

$$\mathbb{P}\left(\sup_{A \in \mathcal{A}} |\widehat{P}_n(A) - P(A)| > \epsilon\right) \leqslant 8s(\mathcal{A}, n)\mathrm{e}^{-n\epsilon^2/32}. \tag{2.42}$$

定理 2.41 仅仅当粉碎系数不随着 n 而增长太快时有用. 这时就需要 VC 维度了. 如果对于所有的 n, $s(\mathcal{A}, n) = 2^n$, 设 $\mathrm{VC}(\mathcal{A}) = \infty$. 否则, 定义 $\mathrm{VC}(\mathcal{A})$ 为 $s(\mathcal{A}, k) = 2^k$ 时最大的 k. 称 $\mathrm{VC}(\mathcal{A})$ 为 $\mathcal{A}$ 的**Vapnik-Chervonenkis 维度**. 这样, VC 维度就是被 $\mathcal{A}$ 所粉碎的最大有穷集合 F 的大小. 下面定理表明, 如果 $\mathcal{A}$ 的 VC 维度有穷, 那么粉碎系数作为一个多项式随着 n 增长.

2.43 定理   如果 $\mathcal{A}$ 的 VC 维度为有穷的 v, 那么

$$s(\mathcal{A}, n) \leqslant n^v + 1.$$

这时,

$$\mathbb{P}\left(\sup_{A \in \mathcal{A}} |\widehat{P}_n(A) - P(A)| > \epsilon\right) \leqslant 8(n^v + 1)\mathrm{e}^{-n\epsilon^2/32}. \tag{2.44}$$

2.45 例 令 $\mathcal{A} = \{(-\infty, x] : x \in \mathbb{R}\}$,则 $\mathcal{A}$ 粉碎每个单点集 $\{x\}$,但是不粉碎形为 $\{x, y\}$ 的集合. 因此, $\mathrm{VC}(\mathcal{A}) = 1$. 因为 $\mathbb{P}((-\infty, x]) = F(x)$ 为 CDF,而且 $\widehat{\mathbb{P}}((-\infty, x]) = \widehat{F}_n(x)$ 为经验 CDF,得到

$$\mathbb{P}\left(\sup_{x} |\widehat{F}_n(x) - F(x)| > \epsilon\right) \leqslant 8(n + 1)\mathrm{e}^{-n\epsilon^2/32},$$

它较 DKW 界宽. 这表明 (2.42) 不是最紧凑的可能界限. ■

2.46 例 令 $\mathcal{A}$ 为实轴上所有闭区间的集合. 那么, $\mathcal{A}$ 粉碎 $S = \{x, y\}$,但是它不能粉碎有三个点的集合. 考虑 $S = \{x, y, z\}$,这里 $x < y < z$. 无法找到一个区间 A,使得 $A \bigcap S = \{x, y\}$. 因此 $\mathrm{VC}(\mathcal{A}) = 2$. ■

2.47 例 令 $\mathcal{A}$ 为平面上所有线性半空间 (linear half-space). 任何 (不全在一条直线上的) 三点集合能够被粉碎. 而没有四点集合能够被粉碎. 例如,考虑形成菱形的四点. 令 T 为最左端和最右端的点. 这个集合不能被拣出. 其他结构也能是不可粉碎的. 因此 $\mathrm{VC}(\mathcal{A}) = 3$. 一般来说,在 $\mathcal{R}^d$ 上的半空间的 VC 维度为 $d + 1$. ■

2.48 例 令 $\mathcal{A}$ 为平面上边平行于数轴的所有矩形. 任何四点集合都是可粉碎的. 令 S 为一个五点集合. 总有一点不是在最左边、最右边、最上边或最下边. 令 T 为 S 中除了该点之外的所有点. 那么 T 不能被拣出. 因此有 $\mathrm{VC}(\mathcal{A}) = 4$. ■

2.5 文 献 说 明

可以在下面文献中找到关于统计泛函的细节: Serfling (1980), Davison and Hinkley (1997), Shao and Tu (1995), Fernholz (1983) 及 van der Vaart (1998). 而 Devroye et al (1996), van der Vaart (1998) 及 van der Vaart and Wellner (1996) 讨论了 Vapnik-Chervonenkis 定理.

2.6 附 录

这里是关于定理 2.27 的一些细节. 令 $\mathfrak{F}$ 表示所有分布函数,并令 $\mathcal{D}$ 表示由 $\mathfrak{F}$ 生成的线性空间. 记 $T((1 - \epsilon)F + \epsilon G) = T(F + \epsilon D)$,这里, $D = G - F \in \mathcal{D}$. 用 $L_F(D)$ 表示的 Gateâux 导数定义为

$$\lim_{\epsilon \downarrow 0} \left| \frac{T(F + \epsilon D) - T(F)}{\epsilon} - L_F(D) \right| \to 0.$$

这样 $T(F + \epsilon D) \approx \epsilon L_F(D) + o(\epsilon)$, 而且当 $\epsilon \to 0$ 时, 误差项 $o(\epsilon)$ 趋于 0. Hadamard 可微性要求该误差项在紧集上一致地小. 给 $\mathcal{D}$ 加上度量 d. 如果在 $\mathcal{D}$ 上存在一个线性泛函 L_F, 使得对于任何 $\epsilon_n \to 0$ 及 $\{D, D_1, D_2, \cdots\} \subset \mathcal{D}$, 使得 $d(D_n, D) \to 0$ 及 $F + \epsilon_n D_n \in \mathcal{F}$, 有

$$\lim_{n \to \infty} \left[\frac{T(F + \epsilon_n D_n) - T(F)}{\epsilon_n} - L_F(D_n) \right] = 0,$$

那么称, 在 F 处, T 为**Hadamard可微的**(Hadamard differentiable).

2.7   练   习

1. 补上定理 2.22 的证明细节.

2. 证明定理 2.4

3. 计算机实验. 从 $N(0,1)$ 分布产生 100 个观测值. 计算 CDF F 的一个 95% 置信带. 重复这个过程 1000 次, 看置信带包含真实的分布函数有多么频繁. 用 Cauchy 分布重复这个实验.

4. 令 $X_1, \cdots, X_n \sim F$, 并令 $\widehat{F}_n(x)$ 为经验分布函数. 对于一个固定的 x, 找到 $\sqrt{\widehat{F}_n(x)}$ 的极限分布.

5. 假定对于某常数 $0 < C < \infty$,

$$|T(F) - T(G)| \leqslant C \|F - G\|_\infty, \tag{2.49}$$

这里, $\|F - G\|_\infty = \sup\limits_x |F(x) - G(x)|$. 证明 $T(\widehat{F}_n) \overset{\text{a.s.}}{\to} T(F)$. 假定 $|X| \leqslant M < \infty$. 表明, $T(F) = \int x \mathrm{d}F(x)$ 满足 (2.49).

6. 令 x 和 y 为两个不同的点. 求 $\mathrm{Cov}(\widehat{F}_n(x), \widehat{F}_n(x))$.

7. 令 $X_1, \cdots, X_n \sim \mathrm{Bernoulli}(p)$, 并令 $Y_1, \cdots, Y_m \sim \mathrm{Bernoulli}(q)$. 求 p 的插入估计和估计的标准误差. 找到 p 的一个近似的 90% 置信区间. 求 $p - q$ 的插入估计和估计的标准误差. 找到 $p - q$ 的一个近似的 90% 置信区间.

8. 令 $X_1, \cdots, X_n \sim F$, 并令 $\widehat{F}$ 为经验分布函数. 令 $a < b$ 为固定数目, 并定义 $\theta = T(F) = F(b) - F(a)$. 令 $\widehat{\theta} = T(\widehat{F}_n) = \widehat{F}_n(b) - \widehat{F}_n(a)$. 求影响函数. 找到 $\widehat{\theta}$ 的估计的标准误差. 求 θ 的一个近似的 $1 - \alpha$ 置信区间的表示式.

9. 验证例 2.34 的影响函数的公式.

10. 验证例 2.35 的影响函数的公式. *提示*: 令 $F_\epsilon(y) = (1 - \epsilon)F(y) + \epsilon\delta_x(y)$, 这里 δ_x 为在 x 的单点概率, 即当 $y < x$ 时, $\delta_x(y) = 0$, 而当 $y \geqslant x$ 时, $\delta_x(y) = 1$. 由 $T(F)$ 的定义, 有 $p = F_\epsilon(T(F_\epsilon))$. 现在关于 ϵ 求微分, 并在 $\epsilon = 0$ 处计算导数.

11. 在本书的网站上有斐济附近的地震强度的数据. 估计 CDF $F(x)$. 计算并点出 F 的 95% 置信包络. 找到 $F(4.9) - F(4.3)$ 的近似 95% 置信区间.

12. 从本书的网站得到老忠实温泉 (old faithful geyser) 的喷发时间和等待 (间隔) 时间的数据. 估计平均等待时间的均值及该估计的标准误差. 还求出对平均等待时间的 90% 置信区间. 再估计等待时间的中位数. 下一章, 将看到如何得到中位数的标准误差.

13. 在 1975 年, 进行了关于云的催化 (播云) 是否产生降水的实验. 26 块云播以了碘化银, 而 26 块没有. 哪一块是否播云是随机决定的. 由下面网站得到数据:

http://lib.stat.cmu.edu/DASL/Stories/CloudSeeding.html.

令 $\theta = T(F_1) - T(F_2)$ 为两组降水量的中位数的差. 估计 θ. 估计该估计的标准误差, 产生一个 95% 置信区间. 为估计标准误差, 需要利用公式 (2.36). 这个公式需要密度 f, 因此必须插入 f 的一个估计. 将如何做? 要有创造性.

14. 令 $\mathcal{A}$ 为二维球, 即对于某 a, b, c, 如果 $A = \{(x, y) : (x - a)^2 + (y - b)^2 \leqslant c^2\}$, 则 $A \in \mathcal{A}$. 求 $\mathcal{A}$ 的 VC 维度.

15. 经验 CDF 能够被看成为一个非参数最大似然估计. 例如, 考虑在 $[0, 1]$ 上的数据 $X_1, \cdots, X_n$. 把该区间分成宽度为 Δ 的箱, 并求出所有在箱上为常数密度的分布的 MLE. 表明, 结果的 CDF 在 $\Delta \to 0$ 时收敛到经验 CDF.

第3章　自助法和水手刀法

自助法和水手刀法为计算标准误差和置信区间的非参数方法. 水手刀法耗费较少计算机资源, 但自助法有某些统计优势.

3.1　水 手 刀 法

由 Quenouille (1949) 提出的水手刀法是用来对估计的偏倚和方差进行近似的一个简单方法. 令 $T_n = T(X_1, \cdots, X_n)$ 为某个量 θ 的一个估计, 并令 $\mathrm{bias}(T_n) = \mathbb{E}(T_n) - \theta$ 表示这个偏倚. 令 $T_{(-i)}$ 表示去掉第 i 个观测值之后的该统计量. **水手刀偏倚估计**(jackknife bias estimate)定义为

$$b_{\mathrm{jack}} = (n-1)(\overline{T}_n - T_n), \tag{3.1}$$

这里, $\overline{T}_n = n^{-1} \sum_i T_{(-i)}$. 纠正了偏倚的估计为 $T_{\mathrm{jack}} = T_n - b_{\mathrm{jack}}$.

为什么这样定义 b_{jack} 呢? 对于许多统计量, 能够表明, 对于某些 a 和 b,

$$\mathrm{bias}(T_n) = \frac{a}{n} + \frac{b}{n^2} + O\left(\frac{1}{n^3}\right). \tag{3.2}$$

例如, 令 $\sigma^2 = \mathbb{V}(X_i)$, 并令 $\widehat{\sigma}_n^2 = n^{-1} \sum_{i=1}^{n} (X_i - \overline{X})^2$. 则 $\mathbb{E}(\widehat{\sigma}_n^2) = (n-1)\sigma^2/n$, 使得 $\mathrm{bias}(\widehat{\sigma}_n^2) = -\sigma^2/n$. 这样, (3.2) 成立, 并且 $a = -\sigma^2$, 及 $b = 0$.

当 (3.2) 成立时, 有

$$\mathrm{bias}(T_{(-i)}) = \frac{a}{n-1} + \frac{b}{(n-1)^2} + O\left(\frac{1}{n^3}\right), \tag{3.3}$$

然后得到 $\mathrm{bias}(\overline{T}_n)$ 也满足 (3.3). 因此,

$$
\begin{aligned}
\mathbb{E}(b_{\mathrm{jack}}) &= (n-1)[\mathbb{E}(\mathrm{bias}(\overline{T}_n)) - \mathbb{E}(\mathrm{bias}(T_n))] \\
&= (n-1)\left\{ \left(\frac{1}{n-1} - \frac{1}{n}\right) a + \left[\frac{1}{(n-1)^2} - \frac{1}{n^2}\right] b + O\left(\frac{1}{n^3}\right) \right\} \\
&= \frac{a}{n} + \frac{(2n-1)b}{n^2(n-1)} + O\left(\frac{1}{n^2}\right) \\
&= \mathrm{bias}(T_n) + O\left(\frac{1}{n^2}\right).
\end{aligned}
$$

它表明 b_{jack} 估计偏倚相差的阶数为 $O(n^{-2})$. 简单计算表明,

$$\mathrm{bias}(T_{\mathrm{jack}}) = -\frac{b}{n(n-1)} + O\left(\frac{1}{n^2}\right) = O\left(\frac{1}{n^2}\right).$$

因此, T_{jack} 的偏倚在阶数上小于 T_n 的偏倚. T_{jack} 还能够写成

$$T_{\mathrm{jack}} = \frac{1}{n}\sum_{i=1}^{n}\widetilde{T}_i,$$

这里,

$$\widetilde{T}_i = nT_n - (n-1)T_{(-i)}$$

称为**伪值** (pseudo-value).

$\mathbb{V}(T_n)$ 的水手刀估计为

$$v_{\mathrm{jack}} = \frac{\widetilde{s}^2}{n}, \tag{3.4}$$

这里,

$$\widetilde{s}^2 = \frac{\displaystyle\sum_{i=1}^{n}\left(\widetilde{T}_i - \frac{1}{n}\sum_{i=1}^{n}\widetilde{T}_i\right)^2}{n-1}$$

是伪值的样本方差. 在关于 T 的适当条件下, 能够显示, v_{jack} 为 $\mathbb{V}(T_n)$ 的相合估计. 例如, 如果 T 为样本均值的一个光滑函数, 那么相合性成立.

3.5 定理　令 $\mu = \mathbb{E}(X_1)$ 而且 $\sigma^2 = \mathbb{V}(X_1) < \infty$, 并假定 $T_n = g(\overline{X}_n)$, 这里, g 有一个连续的, 在 μ 非零的导数. 那么 $[T_n - g(\mu)]/\sigma_n \rightsquigarrow N(0,1)$, 这里 $\sigma_n^2 = n^{-1}[g'(\mu)]^2\sigma^2$. 水手刀是相合的, 即

$$\frac{v_{\mathrm{jack}}}{\sigma_n^2} \xrightarrow{\text{a.s.}} 1. \tag{3.6}$$

3.7 定理(Efron, 1982)　如果 $T(F) = F^{-1}(p)$ 为 p 分位数, 那么水手刀方差估计是不相合的. 对于中位数 $(p = 1/2)$, 有 $v_{\mathrm{jack}}/\sigma_n^2 \rightsquigarrow (\chi_2^2/2)^2$, 这里 σ_n^2 为样本中位数的渐近方差.

3.8 例　令 $T_n = \overline{X}_n$. 易见, $\widetilde{T}_i = X_i$. 因此, $T_{\mathrm{jack}} = T_n$, $b = 0$ 及 $v_{\mathrm{jack}} = S_n^2/n$, 这里, S_n^2 为样本方差. ∎

在水手刀和影响函数之间有一个联系. 回顾影响函数为

$$L_F(x) = \lim_{\epsilon \to 0}\frac{T((1-\epsilon)F + \epsilon\delta_x) - T(F)}{\epsilon}. \tag{3.9}$$

假定, 为了近似 $L_F(X_i)$, 设 $F = \widehat{F}_n$ 及 $\epsilon = -1/(n-1)$. 这产生了下面的近似:

$$L_F(X_i) \approx \frac{T((1-\epsilon)\widehat{F}_n + \epsilon\delta_{x_i}) - T(\widehat{F}_n)}{\epsilon} = (n-1)[T_n - T_{(-i)}] \equiv \ell_i,$$

得到

$$b = -\frac{1}{n}\sum_{i=1}^{n}\ell_i, \quad v_{\text{jack}} = \frac{1}{n(n-1)}\left(\sum_i \ell_i^2 - nb^2\right).$$

换言之, 水手刀是非参数 delta 方法的一种渐近形式.

3.10 例　考虑神经数据的偏度的估计 $T(F) = \int (x-\mu)^3 \mathrm{d}F(x)/\sigma^3$. 点估计为 $T(\widehat{F}_n) = 1.76$. 标准误差的水手刀估计为 0.17. 关于 $T(F)$ 的一个近似的 95% 置信区间为 $1.76 \pm 2(0.17) = (1.42, 2.10)$. 它排除了 0, 说明数据不是正态的. 还能利用影响函数计算标准误差. 对于这个泛函, 有 (见练习 1)

$$L_F(x) = \frac{(x-\mu)^3}{\sigma^3} - T(F)\left\{1 + \frac{3}{2}\frac{[(x-\mu)^2 - \sigma^2]}{\sigma^2}\right\},$$

那么,

$$\widehat{\text{se}} = \sqrt{\frac{\widehat{\tau}^2}{n}} = \sqrt{\frac{\sum_{i=1}^{n}\widehat{L}^2(X_i)}{n^2}} = 0.18.$$

令人放心地得到了几乎同样的答案. ∎

3.2　自　助　法

自助法 (bootstrap)是估计一个统计量 $T_n = g(X_1, \cdots, X_n)$ 的方差和分布的一个方法. 还能利用自助法来构造置信区间.

令 $\mathbb{V}_F(T_n)$ 表示 T_n 的方差. 加了下标 F 是为了强调方差是 F 的一个函数. 如果知道 F, 至少在理论上则可以计算方差. 例如, 如果 $T_n = n^{-1}\sum_{i=1}^{n}X_i$, 那么

$$\mathbb{V}_F(T_n) = \frac{\sigma^2}{n} = \frac{\int x^2 \mathrm{d}F(x) - \left[\int x \mathrm{d}F(x)\right]^2}{n}.$$

它显然是 F 的一个函数.

基于 $\mathbb{V}_{\widehat{F}_n}(T_n)$, 用自助法来估计 $\mathbb{V}_F(T_n)$. 换句话说, 利用方差的插入估计. 因为 $\mathbb{V}_{\widehat{F}_n}(T_n)$ 可能不易计算, 用模拟估计来近似它, 记为 v_{boot}. 具体地说, 按照下面步骤来进行:

自助法方差估计

(1) 抽样: $X_1^*, \cdots, X_n^* \sim \widehat{F}_n$.

(2) 计算 $T_n^* = g(X_1^*, \cdots, X_n^*)$.

(3) 重复步骤 1 和 2 B 遍, 得到 $T_{n,1}^*, \cdots, T_{n,B}^*$.

(4) 令

$$v_{\text{boot}} = \frac{1}{B}\sum_{b=1}^{B}\left(T_{n,b}^* - \frac{1}{B}\sum_{r=1}^{B}T_{n,r}^*\right)^2. \tag{3.11}$$

根据大数定理, 在 $B \to \infty$ 时, $v_{\text{boot}} \xrightarrow{\text{a.s.}} \mathbb{V}_{\widehat{F}_n}(T_n)$. T_n 的标准误差的估计为 $\widehat{\text{se}}_{\text{boot}} = \sqrt{v_{\text{boot}}}$. 下面的示意图描述了自助法的思想:

$$\text{实际世界:} \quad F \Rightarrow X_1, \cdots, X_n \Rightarrow T_n = g(X_1, \cdots X_n),$$
$$\text{自助法世界:} \quad \widehat{F}_n \Rightarrow X_1^*, \cdots, X_n^* \Rightarrow T_n^* = g(X_1^*, \cdots, X_n^*).$$

$$\mathbb{V}_F(T_n) \overset{O(1/\sqrt{n})}{\approx} \mathbb{V}_{\widehat{F}_n}(T_n) \overset{O(1/\sqrt{B})}{\approx} v_{\text{boot}}.$$

如何从 $\widehat{F}_n$ 进行模拟呢? 因为 $\widehat{F}_n$ 给每个数据点以概率 $1/n$. 从 $\widehat{F}_n$ 随机抽取 n 个点和可放回地从原始数据抽取样本量为 n 的一个样本是同样的. 因此步骤 1 可以换为

1. 可放回地从 $X_1, \cdots, X_n$ 抽取 $X_1^*, \cdots, X_n^*$.

对中位数的自助法

```
Given data X=(X(1),..., X(n)):


T     = median(X)
Tboot= vector of length B
for(i in 1:N){
    Xstar    = sample of size n from X (with replacement)
    Tboot[i] = median(Xstar)
    }
se    = sqrt(variance(Tboot))
```

图 3.1 对中位数使用自助法的伪代码

3.12 例 图 3.1 表示了利用自助法估计中位数的标准误差的伪代码. ∎

自助法能够用来对统计量 T_n 的 CDF 作近似. 令 $G_n(t) = \mathbb{P}(T_n \leqslant t)$ 为 T_n 的 CDF. 对 G_n 的自助法近似为

$$\widehat{G}_n^*(t) = \frac{1}{B} \sum_{b=1}^{B} I(T_{n,b}^* \leqslant t). \tag{3.13}$$

3.3   参数自助法

至今已经对 F 做了非参数估计. 还有**参数自助法** (parametric bootstrap). 如果 F_θ 依赖于参数 θ, 而且 $\widehat{\theta}$ 是 θ 的一个估计, 那么, 简单地从 $F_{\widehat{\theta}}$ 抽样, 而不是从 $\widehat{F}_n$ 抽样. 这和 delta 方法一样精确, 但要简单得多.

3.14 例   当应用于神经数据时, 基于 $B = 1000$ 次重复的自助法产生了偏度估计的标准误差为 0.16, 它几乎和水手刀法一样的.   ■

3.4   自助法置信区间

有若干种方式构造自助法置信区间. 它们在计算上和精确度上难易都不同.

正态区间. 最简单的是正态区间

$$T_n \pm z_{\alpha/2}\widehat{\mathrm{se}}_{\mathrm{boot}},$$

这里, $\widehat{\mathrm{se}}_{\mathrm{boot}}$ 是标准误差的自助法估计. 除非 T_n 的分布接近正态, 该区间并不精确.

枢轴区间. 令 $\theta = T(F)$ 及 $\widehat{\theta}_n = T(\widehat{F}_n)$, 并定义**枢轴** (pivot) $R_n = \widehat{\theta}_n - \theta$. 令 $H(r)$ 表示枢轴的 CDF:

$$H(r) = \mathbb{P}_F(R_n \leqslant r).$$

令 $C_n^* = (a, b)$, 这里,

$$a = \widehat{\theta}_n - H^{-1}\left(1 - \frac{\alpha}{2}\right) \quad \text{及} \quad b = \widehat{\theta}_n - H^{-1}\left(\frac{\alpha}{2}\right),$$

然后得到

$$\begin{aligned}
\mathbb{P}(a \leqslant \theta \leqslant b) &= \mathbb{P}(\widehat{\theta}_n - b \leqslant R_n \leqslant \widehat{\theta}_n - a) \\
&= H(\widehat{\theta}_n - a) - H(\widehat{\theta}_n - b) \\
&= H\left(H^{-1}\left(1 - \frac{\alpha}{2}\right)\right) - H\left(H^{-1}\left(\frac{\alpha}{2}\right)\right) \\
&= 1 - \frac{\alpha}{2} - \frac{\alpha}{2} = 1 - \alpha.
\end{aligned}$$

因此, C_n^* 为 θ 的一个精确的 $1-\alpha$ 置信区间. 不幸的是, a 和 b 依赖于未知的分布 H, 但是能够形成 H 的一个自助法估计:

$$\widehat{H}(r) = \frac{1}{B} \sum_{b=1}^{B} I(R_{n,b}^* \leqslant r),$$

这里, $R_{n,b}^* = \widehat{\theta}_{n,b}^* - \widehat{\theta}_n$. 令 r_β^* 表示 $(R_{n,1}^*, \cdots, R_{n,B}^*)$ 的样本 β 分位数, 并令 θ_β^* 表示 $(\theta_{n,1}^*, \cdots, \theta_{n,B}^*)$ 的样本 β 分位数. 注意, $r_\beta^* = \theta_\beta^* - \widehat{\theta}_n$. 这样, 一个近似的 $1-\alpha$ 置信区间为 $C_n = (\widehat{a}, \widehat{b})$, 这里,

$$\widehat{a} = \widehat{\theta}_n - \widehat{H}^{-1}\left(1 - \frac{\alpha}{2}\right) = \widehat{\theta}_n - r_{1-\alpha/2}^* = 2\widehat{\theta}_n - \theta_{1-\alpha/2}^*,$$
$$\widehat{b} = \widehat{\theta}_n - \widehat{H}^{-1}\left(\frac{\alpha}{2}\right) = \widehat{\theta}_n - r_{\alpha/2}^* = 2\widehat{\theta}_n - \theta_{\alpha/2}^*.$$

概括起来,

$1-\alpha$自助法枢轴置信区间 (bootstrap pivotal confidence interval)为

$$C_n = \left(2\widehat{\theta}_n - \widehat{\theta}_{((1-\alpha/2)B)}^*, \ 2\widehat{\theta}_n - \widehat{\theta}_{((\alpha/2)B)}^*\right). \tag{3.15}$$

这是一个典型的逐点渐近置信区间.

下面的定理可从定理 3.21 得到.

3.16 定理 如果 $T(F)$ 为 Hadamard 可微的, 而且 C_n 由 (3.15) 给出, 那么, $\mathbb{P}_F(T(F) \in C_n) \to 1 - \alpha$.

学生化枢轴区间. 有一种具有某些优点的不同的枢轴区间. 令

$$Z_n = \frac{T_n - \theta}{\widehat{se}_{boot}},$$

及

$$Z_{n,b}^* = \frac{T_{n,b}^* - T_n}{\widehat{se}_b^*},$$

这里, $\widehat{se}_b^*$ 为 $T_{n,b}^*$ (而不是 T_n) 的标准误差的一个估计. 类似于枢轴区间的思想, 自助法样本分位数 $Z_{n,1}^*, \cdots, Z_{n,B}^*$ 应该近似 Z_n 分布的真实分位数. 令 z_α^* 表示 $Z_{n,1}^*, \cdots, Z_{n,B}^*$ 的样本 α 分位数, 那么, $\mathbb{P}(Z_n \leqslant z_\alpha^*) \approx \alpha$. 令

$$C_n = \left(T_n - z_{1-\alpha/2}^* \widehat{se}_{boot}, \ T_n - z_{\alpha/2}^* \widehat{se}_{boot}\right),$$

则

$$\mathbb{P}(\theta \in C_n) = \mathbb{P}\left(T_n - z^*_{1-\alpha/2}\widehat{\mathrm{se}}_{\mathrm{boot}} \leqslant \theta \leqslant T_n - z^*_{\alpha/2}\widehat{\mathrm{se}}_{\mathrm{boot}}\right)$$

$$= P\left(z^*_{\alpha/2} \leqslant \frac{T_n - \theta}{\widehat{\mathrm{se}}_{\mathrm{boot}}} \leqslant z^*_{1-\alpha/2}\right)$$

$$= P\left(z^*_{\alpha/2} \leqslant Z_n \leqslant z^*_{1-\alpha/2}\right)$$

$$\approx 1 - \alpha.$$

这个区间比至今讨论的 (见 3.5 节) 所有区间有较高的精确度, 但是有一个问题: 需要对每个自助法样本计算 $\widehat{\mathrm{se}}^*_b$. 这可能需要在每个自助法过程中实施二次自助法.

$1 - \alpha$自助法学生化枢轴区间 (bootstrap studentized pivotal interval)为

$$\left(T_n - z^*_{1-\alpha/2}\widehat{\mathrm{se}}_{\mathrm{boot}},\ T_n - z^*_{\alpha/2}\widehat{\mathrm{se}}_{\mathrm{boot}}\right),$$

这里, z^*_β 为 $Z^*_{n,1}, \cdots, Z^*_{n,B}$ 的 β 分位数, 而且

$$Z^*_{n,b} = \frac{T^*_{n,b} - T_n}{\widehat{\mathrm{se}}^*_b}.$$

分位数区间. **自助法分位数区间** (bootstrap percentile interval) 定义为

$$C_n = \left(T^*_{(B\alpha/2)}\cdot\ T^*_{(B(1-\alpha/2))}\right).$$

也就是说, 仅利用自助法样本的 $\alpha/2$ 和 $1 - \alpha/2$ 分位数. 下面讨论关于这个区间的合理性. 假定存在一个单调变换 $U = m(T)$, 使得 $U \sim N(\phi, c^2)$, 这里 $\phi = m(\theta)$. 并不假定知道这个变换, 而仅仅知道其存在. 令 $U^*_b = m(T^*_b)$. 注意, 由于单调变换保持分位数不变, $U^*_{(B\alpha/2)} = m(T^*_{(B\alpha/2)})$. 因为 $U \sim N(\phi, c^2)$, U 的 $\alpha/2$ 分位数为 $\phi - z_{\alpha/2}c$. 因此, $U^*_{(B\alpha/2)} = \phi - z_{\alpha/2}c \approx U - z_{\alpha/2}c$, 而 $U^*_{(B(1-\alpha/2))} \approx U + z_{\alpha/2}c$. 这样,

$$\mathbb{P}\left(T^*_{B\alpha/2} \leqslant \theta \leqslant T^*_{B(1-\alpha/2)}\right) = \mathbb{P}\left(m(T^*_{B\alpha/2}) \leqslant m(\theta) \leqslant m(T^*_{B(1-\alpha/2)})\right)$$

$$= \mathbb{P}\left(U^*_{B\alpha/2} \leqslant \phi \leqslant U^*_{B(1-\alpha/2)}\right)$$

$$\approx \mathbb{P}\left(U - cz_{\alpha/2} \leqslant \phi \leqslant U + cz_{\alpha/2}\right)$$

$$= \mathbb{P}\left(-z_{\alpha/2} \leqslant \frac{U - \phi}{c} \leqslant z_{\alpha/2}\right)$$

$$= 1 - \alpha.$$

奇特的是, 绝对不需要知道 m. 不幸的是, 一个精确的正态化变换很少存在, 但可能存在近似的正态变换. 这导致了**调整的分位数方法** (adjusted percentile method)的

发展; 它是 BC_a (偏倚矫正及加速的 (bias-corrected and accelerated)) 区间中最流行的. 将不在这里考虑这些区间.

3.17 例　下面是为估计神经数据的偏度的各种置信区间:

方　法	95% 区间
正　态	(1.44,2.09)
分位数	(1.42,2.03)
枢　轴	(1.48,2.11)
学生化	(1.45,2.28)

关于学生化区间需要某些解释. 对于每次自助法重复, 计算 $\widehat{\theta}^*$, 而且还需要 $\widehat{\theta}^*$ 的标准误差 $\widehat{\mathrm{se}}$. 能够在自助法中再施行自助法 (称为双自助法 (double bootstrap)). 但这耗费计算机资源. 作为替代, 利用在例 3.10 中描述的应用到自助法的非参数 delta 方法来计算 $\widehat{\mathrm{se}}^*$. ∎

3.5　某　些　理　论

在某些条件下, $\widehat{G}_n^*$ 为 $G_n(t) = \mathbb{P}(T_n \leqslant t)$ 的一个相合估计. 为精确起见, 令 $\mathbb{P}_{\widehat{F}_n}(\cdot)$ 表示源于 $\widehat{F}_n$ 的概率, 而把原始数据 $X_1, \cdots, X_n$ 看成是固定的. 假定 $T_n = T(\widehat{F}_n)$ 为 $\widehat{F}_n$ 的某泛函. 那么,

$$\widehat{G}_n^*(t) = \mathbb{P}_{\widehat{F}_n}[T(\widehat{F}_n^*) \leqslant t] = \mathbb{P}_{\widehat{F}_n}\left(\sqrt{n}[T(\widehat{F}_n^*) - T(F)] \leqslant u\right), \tag{3.18}$$

这里, $u = \sqrt{n}[t - T(F)]$. 自助法的相合性可以用下面定理表述.

3.19 定理　假定 $\mathbb{E}(X_1^2) < \infty$. 令 $T_n = g(\overline{X}_n)$, 这里 g 为在 $\mu = \mathbb{E}(X_1)$ 连续可微的, 并且 $g'(\mu) \neq 0$. 那么,

$$\sup_u \left| \mathbb{P}_{\widehat{F}_n}\left(\sqrt{n}[T(\widehat{F}_n^*) - T(\widehat{F}_n)] \leqslant u\right) - \mathbb{P}_F\left(\sqrt{n}[T(\widehat{F}_n) - T(\widehat{F}_n)] \leqslant u\right)\right| \overset{\text{a.s.}}{\longrightarrow} 0. \tag{3.20}$$

3.21 定理　假定 $T(F)$ 为关于 $d(F,G) = \sup_x |F(x) - G(x)|$ Hadamard 可微的, 而且 $0 < \int L_F^2(x)\mathrm{d}F(x) < \infty$, 则

$$\sup_u \left| \mathbb{P}_{\widehat{F}_n}\left(\sqrt{n}[T(\widehat{F}_n^*) - T[\widehat{F}_n]] \leqslant u\right) - \mathbb{P}_F\left(\sqrt{n}[T(\widehat{F}_n) - T(F)] \leqslant u\right)\right| \overset{\text{P}}{\longrightarrow} 0. \tag{3.22}$$

认真观察定理 3.19 和 3.21. 就是由于这一类结果, 自助法显得有用. 具体地, 自助法置信区间的有效性依赖于这些定理. 可参见定理 3.16. 有一种把自助法看成是所有问题的万能药的倾向. 但是自助法需要正则条件来产生合理的结果, 不应该盲目应用.

还能够表明, 在关于 T 的某些条件下, 自助法方差估计是相合的. 一般来说, 自助法相合性的条件要弱于水手刀法. 例如, 中位数方差的自助法估计是相合的, 但中位数方差的水手刀估计就不是相合的 (定理 3.7).

比较不同置信区间方法的精确性. 考虑一个 $1-\alpha$ 单边置信区间 $[\widehat{\theta}_\alpha, \infty)$. 希望 $\mathbb{P}(\theta \leqslant \widehat{\theta}_\alpha) = \alpha$, 但通常这仅仅近似地成立. 如果 $\mathbb{P}(\theta \leqslant \widehat{\theta}_\alpha) = \alpha + O(n^{-1/2})$, 那么说该区间为一阶精确 (first-order accurate). 如果 $\mathbb{P}(\theta \leqslant \widehat{\theta}_\alpha) = \alpha + O(n^{-1})$, 那么说该区间二阶精确 (second-order accurate). 下面是比较:

方　　法	精　确　性
正态区间	一阶精确
基本枢轴区间	一阶精确
分位数区间	一阶精确
学生化枢轴区间	二阶精确
调整的分位数区间	二阶精确

现在解释为什么学生化区间会更精确. 更多细节请参看 Davison and Hinkley (1997) 及 Hall (1992a). 令 $Z_n = \sqrt{n}(T_n - \theta)/\sigma$ 为一个标准化的量, 它收敛于标准正态分布. 这样 $\mathbb{P}_F(Z_n \leqslant z) \to \Phi(z)$. 事实上, 对于如在偏度中涉及的某多项式 a,

$$\mathbb{P}_F(Z_n \leqslant z) = \Phi(z) + \frac{1}{\sqrt{n}} a(z)\Phi(z) + O\left(\frac{1}{n}\right), \tag{3.23}$$

而相应于自助法的形式满足

$$\mathbb{P}_{\widehat{F}}(Z_n^* \leqslant z) = \Phi(z) + \frac{1}{\sqrt{n}} \widehat{a}(z)\phi(z) + O_P\left(\frac{1}{n}\right), \tag{3.24}$$

这里 $\widehat{a}(z) - a(z) = O_P(n^{-1/2})$. 相减后得到

$$\mathbb{P}_F(Z_n \leqslant z) - \mathbb{P}_{\widehat{F}}(Z_n^* \leqslant z) = O_P\left(\frac{1}{n}\right). \tag{3.25}$$

现在假定考虑非学生化量 $V_n = \sqrt{n}(T_n - \theta)/\sigma$. 那么, 对某多项式 b,

$$\begin{aligned} \mathbb{P}_F(V_n \leqslant z) &= \mathbb{P}_F\left(\frac{V_n}{\sigma} \leqslant \frac{z}{\sigma}\right) \\ &= \Phi\left(\frac{z}{\sigma}\right) + \frac{1}{\sqrt{n}} b\left(\frac{z}{\sigma}\right)\phi\left(\frac{z}{\sigma}\right) + O\left(\frac{1}{n}\right). \end{aligned}$$

对于自助法, 有

$$\begin{aligned} \mathbb{P}_{\widehat{F}}(V_n^* \leqslant z) &= \mathbb{P}_{\widehat{F}}\left(\frac{V_n}{\widehat{\sigma}} \leqslant \frac{z}{\widehat{\sigma}}\right) \\ &= \Phi\left(\frac{z}{\widehat{\sigma}}\right) + \frac{1}{\sqrt{n}} \widehat{b}\left(\frac{z}{\widehat{\sigma}}\right)\phi\left(\frac{z}{\widehat{\sigma}}\right) + O_P\left(\frac{1}{n}\right), \end{aligned}$$

这里 $\hat{\sigma} = \sigma + O_P(n^{-1/2})$. 相减后得到

$$\mathbb{P}_F(V_n \leqslant z) - \mathbb{P}_{\widehat{F}}(V_n^* \leqslant z) = O_P\left(\frac{1}{\sqrt{n}}\right). \tag{3.26}$$

它不如 (3.25) 精确.

3.6　文献说明

水手刀法是由 Quenouille (1949) 和 Tukey (1958) 发明的. 自助法是由 Efron (1979) 发明的. 关于这个题目的书包括: Efron and Tibshirani (1993), Davison and Hinkley (1997), Hall (1992a), 及 Shao and Tu (1995). 另外, 看 van der Vaart and Wellner (1996) 的 3.6 节.

3.7　附　　录

Shao and Tu (1995) 的书给出了水手刀和自助法相合性证明的技术上的一个解释. 根据他们书中的 3.1 节, 对于 $T_n = \overline{X}_n = n^{-1}\sum_{i=1}^{n} X_i$ 的情况, 看两种表明自助法相合性的方式. 令 $X_1, \cdots, X_n \sim F$, 并令 $T_n = \sqrt{n}(\overline{X}_n - \mu)$, 这里, $\mu = \mathbb{E}(X_1)$. 令 $H_n(t) = \mathbb{P}_F(T_n \leqslant t)$, 并令 $\widehat{H}_n(t) = \mathbb{P}_{\widehat{F}_n}(T_n^* \leqslant t)$ 为 H_n 的自助法估计, 这里, $T_n^* = \sqrt{n}(\overline{X}_n^* - \overline{X}_n)$ 及 $X_1^*, \cdots, X_n^* \sim \widehat{F}_n$. 目标是表明 $\sup_x |H_n(x) - \widehat{H}_n(x)| \xrightarrow{\text{a.s.}} 0$.

第一个方法是 Bickel and Freedman (1981) 采用的, 它基于 Mallow 度量. 如果 X 和 Y 为分布为 F 和 G 的随机变量, Mallow 度量定义为 $d_r(F, G) = d_r(X, Y) = \inf(\mathbb{E}|X - Y|^r)^{1/r}$, 这里, 下确界是关于边缘分布为 F 和 G 的所有联合分布. 下面是关于 d_r 的某些事实. 令 $X_n \sim F_n$ 及 $X \sim F$, 那么, $d_r(F_n, F) \to 0$ 的充分必要条件为 $X_n \rightsquigarrow X$ 及 $\int |x|^r dF_n(x) \to \int |x|^r dF(x)$. 如果 $\mathbb{E}(|X_1|^r) < \infty$, 则 $d_r(\widehat{F}_n, F) \xrightarrow{\text{a.s.}} 0$. 对于任意的常数 a, $d_r(aX, aY) = |a|d_r(X, Y)$. 如果 $\mathbb{E}(X^2) < \infty$ 及 $\mathbb{E}(Y^2) < \infty$, 那么, $d_2(X, Y)^2 = [d_2(X - \mathbb{E}(X), Y - \mathbb{E}(Y))]^2 + |\mathbb{E}(X - Y)|^2$. 如果 $\mathbb{E}(X_j) = \mathbb{E}(Y_j)$ 及 $\mathbb{E}(|X_j|^r) < \infty$, $\mathbb{E}(|Y_j|^r) < \infty$, 则

$$\left[d_2\left(\sum_{j=1}^{m} X_j, \sum_{j=1}^{m} Y_j\right)\right]^2 \leqslant \sum_{j=1}^{m} d_2(X_j, Y_j)^2.$$

利用 d_r 的性质, 因为 $d_2(\widehat{F}_n, F) \xrightarrow{\text{a.s.}} 0$ 及 $\overline{X}_n \xrightarrow{\text{a.s.}} \mu$, 有

$$d_2(\widehat{H}_n, H_n) = d_2(\sqrt{n}(\overline{X}_n^* - \overline{X}_n), \sqrt{n}(\overline{X}_n - \mu))$$

$$= \frac{1}{\sqrt{n}}d_2\left(\sum_{i=1}^{n}(X_i^* - \overline{X}_n), \sum_{i=1}^{n}(X_i - \mu)\right)$$

$$\leqslant \sqrt{\frac{1}{n}\sum_{i=1}^{n}d_2(X_i^* - \overline{X}_n, X_i - \mu)^2}$$
$$= d_2(X_1^* - X_1, X_1 - \mu)$$
$$= \sqrt{d_2(X_1^*, X_1)^2 - (\mu - \mathbb{E}_*X_1^*)^2}$$
$$= \sqrt{d_2(\widehat{F}_n, F)^2 - (\mu - \overline{X}_n)^2}$$
$$\xrightarrow{\text{a.s.}} 0.$$

因此, $\sup\limits_{x}|H_n(x) - \widehat{H}_n(x)| \xrightarrow{\text{a.s.}} 0$.

要回顾的第二个方法源于 Singh (1981). 它利用 Berry-Esséen 界 (1.28). 令 $X_1, \cdots, X_n$ 为 IID, 均值 $\mu = \mathbb{E}(X_1)$ 有限, 方差 $\sigma^2 = \mathbb{V}(X_1)$ 和三阶矩 $\mathbb{E}|X_1|^3 < \infty$. 令 $Z_n = \sqrt{n}(\overline{X}_n - \mu)/\sigma$, 则

$$\sup_z |\mathbb{P}(Z_n \leqslant z) - \Phi(z)| \leqslant \frac{33}{4}\frac{\mathbb{E}|X_1 - \mu|^3}{\sqrt{n}\sigma^3}. \tag{3.27}$$

令 $Z_n^* = (\overline{X}_n^* - \overline{X}_n)/\widehat{\sigma}$, 这里, $\widehat{\sigma}^2 = n^{-1}\sum\limits_{i=1}^{n}(X_i - \overline{X}_n)^2$. 用 $\widehat{F}_n$ 替换 F, 用 $\overline{X}_n^*$ 替换 $\overline{X}_n$, 得到

$$\sup_z |\mathbb{P}_{\widehat{F}_n}(Z_n^* \leqslant z) - \Phi(z)| \leqslant \frac{33}{4}\frac{\sum\limits_{i=1}^{n}|X_i - \overline{X}_n|^3}{n^{3/2}\widehat{\sigma}^3}. \tag{3.28}$$

令 $d(F, G) = \sup\limits_{x}|F(x) - G(x)|$, 并定义 $\Phi_a(x) = \Phi(x/a)$, 那么,

$$\sup_z |\mathbb{P}_{\widehat{F}_n}(Z_n^* \leqslant z) - \Phi(z)| = \sup_z \left|\mathbb{P}_{\widehat{F}_n}\left(\sqrt{n}(\overline{X}_n^* - \overline{X}_n) \leqslant z\widehat{\sigma}\right) - \Phi\left(\frac{z\widehat{\sigma}}{\widehat{\sigma}}\right)\right|$$
$$= \sup_t \left|\mathbb{P}_{\widehat{F}_n}\left(\sqrt{n}(\overline{X}_n^* - \overline{X}_n) \leqslant t\right) - \Phi_{\widehat{\sigma}}(t)\right|$$
$$= d(\widehat{H}_n, \Phi_{\widehat{\sigma}}).$$

由三角不等式, 有

$$d(\widehat{H}_n, H_n) \leqslant d(\widehat{H}_n, \Phi_{\widehat{\sigma}}) + d(\Phi_{\widehat{\sigma}}, \Phi_\sigma) + d(\Phi_\sigma, H_n). \tag{3.29}$$

根据中心极限定理, (3.29) 的第三项趋于 0. 由于 $\widehat{\sigma}^2 \xrightarrow{\text{a.s.}} \sigma^2 = \mathbb{V}(X_1)$, 第二项 $d(\Phi_{\widehat{\sigma}}, \Phi_\sigma) \xrightarrow{\text{a.s.}} 0$. 第一项有界于式 (3.28) 的右边. 根据下面结果: 如果对于某 $0 < \delta < 1$, $\mathbb{E}|X_1|^\delta < \infty$, 那么 $n^{-1/\delta}\sum\limits_{i=1}^{n}|X_i| \xrightarrow{\text{a.s.}} 0$, 并由于 $\mathbb{E}(X_1^2) < \infty$, 第一项趋于 0. 因此 $d(\widehat{H}_n, H_n) \xrightarrow{\text{a.s.}} 0$.

3.8 练　习

1. 令 $T(F) = \int (x - \mu)^3 \mathrm{d}F(x) / \sigma^3$ 为偏度. 求影响函数.

2. 下面数据是被自助法的发明者 Bradley Efron 用来描述自助法的. 数据是 (进入法学院所需的)LSAT 得分和 GPA.

LAST	576	635	558	578	666	580	555	661
	651	605	653	575	545	572	594	

GPA	3.39	3.30	2.81	3.03	3.44	3.07	3.00	3.43
	3.36	3.13	3.12	2.74	2.76	2.88	3.96	

每个数据点都有形式 $X_i = (Y_i, Z_i)$, 这里, $Y_i = \mathrm{LSAT}_i$ 而 $Z_i = \mathrm{GPA}_i$. 求相关系数的插入估计. 利用下面三种方法估计标准误差: (i) 影响函数; (ii) 水手刀法; (iii) 自助法. 然后计算一个 95% 学生化枢轴自助法置信区间. 对每个自助法样本, 需要计算 T^* 的标准误差.

3. 令 $T_n = \overline{X}_n^2$, $\mu = \mathbb{E}(X_1)$, $\alpha_k = \int |x - \mu|^k \mathrm{d}F(x)$ 及 $\widehat{\alpha}_k = n^{-1} \sum_{i=1}^{n} |X_i - \overline{X}_n|^k$. 表明

$$v_{\mathrm{boot}} = \frac{4\overline{X}_n^2 \widehat{\alpha}_2}{n} + \frac{4\overline{X}_n \widehat{\alpha}_3}{n^2} + \frac{\widehat{\alpha}_4}{n^3}.$$

4. 证明定理 3.16.

5. 重复例 3.17 的计算, 但利用参数自助法. 假定数据为对数正态的. 也就是假定 $Y \sim N(\mu, \sigma^2)$, 而 $Y = \log X$. 将从 $N(\widehat{\mu}, \widehat{\sigma}^2)$ 抽取样本 $Y_1^*, \cdots, Y_n^*$. 然后令 $X_i^* = \mathrm{e}^{Y_i^*}$.

6. 计算机实验. 实施旨在比较四个自助法置信区间的模拟. 令 $n = 50$, 并令 $T(F) = \int (x - \mu)^3 \mathrm{d}F(x) / \sigma^3$ 为偏度. 抽取 $Y_1, \cdots, Y_n \sim N(0, 1)$, 并令 $X_i = \mathrm{e}^{Y_i}$, $i = 1, \cdots, n$. 从数据 $X_1, \cdots, X_n$ 构造 $T(F)$ 的四种形式的自助法 95% 置信区间. 重复整个操作许多次, 并估计这四个区间的真实覆盖率.

7. 令

$$X_1, \cdots, X_n \sim t_3,$$

这里, $n = 25$. 令 $\theta = T(F) = (q_{0.75} - q_{0.25}) / 1.34$, 这里 q_p 表示 p 分位数. 做模拟来比较下面 θ 的置信区间的覆盖率和长度: (i) 正态区间, 用水手刀法标准误差; (ii) 正态区间, 用自助法标准误差; (iii) 自助法分位数区间.

注意: 水手刀法并不给出分位数的方差的一个相合估计.

8. 令 $X_1, \cdots, X_n$ 为不同的观测值 (没有打结). 表明有

$$\binom{2n - 1}{n}$$

种不同的自助法样本. 提示: 想象把 n 个球放入 n 个桶中.

9. 令 $X_1, \cdots, X_n$ 为不同的观测值 (没有打结). 令 $X_1^*, \cdots, X_n^*$ 表示一个自助法样本, 并令 $\overline{X}_n^* = n^{-1} \sum_{i=1}^{n} X_i^*$. 求 $\mathbb{E}(\overline{X}_n^*|X_1, \cdots, X_n)$, $\mathbb{V}(\overline{X}_n^*|X_1, \cdots, X_n)$, $\mathbb{E}(\overline{X}_n^*)$ 和 $\mathbb{V}(\overline{X}_n^*)$.

10. **计算机实验.** 令 $X_1, \cdots, X_n \sim N(\mu, 1)$. 令 $\theta = e^\mu$, 并令 $\widehat{\theta} = e^{\overline{X}}$ 为 MLE. 产生一个包含 $n = 100$ 个观测值的数据集 (用 $\mu = 5$).

(a) 利用 delta 方法得到 θ 的 se 和 95% 置信区间. 利用参数自助法得到 θ 的 se 和 95% 置信区间. 利用非参数自助法得到 θ 的 se 和 95% 置信区间. 比较答案.

(b) 点出对参数和非参数自助法的自助法重复的直方图. 这些是 $\widehat{\theta}$ 的分布估计. Delta 法也给出了这个分布的近似, 即 $N(\widehat{\theta}, \widehat{se}^2)$. 把它们和 $\widehat{\theta}$ 的真实的抽样分布进行比较. 在参数自助法, 自助法或 delta 方法中, 哪一个更接近真实分布?

11. 令 $X_1, \cdots, X_n \sim \text{Uniform}(0, \theta)$. MLE 为

$$\widehat{\theta} = X_{\max} = \max\{X_1, \cdots, X_n\}.$$

产生一个样本量为 50 的数据集, 取 $\theta = 1$.

(a) 求 $\widehat{\theta}$ 的分布. 比较 $\widehat{\theta}$ 的真实分布和用参数和非参数自助法得到的直方图.

(b) 这是非参数自助法表现非常不好的一个例子. 事实上, 能够证明这一点. 表明, 对于参数自助法, $\mathbb{P}(\widehat{\theta}^* = \widehat{\theta}) = 0$, 而对于非参数自助法, $\mathbb{P}(\widehat{\theta}^* = \widehat{\theta}) \approx 0.632$. **提示:** 表明 $\mathbb{P}(\widehat{\theta}^* = \widehat{\theta}) = 1 - [1 - (1/n)]^n$. 然后在 n 增长时取极限.

12. 假定给 50 个人以安慰剂, 而给另外 50 人一个新疗法. 30 个安慰剂病人表现了好转, 而 40 个新疗法病人表现好转. 令 $\tau = p_2 - p_1$, 这里 p_2 为在治疗下好转的概率, 而 p_1 为在安慰剂下好转的概率.

(a) 求 τ 的 MLE. 利用 delta 方法求其标准误差和 90% 置信区间.

(b) 利用自助法求其标准误差和 90% 置信区间.

13. 令 $X_1, \cdots, X_n \sim F$ 为 IID 的, 并令 $X_1^*, \cdots, X_n^*$ 为从 $\widehat{F}_n$ 抽取的一个自助法样本. 令 G 表示 X_i^* 的边缘分布. 注意, $G(x) = \mathbb{P}(X_i^* \leqslant x) = \mathbb{EP}(X_i^* \leqslant x|X_1, \cdots, X_n) = \mathbb{E}(\widehat{F}_n(x)) = F(x)$. 这样, 看起来 X_i^* 和 X_i 有同样的分布. 但是, 在练习 9 中, 表明 $\mathbb{V}(\overline{X}_n) \neq \mathbb{V}(\overline{X}_n^*)$. 这似乎矛盾. 请解释.

第4章 光滑: 一般概念

为了估计一个曲线, 如概率密度函数 f 或回归函数 r, 应该以某种方式对数据进行光滑. 本书余下的部分全都贡献给光滑方法. 本章将讨论某些和光滑有关的一般问题. 将主要研究两种类型的问题. 第一种是**密度估计** (density estimation), 这里, 有来自密度为 f 的分布 F 的一个样本 $X_1, \cdots, X_n$, 记为

$$X_1, \cdots, X_n \sim f, \tag{4.1}$$

而且想要估计概率密度函数 f. 第二种为**回归** (regression), 这里, 有些观测对 $(x_1, Y_1), \cdots, (x_n, Y_n)$, 这里,

$$Y_i = r(x_i) + \epsilon_i, \tag{4.2}$$

而 $\mathbb{E}(\epsilon_i) = 0$, 并且想要估计回归函数 r. 先以某些例子开始; 在以后的各章节将会更仔细地讨论所有这些例子.

4.3 例 (密度估计) 图 4.1 展示了来自 Sloan 天空观测 (Sloan digital sky survey, SDSS) 的 1266 个数据点的直方图. 正如在 SDSS 网站 www.sdss.org 描述的那样:

> 简单地说, Sloan 天空观测是至今为止最有雄心的太空观测课题. 该观测将详细绘出整个天空四分之一的天图, 确定多于一亿个天体的位置和绝对亮度. 它还将度量到多于一百万个星系和类星体的距离.

每一个数据点 X_i 是一个红移[①], 它本质上是一个星系到我们的距离. 数据基于一个 "笔形波束 (pencil beam)"; 它意味着样本是基于从地球指向空间的狭窄的一个管子, 见图 4.2. 完全的数据集是三维的. 沿着这个笔形波束摘出数据以使它成为一维的. 目标是理解星系的分布. 天文学家特别感兴趣于星系的聚集. 因为光速是有穷的, 看遥远的星系时, 在看时间上的遥远过去. 通过观察星系如何作为红移的一个函数来聚集, 在看星系的聚集如何随时间进化.

把红移 $X_1, \cdots, X_n$ 看成来自分布 F 的一个样本, 该分布有密度 f, 即如在 (4.1) 中那样,

$$X_1, \cdots, X_n \sim f.$$

[①] 当一个天体向远离我们的方向运动, 它的光移向光谱中的红端, 称为红移 (redshift). 一个天体远离我们的速度越快, 其光的红向移动就越甚. 离我们较远的天体, 比较近的天体远离我们的速度要快. 因此由红移能够推导出距离. 这实际上比听起来复杂, 因为从红移到距离的换算需要关于宇宙几何学的知识.

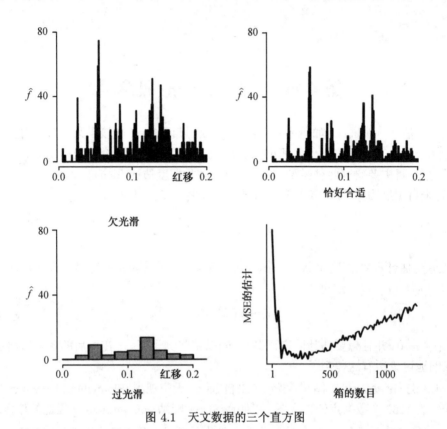

图 4.1　天文数据的三个直方图

左上边直方图有太多的箱. 左下边直方图有太少的箱. 右上边的直方图有 308 个箱, 箱的数目是由在第 6 章
描述的交叉验证法选择的. 右下边的图展示了估计的均方误差 (不精确性) 对箱的数目的散点图.

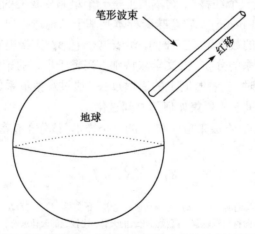

图 4.2　在一个笔形波束的样本中, 星系的位置是沿着从地球向外的一个通道记录的

发现星系聚集的一种方式为在密度 f 中寻找峰值. 直方图是估计密度的一种简单方法. 细节将在第 6 章给出, 这里是一个简单的描述. 把实轴切成一些区间, 或箱 (bin), 并且计算每个箱中的观测值数目. 直方图中条的高度和各箱中的计数成比例. 图 4.1 中的三个直方图就基于箱的不同数目. 左上边的直方图就利用了大量的箱, 右上边的直方图用得少些, 左下边的直方图用得更少. 箱的宽度 h 是一个**光滑参数** (smoothing parameter). 将看到, 大的 h(很少箱子) 导致具有大偏倚的一个估计, 但具有小方差, 称为**过光滑** (oversmoothing), 而小的 h(很多箱子) 导致具有小偏倚的一个估计, 但方差要大, 称为**欠光滑** (undersmoothing). 右下边的图显示了直方图估计的**均方误差** (mean squared error, MSE)的一个估计, 它是估计量不精确性 (inaccuracy) 的一个度量. 估计的 MSE是箱的数目的一个函数. 右上边的直方图有 308 个箱, 相应于最小化 MSE 的估计.

　　图 4.3 显示了一个更加复杂的 f 的估计, 称为**核估计** (kernel estimator), 它将在第 6 章描述. 这里也有一个光滑参数 h. 这三个估计相应于递增的 h, 只有对数据进行恰当程度的光滑, 才能清楚显示数据中的结构 (上右小图). ■

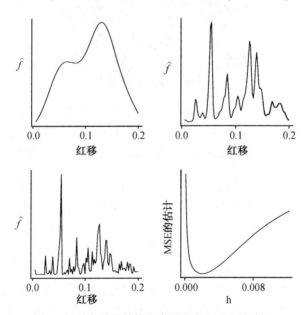

图 4.3　天文数据的核密度估计和 MSE 的估计

上左: 过光滑. 上右: 刚好合适 (带宽由交叉验证选择). 下左: 欠光滑. 下右: 估计的 MSE, 它是光滑参数 h 的函数.

4.4 例(非参数回归)　宇宙的起源通常被称为大爆炸 (big bang). 把这个事件想像成在一个什么都没有的空间中发生是误导. 更精确地说, 早期的宇宙是处于一个热的、致密的状态. 从那时起, 宇宙就扩张和冷却. 大爆炸剩下来的热量仍然可以观测到, 并称为宇宙微波背景 (cosmic microwave background, CMB) 辐射. 图 4.4 展示了从 Wilkinson 微波各向异性探测器 (Wilkinson microwave anisotropy probe, WMAP) 得到的 CMB 数据. WMAP 上的数据在网站 `http://map.gsfc.nasa.gov` 提供. 图象显示在天空中每一点的温度. 这是在大爆炸 (big bang) 后 379000 年后捕捉的宇宙图象. 平均温度是 2.73K, 但天空各处的温度并不是一个常数. 在温度图上的波动提供了早期宇宙的信息. 其实, 当宇宙扩张时, 就存在扩张力和由引力所致的收缩力的较量. 这造成热气体中的波动 (如同一碗震动的果冻), 它是温度波动的原因. 在每个频率 (或多极, multipole) x 的温度波动的强度 $r(x)$ 称为能谱 (power spectrum), 而宇宙学家利用这个能谱来回答宇宙学问题 (Genovese et al., 2004). 例如, 相对大量的不同的宇宙成分 (如重子和暗物质) 相应于能谱的峰值. 通过 (这里将不描述的) 非常复杂的方法, 温度图能够简化成一个能量对频率的散点图. 头 400 个数据点显示在图 4.5 中 (所有 899 个数据点在图 5.3 中).

图 4.4　WMAP(Wilkinson 微波各向异性探测器) 温度图

这是大爆炸剩下的热量. 数据显示了天空中每一点的温度. 在这个图象中捕捉的微波光来自于大爆炸

379000 年之后 (130 亿年前). 平均温度是 2.73K. 在温度图上的波动提供了早期宇宙的重要信息.

分析到目前这步, 数据包含 n 个对 $(x_1, Y_1), \cdots, (x_n, Y_n)$, 这里 x_i 称为多极矩, 而 Y_i 称为估计的温度波动能谱. 如果 $r(x)$ 表示真实能谱, 那么

$$Y_i = r(x_i) + \epsilon_i,$$

这里 ϵ 是均值为 0 的随机误差, 如 (4.2) 一样. 在非参数回归中的目标是在对其仅仅做最少的假定下来估计 r. 图 4.5 中的第一个图显示了数据, 而后面的三个图显示了随着光滑参数 h 的增加, r 的非参数估计 (称为局部回归估计). 如果光滑太少或太多, 数据的结构就会变形. 细节将在下一章解释.　■

4.5 例(非参数回归)　Ruppert et al. (2003) 描述了光的探测和范围 (light detection and ranging, LIDAR) 的实验数据. LIDAR 是用来监测污染物的; 参见 Sigrist (1994). 图 4.6 显示了 221 个观测值. 响应变量是来自两个激光器的光的比率的对数. 一束激光的频率为水银的谐振频率, 而第二个有一个不同的频率. 这里显示的估计是所谓**回归直方图** (regressogram), 它是直方图的回归形式. 把横轴划分为箱,

然后在每个箱中取 Y_i 的样本均值. 光滑参数 h 是箱的宽度. 当箱宽 h 递减时, 估计
的回归函数 $\hat{r}_n$ 从过光滑变向欠光滑.

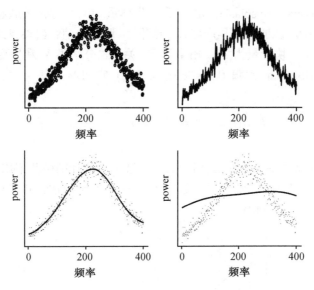

图 4.5　CMB 数据的头 400 个数据点

上左: 能量对频率的散点图. 上右: 欠光滑. 下左: 刚合适. 下右: 过光滑.

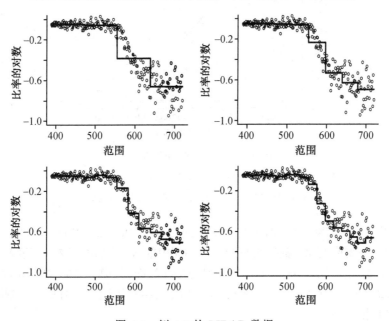

图 4.6　例 4.5 的 LIDAR 数据

估计是由在各箱平均 Y_i 而得到的回归直方图. 当减少箱宽 h 时, 估计变成较不光滑.

4.6 例(非参数二分回归)   这个例子来自 Pagano and Gauvreau (1993), 也出现在 Ruppert et al. (2003) 上. 目标是把 223 个婴儿是否有支气管和肺的发育不良 (bronchopulmonary dysplasia, BPD) 和出生体重 (单位: 克) 关联起来. BPD 是一个慢性肺部疾病, 能够影响早产婴儿. 结果 Y 取两个值: 如果婴儿有 BPD, 则 $Y = 1$, 否则 $Y = 0$. 协变量为 $x =$ 出生体重. 关于二分结果 Y 和协变量 x 关系的通常参数模型为**logistic 回归** (logistic regression), 它的形式为

$$r(x; \beta_0, \beta_1) \equiv \mathbb{P}(Y = 1 | X = x) = \frac{\mathrm{e}^{\beta_0 + \beta_1 x}}{1 + \mathrm{e}^{\beta_0 + \beta_1 x}},$$

参数 β_0 和 β_1 通常由最大似然法估计. 图 4.7 展示了估计的函数 (实线)$r(x; \widehat{\beta}_0, \widehat{\beta}_1)$ 及数据, 还显示了两个非参数估计. 在这个例子中, 非参数估计和参数估计没有多大区别. 当然, 并不总是如此.   ■

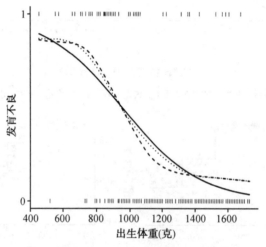

图 4.7   例 4.6 的 BPD 数据

数据是用小的竖直线段显示. 估计来自 logistic 回归 (实线),

局部似然 (短线虚线) 和局部线性回归 (点虚线).

4.7 例 (多元非参数回归)   这个例子来自 Venables and Ripley (2002), 有三个协变量和一个响应变量. 数据来自一个石油库中的 48 个岩石样本. 因变量为渗透性 (单位为毫达西, milli-Darcies). 协变量为小孔的面积 (基于 256 乘 256 背景的像素), 周长 (单位: 像素) 和形状 (周长/$\sqrt{面积}$). 目标是用这三个协变量预测渗透性. 一个非参数模型为

$$渗透性 = r(面积, 周长, 形状) + \epsilon,$$

这里, r 是一个光滑函数. 一个简单的, 但不那么一般的模型为**可加模型** (additive model)

$$渗透性 = r_1(面积) + r_2(周长) + r_3(形状) + \epsilon,$$

这里, r_1, r_2 和 r_3 为光滑函数. 图 4.8 展示了 r_1, r_2 和 r_3 的估计. ■

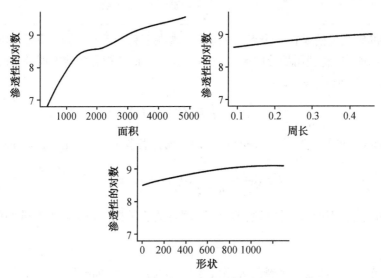

图 4.8　例 4.7 的岩石数据

图形表示可加模型 $Y = \hat{r}_1(x_1) + \hat{r}_2(x_2) + \hat{r}_3(x_3) + \epsilon$ 的参数估计值 $\hat{r}_1, \hat{r}_2$ 和 $\hat{r}_3$.

4.1　偏倚–方差的平衡

令 $\hat{f}_n(x)$ 为函数 $f(x)$ 的估计. **平方误差** (squared error)(或 L_2) 损失函数为

$$L(f(x), \hat{f}_n(x)) = [f(x) - \hat{f}_n(x)]^2. \tag{4.8}$$

该损失的平均称为**风险** (risk)或者**均方误差** (mean squared error, MSE)并且记为

$$\text{MSE} = R(f(x), \hat{f}_n(x)) = \mathbb{E}(L(f(x), \hat{f}_n(x))). \tag{4.9}$$

方程 (4.9) 中定义的随机变量是函数 $\hat{f}_n(x)$, 这意味着它依赖于观测数据. 将把风险和 MSE 等同使用. 简单的计算 (练习 2) 表明

$$R(f(x), \hat{f}_n(x)) = \text{bias}_x^2 + \mathbb{V}_x, \tag{4.10}$$

这里,

$$\text{bias}_x^2 = \mathbb{E}(\hat{f}_n(x)) - f(x)$$

为 $\widehat{f}_n(x)$ 的偏倚, 而且

$$\mathbb{V}_x = \mathbb{V}(\widehat{f}_n(x))$$

为 $\widehat{f}_n(x)$ 的方差, 即:

$$风险 = 均方误差 = 偏倚^2 + 方差. \tag{4.11}$$

上面的定义说的是在一个点 x 的风险. 现在汇总一下在不同 x 值上的风险. 在密度估计问题中, 将使用**积分的风险** (integrated risk)**或积分的均方误差** (integrated mean squared error), 定义为

$$R(f, \widehat{f}_n) = \int R(f(x), \widehat{f}_n(x))\mathrm{d}x. \tag{4.12}$$

对于回归问题, 能够用积分的 MSE 或**平均的均方误差** (average mean squared error)

$$R(r, \widehat{r}_n) = \frac{1}{n}\sum_{i=1}^{n} R(r(x_i), \widehat{r}_n(x_i)). \tag{4.13}$$

平均风险有下面预测性风险的解释. 假定关于数据的模型是非参数回归模型

$$Y_i = r(x_i) + \epsilon_i.$$

假定在每个 x_i 点抽取一个新的观测值 $Y_i^* = r(x_i) + \epsilon_i^*$. 如果用 $\widehat{r}_n(x_i)$ 来预测 Y_i^*, 那么**平方预测误差** (squared prediction error)为

$$[Y_i^* - \widehat{r}_n(x_i)]^2 = [r(x_i) + \epsilon_i^* - \widehat{r}_n(x_i)]^2.$$

定义**预测性风险** (predictive risk)为

$$预测性风险 = \mathbb{E}\left(\frac{1}{n}\sum_{i=1}^{n}[Y_{i=1}^* - \widehat{r}_n(x_i)]^2\right),$$

那么, 有

$$预测性风险 = R(r, \widehat{r}_n) + c, \tag{4.14}$$

这里, $c = n^{-1}\sum_{i=1}^{n}\mathbb{E}((\epsilon_i^*)^2)$ 是一个常数. 特别地, 如果每个 ϵ_i 有方差 σ^2, 那么,

$$预测性风险 = R(r, \widehat{r}_n) + \sigma^2. \tag{4.15}$$

这样, 除了一个常数, 平均风险和预测性风险是一样的.

在光滑过程中的一个主要挑战是确定要光滑到什么程度. 当数据被过分光滑时, 偏倚项大而方差小. 当数据被不足光滑时, 结果正相反, 见图 4.9. 这称为偏倚–方差平衡 (bias-variance tradeoff), 使风险最小就相当于去平衡偏倚和方差.

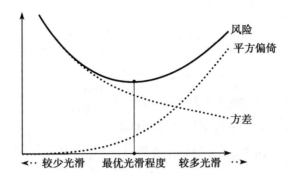

图 4.9 偏倚–方差平衡

随着光滑程度的增加, 偏倚增加而方差减小. 由竖直线标出的最优的光滑程度使得

风险 = 偏倚^2 + 方差 最小.

4.16 例 为了更好地理解偏倚方差平衡, 令 f 为一个 PDF, 并且考虑估计 $f(0)$. 令 h 为一个小的正数. 定义

$$p_h \equiv \mathbb{P}\left(-\frac{h}{2} < x < \frac{h}{2}\right) = \int_{-h/2}^{h/2} f(x)\mathrm{d}x \approx hf(0),$$

并且因此有

$$f(0) \approx \frac{p_h}{h}.$$

令 X 为区间 $(-h/2, h/2)$ 中的观测值数目. 那么 $X \sim \text{Binomial}(n, p_h)$. p_h 的一个估计为 $\widehat{p}_h = X/n$, 并因此 $f(0)$ 的一个估计为

$$\widehat{f}_n(0) = \frac{\widehat{p}_h}{h} = \frac{X}{nh}. \tag{4.17}$$

现在将表明, 对于某常数 A 和 B, 这个估计的 MSE 有下面形式:

$$\text{MSE} \approx Ah^4 + \frac{B}{nh}. \tag{4.18}$$

第一项相应于偏倚的平方, 而第二项相应于方差.

因为 X 为二项分布, 它有均值 np_h. 现在,

$$f(x) \approx f(0) + xf'(0) + \frac{x^2}{2}f''(0).$$

这样,

$$p_h = \int_{-h/2}^{h/2} f(x)\mathrm{d}x \approx \int_{-h/2}^{h/2}\left[f(0) + xf'(0) + \frac{x^2}{2}f''(0)\right]\mathrm{d}x$$

$$= hf(0) + \frac{f''(0)h^3}{24},$$

并因此, 根据 (4.17),

$$\mathbb{E}(\widehat{f}_n(0)) = \frac{\mathbb{E}(X)}{nh} = \frac{p_h}{h} \approx f(0) + \frac{f''(0)h^2}{24}.$$

因此, 偏倚为

$$\text{bias} = \mathbb{E}(\widehat{f}_n(0)) - f(0) \approx \frac{f''(0)h^2}{24}. \tag{4.19}$$

为了计算方差, 注意 $\mathbb{V}(X) = np_h(1 - p_h)$. 因此,

$$\mathbb{V}(\widehat{f}_n(0)) = \frac{\mathbb{V}(X)}{n^2h^2} = \frac{p_h(1 - p_h)}{nh^2} \approx \frac{p_h}{nh^2},$$

这里利用了下面的事实: 由于 h 很小, $1 - p_h \approx 1$. 于是,

$$\mathbb{V}(\widehat{f}_n(0)) \approx \frac{hf(0) + \dfrac{f''(0)h^3}{24}}{nh^2} = \frac{f(0)}{nh} + \frac{f''(0)h}{24n} \approx \frac{f(0)}{nh}. \tag{4.20}$$

因此,

$$\text{MSE} = \text{bias}^2 + \mathbb{V}(\widehat{f}_n(0)) \approx \frac{f''(0)^2h^4}{576} + \frac{f(0)}{nh} \equiv Ah^4 + \frac{B}{nh}. \tag{4.21}$$

当光滑得多些, 即增加 h 时, 偏倚项增加而方差项减少. 当光滑得少些, 即减少 h 时, 偏倚项减少而方差项增加. 这就是典型的偏差–方差分析. ■

4.2 核

在本书余下的部分, 将经常用到 "核" 这个术语. 这里, **核** (kernel)用于称呼任意的光滑函数 K, 它满足 $K(x) \geqslant 0$ 以及

$$\int K(x)\mathrm{d}x = 1, \quad \int xK(x)\mathrm{d}x = 0, \quad \sigma_K^2 \equiv \int x^2K(x)\mathrm{d}x > 0. \tag{4.22}$$

下面是一些常用的核:

$$\begin{aligned}
\textbf{boxcar 核:} \quad & K(x) = \frac{1}{2}I(x), \\
\textbf{Gaussian 核:} \quad & K(x) = \frac{1}{\sqrt{2\pi}}\mathrm{e}^{-x^2/2}, \\
\textbf{Epanechnikov 核:} \quad & K(x) = \frac{3}{4}(1 - x^2)I(x), \\
\textbf{tricube 核:} \quad & K(x) = \frac{70}{81}(1 - |x|^3)^3 I(x),
\end{aligned}$$

这里,

$$I(x) = \begin{cases} 1, & |x| \leqslant 1, \\ 0, & |x| > 1. \end{cases}$$

图 4.10 画出了这些核.

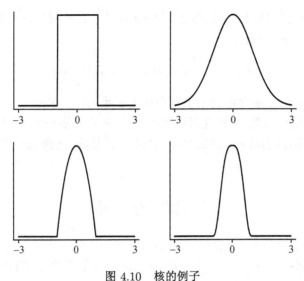

图 4.10 核的例子

boxcar 核 (上左), Gaussian 核 (上右), Epanechnikov 核 (下左), tricube 核 (下右).

核是用来取局部平均的. 例如, 假定有成对数据 $(x_1, Y_1), \cdots, (x_n, Y_n)$, 而且想对在某点 x 的距离 h 的范围内的那些 x_i 取它们相应的 Y_i 的平均. 这个局部平均等于

$$\sum_{i=1}^{n} Y_i \ell_i(x), \tag{4.23}$$

这里,

$$\ell_i(x) = \frac{K\left(\frac{X_i - x}{h}\right)}{\sum_{i=1}^{n} K\left(\frac{X_i - x}{h}\right)}, \tag{4.24}$$

而且 K 是 boxcar 核. 如果把 boxcar 核代以其他的核, 那么 (4.23) 成为一个局部加权平均. 核在许多估计方法中起重要的作用. 较光滑的核导致较光滑的估计, 它们通常比 boxcar 核更受欢迎.

4.3 什么损失函数

能用平方误差之外的其他损失函数. L_p 损失

$$\left\{ \int |f(x) - \widehat{f}_n(x)|^p \mathrm{d}x \right\}^{1/p}$$

已经受到某些注意; 特别是 L_1, 它对离群点不敏感, 而且在一一对应的变换下不变. 对于其他的 L_p 损失函数, 结果和 L_2 没有多大戏剧性的不同, 只不过当 $p \neq 2$ 时,

使用 L_p 要更难一些. 因此 L_2 仍然是受欢迎的选择. 在机器学习的领域, 一些人感兴趣于 Kullback-Leibler 损失

$$L(f, \widehat{f}_n) = \int f(x) \left[\log f(x) / \widehat{f}_n(x) \right] \mathrm{d}x.$$

事实上, 最大似然估计隐含地利用了这个损失函数. 尽管 Kullback-Leibler 距离在参数统计中的作用很自然, 但在光滑问题中, 它通常并不是一个合适的损失函数, 因为它对分布的尾部极端敏感, 参见 Hall (1987). 后果是, 尾部能够主导整个估计过程.

4.4 置 信 集

对于得出科学结论来说, 仅仅提供曲线 f 的一个估计 $\widehat{f}_n$ 很难说是充分的. 在以后的各章中, 将提供 f 的一个置信集. 这将或者有某半径 s_n 的球的形式

$$\mathcal{B}_n = \left\{ f : \int [f(x) - \widehat{f}_n(x)]^2 \mathrm{d}x \leqslant s_n^2 \right\},$$

或者是基于函数对 $(\ell(x), u(x))$ 的一个带 (或包络)

$$\mathcal{B}_n = \{ f : \ell(x) \leqslant f(x) \leqslant u(x), \ \text{对所有的} x \}.$$

在每种情况, 将希望, 对于所有的 $f \in \mathcal{F}$, 这里 $\mathcal{F}$ 为某大类函数, 有

$$\mathbb{P}_f(f \in \mathcal{B}_n) \geqslant 1 - \alpha. \tag{4.25}$$

实践中, 有可能很难发现使 (4.25) 刚好满足的 $\mathcal{B}_n$. 所以必须考虑使 (4.25) 仅仅近似成立的办法. 关键是, 在头脑中要认识到, 如果没有某种置信集, 一个估计 $\widehat{f}_n$ 通常是没有用的.

4.5 维 数 诅 咒

伴随着光滑方法而出现的一个问题是**维数诅咒** (curse of dimensionality), 这是通常被认为是来自 Bellman (1961) 的一个术语. 它大体上意味着当观测值的维数增加时, 估计非常迅速地变得越来越困难.

至少有两个关于这个诅咒的版本. 第一个是计算的维数诅咒. 这是讲某些方法的计算任务随着维数的增长而成指数地增加. 然而, 这里着重强调第二个版本, 称为维数的统计诅咒: 如果数据有维数 d, 那么需要一个有随着 d 指数增长的样本量的数据. 在下面几章中将会看到, 一个光滑 (二次可微) 曲线的任何非参数估计的均方误差一般都会有下面的形式, 即对某 $c > 0$,

$$\text{MSE} \approx \frac{c}{n^{4/(4+d)}}.$$

如果想使这个 MSE 等于某个小的数目 δ, 能够令 MSE $= \delta$, 并解出 n 来. 发现

$$n \propto \left(\frac{c}{\delta}\right)^{d/4},$$

它随着维数 d 成指数增长.

这个现象的的理由在于, 光滑意味着利用 x 点的局部邻域中的数据点来估计一个函数 $f(x)$. 但是, 在高维问题中, 数据非常稀少, 因此一个局部邻域包含极少的点.

考虑一个例子. 假定有 n 个数据点均匀地分布在区间 $[-1, 1]$ 上, 那么有多少点将会在 $[-0.1, 0.1]$ 上呢? 回答是: 大约 $n/10$ 个点. 现在假定有 n 个数据点在 10 维单位立方 $[-1, 1]^{10} = [-1, 1] \times \cdots \times [-1, 1]$ 之中. 有多少点将会在 $[-0.1, 0.1]^{10}$ 中呢? 回答是: 大约有

$$n \times \left(\frac{0.2}{2}\right)^{10} = \frac{n}{10^{10}}$$

个. 这样, n 必须非常大以保证小的邻域存在有点.

结果是, 将讨论的所有方法原则上都能够用于高维问题. 然而, 即使能够克服计算问题, 仍然面对维数的统计诅咒. 可能有能力去计算一个估计, 但它不会是精确的. 事实上, 如果计算一个关于估计的置信区间 (正如应该做的), 那么它将会令人沮丧地大. 这不是方法的失效. 或许应该说, 置信区间正确地指出了问题的固有困难.

4.6 文献说明

有一些很好的关于光滑方法的教科书, 它们包括 Silverman (1986), Scott (1992), Simonoff (1996), Ruppert et al. (2003), Fan and Gijbels (1996). 其他参考文献能够在第 5 章和第 6 章的后面找到. Hall (1987) 讨论了和 Kullback-Leibler 损失有关的问题. 关于维数诅咒的广泛讨论, 参看 Hastie et al. (2001).

4.7 练 习

1. 令 $X_1, \cdots, X_n$ 为来自具有密度 f 的分布 F 的 IID 样本. 关于 f 的似然函数为

$$\mathcal{L}_n(f) = \prod_{i=1}^{n} f(X_i).$$

如果模型是所有概率密度函数的集合 $\mathcal{F}$, 那么 f 的最大似然估计是什么?

2. 证明方程 (4.10).

3. 令 $X_1, \cdots, X_n$ 为来自具有密度 $f_\theta(x) = (2\pi)^{-1/2} e^{-(x-\theta)^2/2}$ 的 $N(\theta, 1)$ 分布的 IID 样本. 考虑密度估计 $\hat{f}(x) = f_{\hat{\theta}}(x)$, 这里, $\hat{\theta} = \overline{X}_n$ 为样本均值. 求 $\hat{f}$ 的风险.

4. 回顾在两个密度 f 和 g 之间的 Kullback-Leibler 距离为 $D(f, g) = \int f(x) \log(f(x)/g(x)) dx$. 考虑一维参数模型 $\{f_\theta(x) : \theta \in \mathbb{R}\}$. 建立在关于 θ 的 L_2 损失和 Kullback-Leibler 损失之间的一个近似关系. 特别表明 $D(f_\theta, f_\psi) \approx (\theta - \psi)^2 I(\theta)/2$, 这里, θ 为真实值, ψ 接近 θ, 而 $I(\theta)$ 为 Fisher 信息.

5. L_1 损失, L_2 损失和 Kullback-Leibler 损失之间的关系如何?

6. 重复方程 (4.21) 的推导, 但取 X 为 d 维的. 把小区间 $[-h/2, h/2]$ 换成小的 d 维矩形. 求使得 MSE 最小的 h 值, 指出需要多大的 n 才能使 MSE 等于 0.1.

7. 从本书的网站上下载本章例子的数据集. 写出计算直方图和回归直方图的程序, 并用于这些数据集.

第5章　非参数回归

在这一章将学习非参数回归, 用机器学习的行话, 也称为 "学习一个函数 (learning a function)". 已给 n 对观测值 $(x_1, Y_1), \cdots, (x_n, Y_n)$, 如图 5.1~ 图 5.3 所显示的. **响应变量**(response variable)Y 和**协变量**(covariate) x 的关系由下面方程定义:

$$Y_i = r(x_i) + \epsilon_i, \quad \mathbb{E}(\epsilon_i) = 0, \quad i = 1, \cdots, n, \tag{5.1}$$

这里 r 为**回归函数**(regression function). 变量 x 也称为**特征**(feature). 想要在弱的假定下估计 (或 "学习") 函数 r. $r(x)$ 的估计用 $\hat{r}_n(x)$ 表示. 也称 $\hat{r}_n(x)$ 为**光滑器**(smoother). 首先, 作方差 $\mathbb{V}(\epsilon_i) = \sigma^2$ 不依赖于 x 的简单化假定. 以后将放松这个假定.

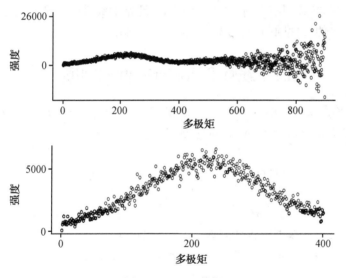

图 5.1　CMB 数据

横轴为多极矩, 它本质上是在 CMB 温度场中的波动频率. 纵轴是在每个频率上波动的势或者强度. 上面小图显示了完全的数据. 下面小图显示了头 400 个数据点. 位于 $x = 200$ 附近的第一个峰是显然的. 在右边可能会有第二和第三个峰.

在 (5.1) 中, 把协变量 x_i 的值看成为固定的, 也能够把它们看成随机的, 那时, 把数据记为 $(X_1, Y_1), \cdots, (X_n, Y_n)$, 而 $r(x)$ 则解释为在 $X = x$ 的条件下 Y 的均值, 即

$$r(x) = \mathbb{E}(Y|X = x). \tag{5.2}$$

这两种方式没有多大差别; 除了特别说明, 将多半按 "固定的 x" 方式考虑.

5.3 例(CMB 数据)　回顾例 4.4 的 CMB(宇宙微波背景辐射) 数据.

图 5.1 显示了数据[①]. 头一个图显示了整个范围的 899 个数据点, 而第二个图显示了头 400 个数据点. 有关于 $r(x_i)$ 的充满噪声的度量 Y_i; 因而数据有 (5.1) 的形式. 目的是估计 r. 方差 $\mathbb{V}(\epsilon_i)$ 无疑地不是常数, 而是 x 的一个函数. 然而, 第二个图表明, 常数方差的假定对于头 400 个点是有道理的. 人们相信, r 可能在数据范围内有三个峰. 第一个峰在第二个图中是明显的. 第二或第三个峰的存在就没有这么显然; 研究这些峰显著性需要认真的推断.　　　　　　　　　　　　■

在这一章考虑的方法是**局部回归方法**(local regression method) 和**惩罚方法** (penalization method). 前者包括**核回归**(kernel regression)和**局部多项式回归**(local polynomial regression). 后者导致基于**样条**(spline) 的方法. 在第 8, 9 章, 将考虑基于正交函数的不同方法. 所有本章的估计量都是**线性光滑器**(linear smoother), 将在 5.2 节讨论这一点.

在投入到非参数回归之前, 首先简单回顾通常的线性回归和它的近亲 logistic 回归. 关于更多的线性回归, 可参见 Weisberg (1985).

5.1　线性和 logistic 回归回顾

假定有数据 $(\boldsymbol{x}_1, Y_1), \cdots, (\boldsymbol{x}_n, Y_n)$, 这里, $Y_i \in \mathbb{R}$ 而 $\boldsymbol{x}_i = (x_{i1}, \cdots, x_{ip})^{\mathrm{T}} \in \mathbb{R}^p$. **线性回归模型**(linear regression model) 假定

$$Y_i = r(x_i) + \epsilon_i \equiv \sum_{j=1}^{p} \beta_j x_{ij} + \epsilon_i, \quad i = 1, \cdots, n, \tag{5.4}$$

这里, $\mathbb{E}(\epsilon_i) = 0$ 及 $\mathbb{V}(\epsilon_i) = \sigma^2$.

警告! 通常想在模型中包括截距, 因此将约定 $x_{i1} = 1$.

设计矩阵(design matrix) $\boldsymbol{X}$ 为 $n \times p$ 矩阵, 定义为

$$\boldsymbol{X} = \begin{pmatrix} x_{11} & x_{12} & \cdots & x_{1p} \\ x_{21} & x_{22} & \cdots & x_{2p} \\ \vdots & \vdots & & \vdots \\ x_{n1} & x_{n2} & \cdots & x_{np} \end{pmatrix}.$$

作为 X 各列的线性组合而得到的向量集合 $\mathcal{L}$ 称为 X 的**列空间**(column space).

① 如果你愿意往后翻, 图 5.3 显示了回归函数的一个非参数估计. 注意, 该图的纵轴刻度是不同的.

令 $\boldsymbol{Y} = (Y_1, \cdots, Y_n)^{\mathrm{T}}$, $\boldsymbol{\epsilon} = (\epsilon_1, \cdots, \epsilon_n)^{\mathrm{T}}$ 及 $\boldsymbol{\beta} = (\beta_1, \cdots, \beta_p)^{\mathrm{T}}$. 能够把 (5.4) 写成

$$\boldsymbol{Y} = \boldsymbol{X}\boldsymbol{\beta} + \boldsymbol{\epsilon}. \tag{5.5}$$

最小二乘估计 (least squares estimator)$\widehat{\boldsymbol{\beta}} = (\widehat{\beta}_1, \cdots, \widehat{\beta}_p)^{\mathrm{T}}$ 是使得**残差平方和** (residual sums of squares)

$$\mathrm{RSS} = (\boldsymbol{Y} - \boldsymbol{X}\boldsymbol{\beta})^{\mathrm{T}}(\boldsymbol{Y} - \boldsymbol{X}\boldsymbol{\beta}) = \sum_{i=1}^{n}\left(Y_i - \sum_{j=1}^{p} x_{ij}\beta_j\right)^2$$

最小的向量. 假定 $\boldsymbol{X}^{\mathrm{T}}\boldsymbol{X}$ 是可逆的, 那么最小二乘估计为

$$\widehat{\boldsymbol{\beta}} = (\boldsymbol{X}^{\mathrm{T}}\boldsymbol{X})^{-1}\boldsymbol{X}^{\mathrm{T}}\boldsymbol{Y}. \tag{5.6}$$

于是在 $\boldsymbol{x} = (x_1, \cdots, x_p)^{\mathrm{T}}$ 的 $r(\boldsymbol{x})$ 的估计为

$$\widehat{r}_n(\boldsymbol{x}) = \sum_{j=1}^{p} \widehat{\beta}_j x_j = \boldsymbol{x}^{\mathrm{T}}\widehat{\boldsymbol{\beta}}.$$

这样, **拟合值** (fitted value) $\boldsymbol{r} = (\widehat{r}_n(x_1), \cdots, \widehat{r}_n(x_n))^{\mathrm{T}}$ 可以写成

$$\boldsymbol{r} = \boldsymbol{X}\widehat{\boldsymbol{\beta}} = \boldsymbol{L}\boldsymbol{Y}, \tag{5.7}$$

这里,

$$\boldsymbol{L} = \boldsymbol{X}(\boldsymbol{X}^{\mathrm{T}}\boldsymbol{X})^{-1}\boldsymbol{X}^{\mathrm{T}} \tag{5.8}$$

称为**帽子矩阵**(hat matrix). 向量 $\widehat{\boldsymbol{\epsilon}} = \boldsymbol{Y} - \boldsymbol{r}$ 称为**残差**(residual). 帽子矩阵是**对称**的(symmetric), 即 $\boldsymbol{L} = \boldsymbol{L}^{\mathrm{T}}$ 和**幂等**的(idempotent), 即 $\boldsymbol{L}^2 = \boldsymbol{L}$. 因此 $\boldsymbol{r}$ 是 $\boldsymbol{Y}$ 到 $\boldsymbol{X}$ 的列空间 $\mathcal{L}$ 上的投影. 能够表明, 参数的数目 p 和矩阵 $\boldsymbol{L}$ 的关系由下面方程界定:

$$p = \mathrm{tr}(\boldsymbol{L}), \tag{5.9}$$

这里 $\mathrm{tr}(\boldsymbol{L})$ 表示矩阵 $\boldsymbol{L}$ 的迹, 即其对角线元素之和. 在非参数回归中, 参数的个数将被**有效自由度**(effective degrees of freedom)所取代, 它将通过类似于 (5.9) 的方程来定义.

给定任意的 $\boldsymbol{x} = (x_1, \cdots, x_p)^{\mathrm{T}}$, 能写

$$\widehat{r}_n(\boldsymbol{x}) = \boldsymbol{\ell}(\boldsymbol{x})^{\mathrm{T}}\boldsymbol{Y} = \sum_{i=1}^{n} \ell_i(\boldsymbol{x})Y_i, \tag{5.10}$$

这里,

$$\boldsymbol{\ell}(x)^{\mathrm{T}} = \boldsymbol{x}^{\mathrm{T}}(\boldsymbol{X}^{\mathrm{T}}\boldsymbol{X})^{-1}\boldsymbol{X}^{\mathrm{T}}.$$

σ^2 的一个无偏估计为

$$\widehat{\sigma}^2 = \frac{\sum\limits_{i=1}^{n}[Y_i - \widehat{r}_n(x_i)]^2}{n-p} = \frac{||\widehat{\epsilon}||^2}{n-p}. \tag{5.11}$$

下面, 将构造 $r(\boldsymbol{x})$ 的置信带. 想要找到函数对 $a(\boldsymbol{x})$, $b(\boldsymbol{x})$, 使得

$$\mathbb{P}(a(\boldsymbol{x}) \leqslant r(\boldsymbol{x}) \leqslant b(\boldsymbol{x}), \text{ 对所有的 } \boldsymbol{x} \text{ 成立}) \geqslant 1 - \alpha. \tag{5.12}$$

因为 $\widehat{r}_n(\boldsymbol{x}) = \sum\limits_{i=1}^{n}\ell_i(x)Y_i$, 有

$$\mathbb{V}(\widehat{r}_n(\boldsymbol{x})) = \sigma^2 \sum_{i=1}^{n}\ell_i^2(\boldsymbol{x}) = \sigma^2||\ell(\boldsymbol{x})||^2.$$

这意味着对于某个常数 c, 用下面形式的置信带:

$$I(\boldsymbol{x}) = (a(\boldsymbol{x}), b(\boldsymbol{x})) \equiv (\widehat{r}_n(\boldsymbol{x}) - c\widehat{\sigma}||\ell(\boldsymbol{x})||, \ \widehat{r}_n(\boldsymbol{x}) + c\widehat{\sigma}||\ell(\boldsymbol{x})||). \tag{5.13}$$

可以在 Scheffé (1959) 中找到下面定理. 令 $F_{p,n-p}$ 表示一个随机变量, 它有自由度为 p 和 $n-p$ 的 F 分布. 令 $F_{\alpha;p,n-p}$ 为该随机变量的上 α 分位点, 即 $\mathbb{P}(F_{p,n-p} > F_{\alpha;p,n-p}) = \alpha$.

5.14 定理　在 (5.13) 中定义的置信带在 $c = \sqrt{pF_{\alpha;p,n-p}}$ 时满足 (5.12).

当那些 Y_i 不连续时, 通常的线性回归可能不合适. 例如, 假定 $Y_i \in \{0,1\}$. 这时, 一个常用的参数模型为**logistic 回归模型**, 它的形式为

$$p_i \equiv p_i(\beta) = \mathbb{P}(Y_i = 1) = \frac{\mathrm{e}^{\sum\limits_{j}\beta_j x_{ij}}}{1 + \mathrm{e}^{\sum\limits_{j}\beta_j x_{ij}}}. \tag{5.15}$$

如先前一样, 要求对所有的 i, 有 $x_{i1} = 1$; 这就包括了截距项. 这个模型说明, Y_i 是一个均值为 p_i 的 Bernoulli 随机变量. 参数 $\beta = (\beta_1, \cdots, \beta_p)^{\mathrm{T}}$ 通常用最大似然法估计. 回顾一下, 如果 $Y \sim \text{Bernoulli}(p)$, 那么它的概率函数为 $\mathbb{P}(Y = y) \equiv f(y) = p^y(1-p)^{1-y}$. 于是, 对于模型 (5.15) 的似然函数为

$$\mathcal{L}(\beta) = \prod_{i=1}^{n} p_i^{Y_i}(1-p_i)^{1-Y_i}. \tag{5.16}$$

最大似然估计 $\widehat{\beta} = (\widehat{\beta}_1, \cdots, \widehat{\beta}_p)^{\mathrm{T}}$ 是无法用封闭形式找到的. 但是, 有一个迭代方法, 称为**重复加权最小二乘**(reweighted least squares)法, 其运作描述如下:

重复加权最小二乘法

选择初始值 $\widehat{\boldsymbol{\beta}} = (\widehat{\beta}_1, \cdots, \widehat{\beta}_p)^{\mathrm{T}}$, 并对于 $i = 1, \cdots, n$, 利用方程 (5.15) 计算 p_i, 把 β_j 用目前的估计 $\widehat{\beta}_j$ 代替. 迭代下面的步骤, 直到收敛.

(1) 设

$$Z_i = \log\left(\frac{p_i}{1 - p_i}\right) + \frac{Y_i - p_i}{p_i(1 - p_i)}, \quad i = 1, \cdots, n.$$

(2) 令 β 的新估计为

$$\widehat{\boldsymbol{\beta}} = (\boldsymbol{X}^{\mathrm{T}} \boldsymbol{W} \boldsymbol{X})^{-1} \boldsymbol{X}^{\mathrm{T}} \boldsymbol{W} \boldsymbol{Z},$$

这里, $\boldsymbol{W}$ 为对角线矩阵, 其第 (i, i) 个元素等于 $p_i(1 - p_i)$. 这相应于作 $\boldsymbol{Z}$ 在 $\boldsymbol{X}$ 上的一个 (加权) 线性回归.

(3) 以目前的 $\widehat{\beta}$ 估计, 利用 (5.15) 计算那些 p_i.

Logistic 回归和线性回归是称为**广义线性模型**(generalized linear model) 的一类模型的特例. 其细节参见 McCullagh and Nelder (1999).

5.2 线性光滑器

正如早先提到的, 本章的所有非参数估计都是线性光滑器. 正式定义如下:

5.17 定义　如果对于每个 x, 存在一个向量 $\boldsymbol{\ell}(x) = (\ell_1(x), \cdots, \ell_n(x))^{\mathrm{T}}$, 使得 r 的一个估计

$$\widehat{r}_n(x) = \sum_{i=1}^{n} \ell_i(x) Y_i, \tag{5.18}$$

则估计 $\widehat{r}_n$ 为一个**线性光滑器**(linear smoother).

定义**拟合值**(fitted value)向量为

$$\boldsymbol{r} = (\widehat{r}_n(x_1), \cdots, \widehat{r}_n(x_n))^{\mathrm{T}}. \tag{5.19}$$

令 $\boldsymbol{Y} = (Y_1, \cdots, Y_n)^{\mathrm{T}}$, 有

$$\boldsymbol{r} = \boldsymbol{L} \boldsymbol{Y}, \tag{5.20}$$

这里, $\boldsymbol{L}$ 为一个 $n \times n$ 的矩阵, 其第 i 行为 $\boldsymbol{\ell}(x_i)^{\mathrm{T}}$; 这样 $L_{ij} = \ell_j(x_i)$. 第 i 行的元素显示了在形成估计 $\widehat{r}_n(x_i)$ 时给予每个 Y_i 的权重.

5.21 定义   矩阵 L 称为**光滑矩阵**(smoothing matrix)或者**帽子矩阵**(hat matrix). L 的第 i 行称为估计 $r(x_i)$ 的**有效核**(effective kernel). 类似于 (5.9), 用下式来定义**有效自由度**(effective degrees of freedom):

$$\nu = \text{tr}(L). \tag{5.22}$$

警告! 读者不应该把形为 (5.18) 的线性光滑器与线性回归混淆起来; 后者假定回归函数 $r(x)$ 是线性的.

5.23 说明   将要使用的所有光滑器的权重都有下面性质: 对所有 x, $\sum\limits_{i=1}^{n} \ell_i(x) = 1$. 这意味着光滑器保持常数曲线不变, 即如果对所有 i, $Y_i = c$, 那么 $\widehat{r}_n(x) = c$.

5.24 例(回归直方图)   假定 $a \leqslant x_i \leqslant b$, $i = 1, \cdots, n$. 把 (a, b) 划分为 m 个等距的箱, 用 $B_1, B_2, \cdots, B_m$ 表示. 定义 $\widehat{r}_n(x)$ 为

$$\widehat{r}_n(x) = \frac{1}{k_j} \sum_{i:x_i \in B_j} Y_i, \qquad \text{对于} x \in B_j, \tag{5.25}$$

这里, k_j 为在 B_j 的点数. 换言之, 估计 $\widehat{r}_n$ 是一个阶梯函数, 它是由在每个箱的 Y_i 平均而得. 该估计称为**回归直方图**(regressogram). 图 4.6 给出了一个例子. 对于 $x \in B_j$, 如果 $x_i \in B_j$, 则定义 $\ell_i(x) = 1/k_j$, 否则, 定义 $\ell_i(x) = 0$. 这样, $\widehat{r}_n(x) = \sum\limits_{i=1}^{n} Y_i \ell_i(x)$. 权向量 $\boldsymbol{\ell}(x)$ 的形式为

$$\boldsymbol{\ell}(x)^{\mathrm{T}} = \left(0, 0, \cdots, 0, \frac{1}{k_j}, \cdots, \frac{1}{k_j}, 0, \cdots, 0 \right).$$

为了看光滑矩阵像什么样子, 假定 $n = 9$, $m = 3$ 及 $k_1 = k_2 = k_3 = 3$, 则光滑矩阵有形式

$$L = \frac{1}{3} \times \begin{pmatrix} 1 & 1 & 1 & 0 & 0 & 0 & 0 & 0 & 0 \\ 1 & 1 & 1 & 0 & 0 & 0 & 0 & 0 & 0 \\ 1 & 1 & 1 & 0 & 0 & 0 & 0 & 0 & 0 \\ 0 & 0 & 0 & 1 & 1 & 1 & 0 & 0 & 0 \\ 0 & 0 & 0 & 1 & 1 & 1 & 0 & 0 & 0 \\ 0 & 0 & 0 & 1 & 1 & 1 & 0 & 0 & 0 \\ 0 & 0 & 0 & 0 & 0 & 0 & 1 & 1 & 1 \\ 0 & 0 & 0 & 0 & 0 & 0 & 1 & 1 & 1 \\ 0 & 0 & 0 & 0 & 0 & 0 & 1 & 1 & 1 \end{pmatrix}.$$

一般来说, 很容易看到, 有 $\nu = \text{tr}(L) = m$ 个有效自由度. 箱宽 $h = (b - a)/m$ 控制了估计的光滑程度. ∎

5.26 例(局部平均)　固定 $h > 0$, 并令 $B_x = \{i : |x_i - x| \leqslant h\}$. 令 n_x 为在 B_x 的点数. 对于任意满足 $n_x > 0$ 的 x, 定义

$$\widehat{r}_n(x) = \frac{1}{n_x} \sum_{i \in B_x} Y_i.$$

这是 $r(x)$ 的**局部平均估计**(local average estimator), 是很快要讨论的核估计的一个特例. 这时, $\widehat{r}_n(x) = \sum_{i=1}^{n} Y_i \ell_i(x)$, 这里, 如果 $|x_i - x| \leqslant h$, 则 $\ell_i(x) = 1/n_x$, 否则 $\ell_i(x) = 0$. 作为一个简单例子, 假定 $n = 9$, $x_i = i/9$ 及 $h = 1/9$, 则

$$L = \begin{pmatrix} 1/2 & 1/2 & 0 & 0 & 0 & 0 & 0 & 0 & 0 \\ 1/3 & 1/3 & 1/3 & 0 & 0 & 0 & 0 & 0 & 0 \\ 0 & 1/3 & 1/3 & 1/3 & 0 & 0 & 0 & 0 & 0 \\ 0 & 0 & 1/3 & 1/3 & 1/3 & 0 & 0 & 0 & 0 \\ 0 & 0 & 0 & 1/3 & 1/3 & 1/3 & 0 & 0 & 0 \\ 0 & 0 & 0 & 0 & 1/3 & 1/3 & 1/3 & 0 & 0 \\ 0 & 0 & 0 & 0 & 0 & 1/3 & 1/3 & 1/3 & 0 \\ 0 & 0 & 0 & 0 & 0 & 0 & 1/3 & 1/3 & 1/3 \\ 0 & 0 & 0 & 0 & 0 & 0 & 0 & 1/2 & 1/2 \end{pmatrix}.$$ ∎

5.3　选择光滑参数

将要用的光滑器依赖于某光滑参数 h, 而且需要某种选择 h 的方法, 如在第 4 章那样, 定义风险 (均方误差) 为

$$R(h) = \mathbb{E} \left(\frac{1}{n} \sum_{i=1}^{n} [\widehat{r}_n(x_i) - r(x_i)]^2 \right). \tag{5.27}$$

理想的情况是, 希望选择使 $R(h)$ 最小的 h. 但是 $R(h)$ 依赖于未知的函数 $r(x)$. 作为替代, 将使 $R(h)$ 的估计 $\widehat{R}(h)$ 最小. 作为最初的猜测, 可能使用平均残差平方和, 又称为**训练误差**(training error)

$$\frac{1}{n} \sum_{i=1}^{n} [Y_i - \widehat{r}_n(x_i)]^2 \tag{5.28}$$

来估计 $R(h)$. 结果发现, 这是 $R(h)$ 的一个不好的估计: 它是向下偏的, 而且通常导

致欠光滑 (过拟合). 原因在于利用了数据两次: 一次估计函数, 一次估计风险. 选择函数估计是为了使 $\sum_{i=1}^{n}(Y_i - \widehat{r}_n(x_i))^2$ 小, 因此这倾向于低估了风险.

利用下面定义的缺一交叉验证得分来估计风险.

5.29 定义　缺一交叉验证得分(leave-one-out cross-validation score)定义为

$$\mathrm{CV} = \widehat{R}(h) = \frac{1}{n}\sum_{i=1}^{n}[Y_i - \widehat{r}_{(-i)}(x_i)]^2, \tag{5.30}$$

这里, $\widehat{r}_{(-i)}$ 为未用第 i 个数据点 (x_i, Y_i) 时所得到的估计.

上述的定义 5.29 是不完全的. 没有说 $\widehat{r}_{(-i)}$ 的确切意义是什么. 将定义

$$\widehat{r}_{(-i)}(x) = \sum_{j=1}^{n} Y_j \ell_{j,(-i)}(x), \tag{5.31}$$

这里,

$$\ell_{j,(-i)}(x) = \begin{cases} 0, & j = i, \\[2mm] \dfrac{\ell_j(x)}{\sum\limits_{k \neq i}\ell_k(x)}, & j \neq i. \end{cases} \tag{5.32}$$

换句话说, 在 x_i 那一点放的权数为 0, 并且重新正则化其他的权数使它们的和为 1. 对于本章所有的方法 (核回归, 局部多项式, 光滑样条), 关于 $\widehat{r}_{(-i)}$ 的这个形式实际上能够作为相应方法的性质来导出, 而不是一个定义的问题. 但是, 作为一个定义来处理则更简单一些.

下面描述交叉验证的直观意义. 注意,

$$\mathbb{E}(Y_i - \widehat{r}_{(-i)}(x_i))^2 = \mathbb{E}(Y_i - r(x_i) + r(x_i) - \widehat{r}_{(-i)}(x_i))^2$$

$$= \sigma^2 + \mathbb{E}(r(x_i) - \widehat{r}_{(-i)}(x_i))^2$$

$$\approx \sigma^2 + \mathbb{E}(r(x_i) - \widehat{r}_n(x_i))^2,$$

并且因此, 根据 (4.15),

$$\mathbb{E}(\widehat{R}) \approx R + \sigma^2 = 预测性风险. \tag{5.33}$$

这样, 交叉验证得分是风险的几乎无偏估计.

看起来计算 $\widehat{R}(h)$ 可能很费时间, 这是因为每次去掉一个观测值都要重新计算估计. 幸运的是, 对于线性光滑器, 有一个走捷径计算 $\widehat{R}(h)$ 的公式.

5.34 定理 令 $\hat{r}_n$ 为一个线性光滑器, 那么缺一交叉验证得分 $\hat{R}(h)$ 能够写成

$$\hat{R}(h) = \frac{1}{n} \sum_{i=1}^{n} \left[\frac{Y_i - \hat{r}_n(x_i)}{1 - L_{ii}} \right], \tag{5.35}$$

这里, $L_{ii} = \ell_i(x_i)$ 是光滑矩阵 $\boldsymbol{L}$ 的第 i 个对角线元素.

因此可以用最小化 $\hat{R}(h)$ 来选择光滑参数 h.

警告! 不能假定 $\hat{R}(h)$ 总有一个定义明确的最小值. 应该总是做出 $\hat{R}(h)$ 作为 h 的函数的点图.

如果不去做交叉验证得分的最小化, 另一种方法是利用其近似, 称为**广义交叉验证** (generalized cross-validation)[①], 这里, 方程 (5.35) 中的每个 L_{ii} 都替换成它的平均 $n^{-1} \sum_{i=1}^{n} L_{ii} = \nu/n$, 而 $\nu = \mathrm{tr}(\boldsymbol{L})$ 为有效自由度. 这样将最小化下式:

$$\mathrm{GCV}(h) = \frac{1}{n} \sum_{i=1}^{n} \left[\frac{Y_i - \hat{r}_n(x_i)}{1 - \nu/n} \right]^2. \tag{5.36}$$

通常, 使广义交叉验证得分最小的带宽接近于使交叉验证得分最小的带宽.

利用近似 $(1 - x)^{-1} \approx 1 + 2x$, 可以看到

$$\mathrm{GCV}(h) \approx \frac{1}{n} \sum_{i=1}^{n} [Y_i - \hat{r}_n(x_i)]^2 + \frac{2\nu\hat{\sigma}^2}{n} \equiv C_p, \tag{5.37}$$

这里, $\hat{\sigma}^2 = n^{-1} \sum_{i=1}^{n} [Y_i - \hat{r}_n(x_i)]^2$. 方程 (5.37) 被称为 C_p 统计量[②], 它最初是由 Colin Mallows 作为线性回归变量选择的一个准则提出的. 更一般地, 对于 $\Xi(n, h)$ 的不同选择, 许多通常的带宽选择准则能够写成

$$B(h) = \Xi(n, h) \times \frac{1}{n} \sum_{i=1}^{n} [Y_i - \hat{r}_n(x_i)]^2, \tag{5.38}$$

详见 Härdle et al. (1988). 再者, 在适当的条件下, Härdle et al. (1988) 证明了下面的关于使 $B(h)$ 最小化的 $\hat{h}$ 的一些结果. 令 $\hat{h}_0$ 使得损失 $L(\hat{h}) = n^{-1} \sum_{i=1}^{n} [\hat{r}_n(x_i) - r(x_i)]^2$ 最小, 而且令 h_0 使风险最小化. 那么, 所有的 $\hat{h}, \hat{h}_0$ 及 h_0 都以 $n^{-1/5}$ 的速率趋于

---

① 广义交叉验证有某种缺一交叉验证所不具有的不变性质. 然而在实践中, 这两者通常类似.
② 实际上, 这并不是确切的 C_p 公式. 通常使用 (5.86) 作为对 σ^2 的估计.

0. 而且, 对于某些正常数 $C_1, C_2, \sigma_1, \sigma_2$,

$$n^{3/10}(\widehat{h} - \widehat{h}_0) \rightsquigarrow N(0, \sigma_1^2) \qquad n[L(\widehat{h}) - L(\widehat{h}_0)] \rightsquigarrow C_1 \chi_1^2,$$

$$n^{3/10}(h_0 - \widehat{h}_0) \rightsquigarrow N(0, \sigma_2^2), \qquad n[L(h_0) - L(\widehat{h}_0)] \rightsquigarrow C_2 \chi_1^2.$$

这样, $\widehat{h}$ 的相对收敛率为

$$\frac{\widehat{h} - \widehat{h}_0}{\widehat{h}_0} = O_P\left(\frac{n^{3/10}}{n^{1/5}}\right) = O_P(n^{-1/10}).$$

这个缓慢的收敛率表明估计带宽是困难的. 该收敛率本质上是带宽选择的问题, 因为下式也成立:

$$\frac{\widehat{h} - h_0}{h_0} = O_P\left(\frac{n^{3/10}}{n^{1/5}}\right) = O_P(n^{-1/10}).$$

5.4　局 部 回 归

现在转向局部非参数回归. 假定 $x_i \in \mathbb{R}$ 为标量, 并考虑回归模型 (5.1). 这一节考虑由 Y_i 的加权平均而得的 $r(x)$ 的估计; 它对于接近 x 的点给以较高的权重. 以核回归估计开始.

5.39 定义　令 $h > 0$ 为一个正数, 称为**带宽**(bandwidth). **Nadaraya-Watson 核估计**定义为

$$\widehat{r}_n(x) = \sum_{i=1}^{n} \ell_i(x) Y_i, \tag{5.40}$$

这里, K 是一个核 (定义在 4.2 节), 而权重 $\ell_i(x)$ 由下式给出:

$$\ell_i(x) = \frac{K\left(\dfrac{x - x_i}{h}\right)}{\displaystyle\sum_{j=1}^{n} K\left(\dfrac{x - x_j}{h}\right)}. \tag{5.41}$$

5.42 说明　例 5.26 中的局部平均估计是一个基于 boxcar 核的核估计.

5.43 例 (CMB 数据)　回忆图 5.1 的 CMB数据. 图 5.2 显示了基于递增带宽的四个不同核回归拟合 (仅利用头 400 个数据点). 上面两个小图基于小的带宽, 拟合太粗糙. 右下小图是基于大的带宽, 拟合太光滑. 下左小图刚合适. 下右图还显示了接近边界时存在偏倚. 正如将要看到的, 这是核估计的一个通常特征. 图 5.3 下面的图显示了对所有数据点的一个核拟合. 带宽是按照交叉验证选取的.　■

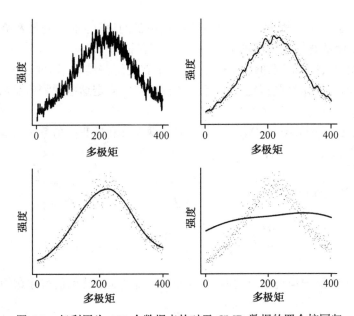

图 5.2 仅利用头 400 个数据点的对于 CMB 数据的四个核回归

所用的带宽为 $h = 1$(左上), $h = 10$(右上), $h = 50$(左下), $h = 200$(右下). 当带宽递增时, 被估计函数从太粗糙到太光滑变化.

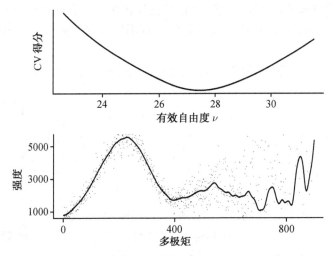

图 5.3 上小图: 作为有效自由度的一个函数的交叉验证 (CV) 得分. 下小图: 利用使交叉验证得分最小的带宽的核拟合.

核 K 的选择并不是太重要的. 用不同的核所得到的估计在数值上非常类似. 这个现象被理论上的计算所证实. 这表明风险对于核的选择是很不敏感的, 参见 Scott (1992) 的 6.2.3 节. 将在例子中经常利用 tricube 核. 重要得多的是带宽 h 的选择, 它控制了光滑的程度. 小的带宽给出很粗糙的估计, 而大的带宽给出较光滑的估计. 一般让带宽依赖于样本量, 因此有时把它记为 h_n.

下面的定理表明带宽如何影响估计. 为了叙述这些结果, 需要对于 $x_1, \cdots, x_n$ 在 n 增加时的性质做某些假定. 为了定理的目的, 将假定这些观测值是从某密度 f 随机抽取的.

5.44 定理   Nadaraya-Watson 核估计的风险 (利用积分的平方误差损失) 为当 $h_n \to 0$ 及 $nh_n \to \infty$ 时,

$$R(\widehat{r}_n, r) = \frac{h_n^4}{4} \left[\int x^2 K(x)\mathrm{d}x \right]^2 \int \left[r''(x) + 2r'(x)\frac{f'(x)}{f(x)} \right]^2 \mathrm{d}x$$

$$+ \frac{\sigma^2 \int K^2(x)\mathrm{d}x}{nh_n} \int \frac{1}{f(x)}\mathrm{d}x + o(nh_n^{-1}) + o(h_n^4). \qquad (5.45)$$

式 (5.45) 的第一项是平方的偏倚, 而第二项是方差. 特别值得注意的是在偏差项中的

$$2r'(x)\frac{f'(x)}{f(x)}. \qquad (5.46)$$

称 (5.46) 为**设计偏倚**(design bias), 因为它依赖于设计, 即 x_i 的分布. 这意味着偏倚对那些 x_i 的位置敏感. 此外, 能够表明, 核估计在接近边界处还有高偏倚. 这就是所谓**边界偏倚**(boundary bias). 将看到, 能够利用称为局部多项式回归的改进来减少这些偏倚.

如果对 (5.45) 微分, 并使它为 0, 发现最优带宽 h_* 为

$$h_* = \left(\frac{1}{n}\right)^{1/5} \left\{ \frac{\sigma^2 \int K^2(x)\mathrm{d}x \int \mathrm{d}x/f(x)}{\left[\int x^2 K^2(x)\mathrm{d}x\right]^2 \int \left[r''(x) + 2r'(x)\dfrac{f'(x)}{f(x)}\right]^2 \mathrm{d}x} \right\}^{1/5}. \qquad (5.47)$$

这样, $h_* = O(n^{-1/5})$. 把 h_* 代回 (5.45), 看到风险以速率 $O(n^{-4/5})$ 递减. 在 (多数) 参数模型中, 最大似然估计的风险以速率 $1/n$ 递减到 0. 较慢的速率 $n^{-4/5}$ 是利用非参数方法的代价. 实践中, 不能利用 (5.47) 给出的带宽, 因为 h_* 依赖于未知函数 r. 作为替代, 利用在定理 5.34 中描述的缺一交叉验证.

5.48 例   图 5.3 表示了对 CMB 例子的交叉验证得分, 它是有效自由度的一个函数. 根据使该得分最小化来选择最优光滑参数. 结果的拟合显示在图中. 注意, 拟合在右边相当不稳定. 稍后将对付非常数方差, 并对拟合加上置信带.   ■

局部多项式. 核估计因边界偏倚和设计偏倚而不足. 利用称为**局部多项式回归**(local polynomial regression) 的核回归的一个推广则可以减轻这些麻烦.

为了了解这个估计的动机, 首先考虑选择一个估计量 $a \equiv \widehat{r}_n(x)$ 来使得平方和 $\sum\limits_{i=1}^{n}(Y_i - a)^2$ 最小. 解是常数函数 $\widehat{r}_n(x) = \overline{Y}$; 它显然不是 $r(x)$ 的一个好的估计. 现在定义权函数 $w_i(x) = K((x_i - x)/h)$, 并且选择 $a \equiv \widehat{r}_n(x)$ 来使得下面的**加权平方和**(weighted sum of squares) 最小:

$$\sum_{i=1}^{n} w_i(x)(Y_i - a)^2. \tag{5.49}$$

由初等微积分, 看到, 解为

$$\widehat{r}_n(x) \equiv \frac{\sum\limits_{i=1}^{n} w_i(x)Y_i}{\sum\limits_{i=1}^{n} w_i(x)},$$

它刚好是核回归估计. 这给了关于核估计的一个有意思的解释: 它是由局部加权最小二乘得到的局部常数估计.

这意味着利用一个 p 阶的**局部多项式**(local polynomial) 而不是一个局部常数就可能改进估计. 令 x 为在其上想要估计 $r(x)$ 的某固定值. 对于在 x 一个邻域中的值 u, 定义多项式

$$P_x(u; a) = a_0 + a_1(u - x) + \frac{a_2}{2!}(u - x)^2 + \cdots + \frac{a_p}{p!}(u - x)^p. \tag{5.50}$$

能够在目标值 x 的一个邻域用下面的多项式来近似一个光滑回归函数 $r(u)$:

$$r(u) \approx P_x(u; a). \tag{5.51}$$

选择使下面局部加权平方和最小的 $\widehat{\boldsymbol{a}} = (\widehat{a}_0, \cdots, \widehat{a}_p)^{\mathrm{T}}$ 来估计 $\boldsymbol{a} = (a_0, \cdots, a_p)^{\mathrm{T}}$:

$$\sum_{i=1}^{n} w_i(x)[Y_i - P_x(X_i; a)]^2. \tag{5.52}$$

估计 $\widehat{\boldsymbol{a}}$ 依赖于目标值 x. 如果想突出这个依赖关系, 则记 $\widehat{\boldsymbol{a}}(x) = (\widehat{a}_0(x), \cdots, \widehat{a}_p(x))^{\mathrm{T}}$. r 的局部估计为

$$\widehat{r}_n(u) = P_x(u; \widehat{a}).$$

特别地, 在目标值 $u = x$, 有

$$\widehat{r}_n(x) = P_x(x; \widehat{a}) = \widehat{a}_0(x). \tag{5.53}$$

警告! 虽然 $\widehat{r}_n(x)$ 仅仅依赖于 $\widehat{a}_0(x)$, 这并不等价于简单地拟合一个局部常数.

令 $p = 0$, 则回到核估计. 在 $p = 1$ 时的特殊情况称为**局部线性回归**(local linear geression), 而且这是我们推荐的一个默认选择的版本. 正如下面将会看到的, 局部多项式估计, 特别是局部线性估计, 有某些值得注意的性质; 这些性质被 Fan (1992), Hastie and Loader (1993) 给出. 许多下面的结果都来自这些文章.

为了有助于求 $\widehat{a}(x)$, 重新以向量的记号来表述这个问题. 令

$$
\boldsymbol{X}_x = \begin{pmatrix} 1 & x_1 - x & \cdots & \dfrac{(x_1 - x)^p}{p!} \\ 1 & x_2 - x & \cdots & \dfrac{(x_2 - x)^p}{p!} \\ \vdots & \vdots & & \vdots \\ 1 & x_n - x & \cdots & \dfrac{(x_n - x)^p}{p!} \end{pmatrix}, \tag{5.54}
$$

并且令 $\boldsymbol{W}_x$ 为 $n \times n$ 对角线矩阵, 其第 (i, i) 元素为 $w_i(x)$. 能够重新把 (5.52) 写成

$$
(\boldsymbol{Y} - \boldsymbol{X}_x \boldsymbol{a})^{\mathrm{T}} \boldsymbol{W}_x (\boldsymbol{Y} - \boldsymbol{X}_x \boldsymbol{a}). \tag{5.55}
$$

使 (5.55) 最小化, 得到加权最小二乘估计

$$
\widehat{\boldsymbol{a}}(x) = (\boldsymbol{X}_x^{\mathrm{T}} \boldsymbol{W}_x \boldsymbol{X}_x)^{-1} \boldsymbol{X}_x^{\mathrm{T}} \boldsymbol{W}_x \boldsymbol{Y}. \tag{5.56}
$$

特别地, $\widehat{r}_n(x) = \widehat{a}_0(x)$ 是 $(\boldsymbol{X}_x^{\mathrm{T}} \boldsymbol{W}_x \boldsymbol{X}_x)^{-1} \boldsymbol{X}_x^{\mathrm{T}} \boldsymbol{W}_x$ 的第一行和 $\boldsymbol{Y}$ 的内积. 于是, 有

5.57 定理　局部多项式回归估计为

$$
\widehat{r}_n(x) = \sum_{i=1}^{n} \ell_i(x) Y_i, \tag{5.58}
$$

这里, $\boldsymbol{\ell}(x)^{\mathrm{T}} = (\ell_1(x), \cdots, \ell_n(x))$,

$$
\boldsymbol{\ell}(x) = \boldsymbol{e}_1^{\mathrm{T}} (\boldsymbol{X}_x^{\mathrm{T}} \boldsymbol{W}_x \boldsymbol{X}_x)^{-1} \boldsymbol{X}_x^{\mathrm{T}} \boldsymbol{W}_x,
$$

$\boldsymbol{e}_1 = (1, 0, \cdots, 0)^{\mathrm{T}}$, 而 $\boldsymbol{X}_x$ 和 $\boldsymbol{W}_x$ 定义于 (5.54). 这个估计有均值

$$
\mathbb{E}(\widehat{r}_n(x)) = \sum_{i=1}^{n} \ell_i(x) r(x_i)
$$

及方差

$$
\mathbb{V}(\widehat{r}_n(x)) = \sigma^2 \sum_{i=1}^{n} \ell_i(x)^2 = \sigma^2 \|\boldsymbol{\ell}(x)\|^2.
$$

估计再一次是一个线性光滑器, 而且能够通过使定理 5.34 所给的交叉验证公式最小来选择带宽.

5.59 例(LIDAR) 这些数据是在例 4.5 中引进的. 图 5.4 显示了 221 个观测.
左上小图显示了数据及利用局部线性回归的拟合函数. 交叉验证曲线 (没有显示)
在 $h \approx 37$ 有明确的最小值, 相应于 9 个有效自由度. 该拟合函数使用了这个带宽.
右上小图显示了残差; 有很明显的异方差性 (非常数方差). 左下小图显示了对 $\sigma(x)$
的估计, 这里利用了 5.6 节的方法 (用交叉验证选择了 $h = 146$). 下面, 利用 5.7 节
的方法来计算 95% 置信带. 右下小图给出了结果的置信带. 如预期的一样, 对于大
的协变量的值, 有大得多的不确定性. ∎

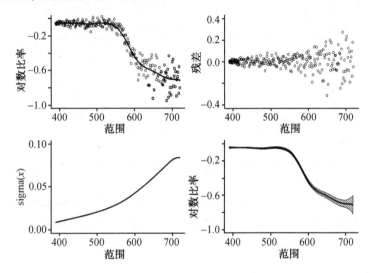

图 5.4 例 5.59 的 LIDAR 数据

上左: 数据及利用局部线性回归的拟合函数, 使用 $h \approx 37$(由交叉验证选择). 上右: 残差. 下左: $\sigma(x)$ 的估
计. 下右: 95% 置信带.

局部线性光滑

5.60 定理 当 $p = 1, \widehat{r}_n(x) = \sum_{i=1}^{n} \ell_i(x) Y_i$, 这里,

$$\ell_i(x) = \frac{b_i(x)}{\sum_{j=1}^{n} b_j(x)},$$

$$b_i(x) = K\left(\frac{x_i - x}{h}\right) [S_{n,2}(x) - (x_i - x)S_{n,1}(x)] \tag{5.61}$$

及

$$S_{n,j}(x) = \sum_{i=1}^{n} K\left(\frac{x_i - x}{h}\right)(x_i - x)^j, \quad j = 1, 2.$$

5.62 例　图 5.5 显示了对 CMB 数据的局部回归, 这里 $p = 0$ 及 $p = 1$. 下面两小图放大了左边界. 注意, 对于 $p = 0$(核估计), 由于边界偏倚, 拟合在边界附近很差.

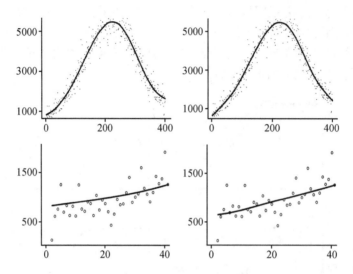

图 5.5　利用 $p = 0$(上左) 和 $p = 1$(上右) 阶的局部多项式的局部加权回归

下面的图更详细地显示了左边界 (下左: $p = 0$, 下右: $p = 1$). 注意, 使用局部线性回归 ($p = 1$) 减少了边界偏倚.

5.63 例(Doppler 函数)　令

$$r(x) = \sqrt{x(1 - x)} \sin\left(\frac{2.1\pi}{x + 0.05}\right), \quad 0 \leqslant x \leqslant 1. \tag{5.64}$$

它称为**Doppler 函数**. 这个函数很难估计, 因而提供了对非参数回归方法的一个很好的检验案例. 该函数在空间上非齐次; 这意味者其光滑程度 (二阶导数) 随着 x 变化. 该函数显示在图 5.6 的上左小图. 上右小图表示了 1000 个数据点, 它们是根据 $Y_i = r(i/n) + \sigma\epsilon_i$ 模拟而来的, 这里 $\sigma = 0.1$ 及 $\epsilon_i \sim N(0, 1)$. 下左小图显示了使用局部线性回归时交叉验证得分对有效自由度的点图. 在 166 个自由度的最小值相应于 0.005 的带宽. 拟合函数显示在下右小图. 该拟合有较高的有效自由度, 因此拟合函数波动很大. 这是因为估计试图拟合函数在 $x = 0$ 附近的快速波动. 如果要更光滑些, 右边的拟合将会看上去好些, 但这是以在 $x = 0$ 附近失去结构为代价的. 这在对空间非齐次函数做估计时总是个问题. 将在第 9 章讨论小波时作进一步讨论.　　　　　　　　　　　　　　　　　　　　　　　　　　■

下面的定理给出了局部线性估计的风险的大样本性质, 并表明局部线性回归为什么比核回归要好. 证明可以在 Fan (1992), Fan and Gijbels (1996) 找到.

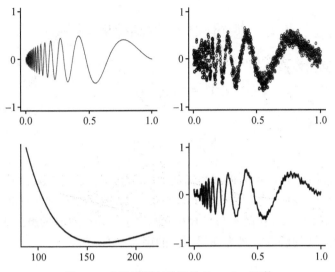

图 5.6　由局部回归估计的 Doppler 函数

上左: 该函数, 上右: 数据, 下左: 交叉验证得分对有效自由度, 下右: 拟合函数.

5.65 定理　对于 $i = 1, \cdots, n$ 及 $a \leqslant X_i \leqslant b$, 令 $Y_i = r(X_i) + \sigma(X_i)\epsilon_i$. 假定 $X_1, \cdots, X_n$ 是来自具有密度 f 的分布的一个样本, 而且 (i)$f(x) > 0$; (ii) f, r'' 及 σ^2 在 x 的一个邻域连续; (iii) $h_n \to 0$ 及 $nh_n \to \infty$. 令 $x \in (a, b)$. 给定 $X_1, \cdots, X_n$, 有下面的结论: 局部线性估计和核估计两者都有方差

$$\frac{\sigma^2(x)}{f(x)nh_n} \int K^2(u)\mathrm{d}u + o_P\left(\frac{1}{nh_n}\right). \tag{5.66}$$

Nadaraya-Watson 核估计有偏倚

$$h_n^2 \left[\frac{1}{2}r''(x) + \frac{r'(x)f'(x)}{f(x)}\right] \int u^2 K(u)\mathrm{d}u + o_P(h^2), \tag{5.67}$$

而局部线性估计有渐近偏倚

$$h_n^2 \frac{1}{2}r''(x) \int u^2 K(u)\mathrm{d}u + o_P(h^2). \tag{5.68}$$

这样, 局部线性估计和设计偏倚无关. 在边界点 a 和 b, Nadaraya-Watson 核估计有 h_n 阶的渐近偏倚, 而局部线性估计有 h_n^2 阶的偏倚. 在这个意义上, 局部线性估计减小了边界偏倚.

5.69 说明　上面结果更一般地对 p 阶局部多项式成立. 通常取 p 为奇数会减少设计偏倚和边界偏倚, 而不增加方差.

5.5　惩罚回归, 正则化和样条

再次考虑回归模型

$$Y_i = r(x_i) + \epsilon_i,$$

并假定用使得平方和

$$\sum_{i=1}^{n}[Y_i - \widehat{r}_n(x_i)]^2$$

最小的 $\widehat{r}_n(x)$ 来估计 r. 在所有的线性函数 (即形为 $\beta_0 + \beta_1 x$ 的函数) 中使其最小则产生最小二乘估计. 在所有函数中使其最小则产生该数据的一个内插函数. 在前一节中, 用局部加权的平方和而不是平方和而回避了这两个极端的解. 另一种得到这两个极端情况之间的解的方式为使得下面的**惩罚平方和**(penalized sum of squares)最小:

$$M(\lambda) = \sum_{i}[Y_i - \widehat{r}_n(x_i)]^2 + \lambda J(r), \tag{5.70}$$

这里, $J(r)$ 为某**粗糙惩罚**(roughness penalty). 对欲优化的准则加一个惩罚项的作法有时称为**正则化**(regularization).

下面将着重考虑

$$J(r) = \int [r''(x)]^2 \mathrm{d}x \tag{5.71}$$

的特殊情况. 参数 λ 控制了在拟合 (5.70 的第一项) 和惩罚之间的平衡. 令 $\widehat{r}_n$ 表示使 $M(\lambda)$ 最小的函数. 当 $\lambda = 0$ 时, 解为内插函数. 当 $\lambda \to \infty$ 时, $\widehat{r}_n$ 收敛到最小二乘直线. 参数 λ 控制了光滑程度. 当 $0 < \lambda < \infty$ 时, $\widehat{r}_n$ 又像什么呢? 为了回答这个问题, 需要定义样条.

一个样条是一个特别的逐段多项式[1]. 最常用的样条是逐段三次样条.

5.72 定义　令 $\xi_1 < \xi_2 < \cdots < \xi_k$ 为包含在某区间 (a,b) 中的一组排序了的点, 称为**结点**(knot). 一个**三次样条**(cubic spline)为一个连续函数 r, 使得 (i) r 是一个在 $(\xi_1, \xi_2), \cdots$ 诸区间上的三次多项式; (ii) r 在结点上有连续的一阶和二阶导数. 更一般地, 一个M **阶样条**(M^{th}-order spline) 为一个逐段 $M-1$ 阶多项式, 在结点有 $M-2$ 阶连续导数. 一个在边界点外为线性的样条称为**自然样条** (natural spline).

三次样条 $(M = 4)$ 为实践中最常用的样条. 它们自然地出现在惩罚回归的框架中, 正如下面定理所表明的.

[1] 关于样条的细节, 参见 Wahba (1900).

5.73 定理 使得有惩罚 (5.71) 的 $M(\lambda)$ 最小的函数 $\hat{r}_n(x)$ 是一个结点在数据点的自然三次样条. 估计量 $\hat{r}_n$ 称为一个**光滑样条**(smoothing spline).

上面定理没有给出 $\hat{r}_n$ 的一个显式. 为此, 将为这一组样条构造一个基.

5.74 定理 令 $\xi_1 < \xi_2 < \cdots < \xi_k$ 为包含在某区间 (a, b) 中的结点. 对 $j = 5, \cdots, k+4$, 定义 $h_1(x) = 1, h_2(x) = x, h_3(x) = x^2, h_4(x) = x^3, h_j(x) = (x - \xi_{j-4})_+^3$. 函数 $\{h_1, \cdots, h_{k+4}\}$ 形成在这些结点的一组三次样条的一个基, 称为**被截的指数基**(truncated power basis). 于是, 任何有这些结点的三次样条 $r(x)$ 能够写成

$$r(x) = \sum_{j=1}^{k+4} \beta_j h_j(x).\tag{5.75}$$

现在对这组自然样条引进一个不同的基, 称为**B样条基**(B-spline basis), 它特别适合于计算. 它们定义如下:

令 $\xi_0 = a$ 及 $\xi_{k+1} = b$. 现在定义新结点 $\tau_1, \cdots, \tau_M$, 使得

$$\tau_1 \leqslant \tau_2 \leqslant \tau_3 \leqslant \cdots \leqslant \tau_M \leqslant \xi_0,$$

并且对于 $j = 1, \cdots, k$, $\tau_{j+M} = \xi_j$, 而且有

$$\xi_{k+1} \leqslant \tau_{k+M+1} \leqslant \cdots \leqslant \tau_{k+2M}.$$

额外结点的选择是任意的; 通常取 $\tau_1 = \cdots = \tau_M = \xi_0$ 及 $\xi_{k+1} = \tau_{k+M+1} = \cdots = \tau_{k+2M}$. 如下递归地定义基函数. 首先对 $i = 1, \cdots, k+2M-1$, 定义

$$B_{i,1} = \begin{cases} 1, & \tau_i \leqslant x < \tau_{i+1}, \\ 0, & 否则. \end{cases}$$

然后, 对于 $m \leqslant M$, 定义对 $i = 1, \cdots, k+2M-m$,

$$B_{i,m} = \frac{x - \tau_i}{\tau_{i+m-1} - \tau_i} B_{i,m-1} + \frac{\tau_{i+m} - x}{\tau_{i+m} - \tau_{i+1}} B_{i+1,m-1}.$$

如果分母为 0, 则理解为函数定义为 0.

5.76 定理 函数 $\{B_{i,4}, i = 1, \cdots, k+4\}$ 为这组三次样条的一个基. 它们称为**B样条基函数**(B-spline basis function).

B 样条基函数的优点在于它有紧支撑, 这使得计算速度加快. 细节参见 Hastie et al. (2001). 图 5.7 表明了利用 9 个在 $(0, 1)$ 中等间隔结点的三次 B 样条基.

现在就有可能更详尽地描述样条估计了. 按照定理 5.73, $\hat{r}$ 为一个自然三次样条. 因此, 能记

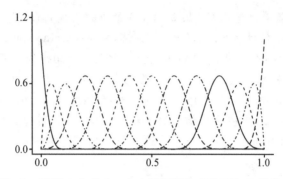

图 5.7　利用 9 个在 (0, 1) 中等间隔结点的三次 B 样条基

$$\widehat{r}_n(x) = \sum_{j=1}^{N} \widehat{\beta}_j B_j(x), \tag{5.77}$$

这里, $B_1, \cdots, B_N$ 为自然样条 (诸如 $N = n+4$ 的 B 样条) 的一个基. 这样, 仅需要找出系数 $\widehat{\beta} = (\widehat{\beta}_1, \cdots, \widehat{\beta}_N)^{\mathrm{T}}$. 在基中展开 r, 现在能够把最小化重新写成

$$最小化:\ (\boldsymbol{Y} - \boldsymbol{B\beta})^{\mathrm{T}}(\boldsymbol{Y} - \boldsymbol{B\beta}) + \lambda\boldsymbol{\beta}^{\mathrm{T}}\boldsymbol{\Omega\beta}, \tag{5.78}$$

这里, $B_{ij} = B_j(X_i)$ 及 $\Omega_{jk} = \displaystyle\int B_j''(x)B_k''(x)\mathrm{d}x.$

5.79 定理　　使 (5.78) 最小的 β 值为 [①]

$$\widehat{\boldsymbol{\beta}} = (\boldsymbol{B}^{\mathrm{T}}\boldsymbol{B} + \lambda\boldsymbol{\Omega})^{-1}\boldsymbol{B}^{\mathrm{T}}\boldsymbol{Y}. \tag{5.80}$$

样条是线性光滑器的另一个例子.

5.81 定理　　光滑样条 $\widehat{r}_n(x)$ 是一个线性光滑器, 即存在权数 $\ell(x)$, 使得 $\widehat{r}_n(x) = \displaystyle\sum_{i=1}^{n} Y_i \ell_i(x)$. 特别地, 光滑矩阵 $\boldsymbol{L}$ 为

$$\boldsymbol{L} = \boldsymbol{B}(\boldsymbol{B}^{\mathrm{T}}\boldsymbol{B} + \lambda\boldsymbol{\Omega})^{-1}\boldsymbol{B}^{\mathrm{T}}, \tag{5.82}$$

并且拟合值的向量 r 为

$$r = \boldsymbol{L}\boldsymbol{Y}. \tag{5.83}$$

如果已经作了 $\boldsymbol{Y}$ 在 $\boldsymbol{B}$ 上的通常回归, 帽子矩阵将为 $\boldsymbol{L} = \boldsymbol{B}(\boldsymbol{B}^{\mathrm{T}}\boldsymbol{B})^{-1}\boldsymbol{B}^{\mathrm{T}}$, 而且拟合值将内插观测数据. 在 (5.82) 中的 $\lambda\boldsymbol{\Omega}$ 一项的效果就是把回归系数向一个子空间做收缩, 造成较光滑的拟合. 如以前一样, 定义有效自由度为 $\nu = \mathrm{tr}(\boldsymbol{L})$, 而且选择使得或者交叉验证得分 (5.35) 或者广义交叉验证得分 (5.36) 最小的光滑参数 λ.

---

① 如果你熟悉岭回归, 那么你将看出它类似于岭回归.

5.84 例 图 5.8 显示了对于 CMB 数据使用交叉验证的光滑样条. 有效自由度为 8.8. 该拟合比局部回归估计光滑. 这无疑在视觉上更吸引人, 但是比较后面将要计算的置信带的宽度, 这两种拟合的区别不大. ∎

Silverman (1984) 证明了样条估计 $\hat{r}_n(x)$ 在下面的意义上是渐近的核估计:

$$\ell_i(x) \approx \frac{1}{f(x_i)h(x_i)} K\left(\frac{x_i - x}{h(x_i)}\right),$$

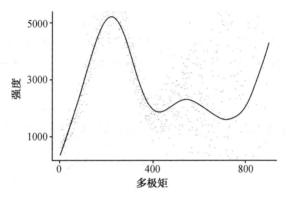

图 5.8 用于 CMB 数据的光滑样条. 光滑参数是由交叉验证选择的

这里, $f(x)$ 为 (这里作为随机的) 协变量的密度,

$$h(x) = \left[\frac{\lambda}{nf(x)}\right]^{1/4},$$

及

$$K(t) = \frac{1}{2}\exp\left\{-\frac{|t|}{\sqrt{2}}\right\}\sin\left(\frac{|t|}{\sqrt{2}} + \frac{\pi}{4}\right).$$

另一个利用样条的非参数方法称为**回归样条方法**(regression spline method). 利用较少的结点, 而不在每个数据点设置结点. 然后在基矩阵 $\boldsymbol{B}$ 上作通常的没有正则化的线性回归. 该估计的拟合值为 $\boldsymbol{r} = \boldsymbol{L}\boldsymbol{Y}$, 而 $\boldsymbol{L} = \boldsymbol{B}(\boldsymbol{B}^{\mathrm{T}}\boldsymbol{B})^{-1}\boldsymbol{B}^{\mathrm{T}}$. 这个估计和 (5.82) 的区别在于基矩阵 $\boldsymbol{B}$ 是基于较少的结点, 而且没有收缩因子 $\lambda\Omega$. 而光滑的程度则由选择结点的数目 (和位置) 所控制. 利用较少的结点可以节省计算时间. Ruppert et al. (2003) 讨论了这些样条方法的细节.

5.6 方差估计

下面考虑几个估计 σ^2 的方法. 对于线性光滑器, 有一种简单的, 几乎无偏的 σ^2 的估计.

5.85 定理　令 $\widehat{r}_n(x)$ 是一个线性光滑器, 令

$$\widehat{\sigma}^2 = \frac{\sum\limits_{i=1}^{n}[Y_i - \widehat{r}(x_i)]^2}{n - 2\nu + \widetilde{\nu}}, \tag{5.86}$$

这里,

$$\nu = \text{tr}(\boldsymbol{L}), \quad \widetilde{\nu} = \text{tr}(\boldsymbol{L}^{\text{T}}\boldsymbol{L}) = \sum_{i=1}^{n} \|\ell(x_i)\|^2.$$

如果 r 充分光滑, $\nu = o(n)$ 及 $\widetilde{\nu} = o(n)$, 那么 $\widehat{\sigma}^2$ 为 σ^2 的一个相合估计.

现在将略述这个结果的证明. 回忆, 如果 $\boldsymbol{Y}$ 是一个随机变量, 而 $\boldsymbol{Q}$ 是一个对称矩阵, 那么 $\boldsymbol{Y}^{\text{T}}\boldsymbol{Q}\boldsymbol{Y}$ 称为一个**二次型**(quadratic form), 而且大家都知道

$$\mathbb{E}(\boldsymbol{Y}^{\text{T}}\boldsymbol{Q}\boldsymbol{Y}) = \text{tr}(\boldsymbol{Q}\boldsymbol{V}) + \boldsymbol{\mu}^{\text{T}}\boldsymbol{Q}\boldsymbol{\mu}, \tag{5.87}$$

这里 $\boldsymbol{V} = \mathbb{V}(\boldsymbol{Y})$ 是 $\boldsymbol{Y}$ 的协方差矩阵, 而 $\boldsymbol{\mu} = \mathbb{E}(\boldsymbol{Y})$ 是均值向量. 现在,

$$\boldsymbol{Y} - \boldsymbol{r} = \boldsymbol{Y} - \boldsymbol{L}\boldsymbol{Y} = (\boldsymbol{I} - \boldsymbol{L})\boldsymbol{Y},$$

因而,

$$\widehat{\sigma}^2 = \frac{\boldsymbol{Y}^{\text{T}}\boldsymbol{\Lambda}\boldsymbol{Y}}{\text{tr}(\boldsymbol{\Lambda})}, \tag{5.88}$$

这里 $\boldsymbol{\Lambda} = (\boldsymbol{I} - \boldsymbol{L})^{\text{T}}(\boldsymbol{I} - \boldsymbol{L})$. 因此,

$$\mathbb{E}(\widehat{\sigma}^2) = \frac{\mathbb{E}(\boldsymbol{Y}^{\text{T}}\boldsymbol{\Lambda}\boldsymbol{Y})}{\text{tr}(\boldsymbol{\Lambda})} = \sigma^2 + \frac{\boldsymbol{r}^{\text{T}}\boldsymbol{\Lambda}\boldsymbol{r}}{n - 2\nu + \widetilde{\nu}}.$$

假定 ν 和 $\widetilde{\nu}$ 增长得不太快, 而且 r 是光滑的, 对于大的 n, 最后一项很小. 因此, $\mathbb{E}(\widehat{\sigma}^2) \approx \sigma^2$. 类似地, 可以表明 $\mathbb{V}(\widehat{\sigma}^2) \to 0$.

Rice (1984) 提供了另一个估计. 假定 x_i 是按大小顺序排的. 定义

$$\widehat{\sigma}^2 = \frac{1}{2(n-1)} \sum_{i=1}^{n-1} (Y_{i+1} - Y_i)^2. \tag{5.89}$$

下面是这个估计的动机. 假定 $r(x)$ 是光滑的, 有 $r(x_{i+1}) - r(x_i) \approx 0$, 并因此

$$Y_{i+1} - Y_i = [r(x_{i+1}) + \epsilon_{i+1}] - [r(x_i) + \epsilon_i] \approx \epsilon_{i+1} - \epsilon_i,$$

进而有 $(Y_{i+1} - Y_i)^2 \approx \epsilon_{i+1}^2 + \epsilon_i^2 - 2\epsilon_{i+1}\epsilon_i$. 因此,

$$\begin{aligned}
\mathbb{E}(Y_{i+1} - Y_i)^2 &\approx \mathbb{E}(\epsilon_{i+1}^2) + \mathbb{E}(\epsilon_i^2) - 2\mathbb{E}(\epsilon_{i+1})\mathbb{E}(\epsilon_i) \\
&= \mathbb{E}(\epsilon_{i+1}^2) + \mathbb{E}(\epsilon_i^2) = 2\sigma^2.
\end{aligned} \tag{5.90}$$

这样, $\mathbb{E}(\hat{\sigma}^2) \approx \sigma^2$. Gasser et al. (1986) 对该估计量作了些变化, 为

$$\hat{\sigma}^2 = \frac{1}{n-2} \sum_{i=2}^{n-1} c_i^2 \delta_i^2, \qquad (5.91)$$

这里,

$$\delta_i = a_i Y_{i-1} + b_i Y_{i+1} - Y_i, \qquad a_i = (x_{i+1} - x_i)/(x_{i+1} - x_{i-1}),$$
$$b_i = (x_i - x_{i-1})/(x_{i+1} - x_{i-1}), \qquad c_i^2 = (a_i^2 + b_i^2 + 1)^{-1}.$$

直观上, 这个估计为从拟合直线到每三个连贯的设计点的第一和第三点的残差平均.

5.92 例 对于 CMB 数据的头 400 个观测来说, 方差看上去大体上是个常数. 利用一个局部线性拟合, 使用两个方差估计. 方程 (5.86) 产生 $\hat{\sigma}^2 = 408.29$, 而方程 (5.89) 产生 $\hat{\sigma}^2 = 394.55$. ∎

至今, 假定了**同方差性**(homoscedasticity), 意味着 $\sigma^2 = \mathbb{V}(\epsilon_i)$ 不随着 x 变化. 在 CMB 例子, 这一点明显地不成立. 显然, σ^2 随着 x 增加, 这样数据是**异方差的**(heteroscedastic). 函数估计 $\hat{r}_n(x)$ 相对来说对异方差性不那么敏感. 然而, 在为 $r(x)$ 构造置信带时, 必须考虑到非常数方差.

将采取下面方法. 关于其他方法, 参见 Yu and Jones (2004) 及其参考文献. 假定

$$Y_i = r(x_i) + \sigma(x_i)\epsilon_i, \qquad (5.93)$$

令 $Z_i = \log(Y_i - r(x_i))^2$ 及 $\delta_i = \log \epsilon_i^2$, 则

$$Z_i = \log(\sigma^2(x_i)) + \delta_i. \qquad (5.94)$$

这意味着要用对数平方残差在 x 上作回归来估计 $\log \sigma^2(x)$. 如下进行:

方差函数估计

(1) 以任何非参数方法估计 $r(x)$ 以得到一个估计量 $\hat{r}_n(x)$.

(2) 定义 $Z_i = \log(Y_i - \hat{r}(x_i))^2$.

(3) 在 x_i 上对 Z_i 回归 (再一次利用任何非参数方法) 以得到 $\log \sigma^2(x)$ 的估计 $\hat{q}(x)$, 并令

$$\hat{\sigma}^2(x) = e^{\hat{q}(x)}. \qquad (5.95)$$

5.96 例 图 5.9 的实线显示了对 CMB 例子的 $\log \hat{\sigma}^2(x)$. 利用线性估计, 并利用交叉验证来选择带宽. 为 $\hat{r}_n$ 所估计的最优带宽为 $h = 42$, 而为对数方差所估计的最优带宽为 $h = 160$. 在这个例子中, 有 $\sigma(x)$ 的一个独立估计. 具体地说, 由于测

量过程的物理很好理解, 物理学家能够计算出 σ^2 的合理精确估计. 这个函数的对数在图上由虚线表示. ■

这个方法的一个缺陷为, 一个非常小残差的对数将是一个大的离群点. 另一个方法是直接对平方残差进行光滑. 在这种情况, 可以拟合一个在 5.10 节讨论的那类模型. 因为该模型没有一个可加形式, 误差将不是正态的.

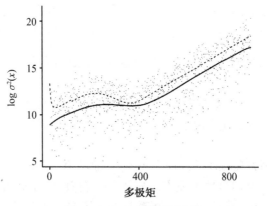

图 5.9   点为对数平方残差

实线为作为 x 的函数估计的标准方差 $\hat{\sigma}^2(x)$ 的对数. 虚线表示真实 $\sigma^2(x)$ 的对数, 它是通过先验知识已知的 (到合理的精确度).

5.7 置 信 带

这一节将为 $r(x)$ 构造置信带. 通常这些带具有下面形式:

$$\hat{r}_n(x) \pm c\,\mathrm{se}(x), \tag{5.97}$$

这里 $\mathrm{se}(x)$ 是 $\hat{r}_n(x)$ 的标准差的一个估计, 而 $c > 0$ 是某个常数. 在着手之前, 先讨论一个每当做光滑时出现的一个致命的问题, 即偏倚问题.

偏倚问题. 如在 (5.97) 那样的置信带并不真正是 $r(x)$ 的置信带; 它们实际上是你认为是 $r(x)$ 的光滑版本的 $\bar{r}_n(x) = \mathbb{E}(\hat{r}_n(x))$ 的置信带. 由于马上要解释的理由, 得到真实函数 $r(x)$ 的一个置信集是复杂的.

用 $\bar{r}_n(x)$ 和 $s_n(x)$ 表示 $\hat{r}_n(x)$ 的均值和标准差, 那么,

$$\frac{\hat{r}_n(x) - r(x)}{s_n(x)} = \frac{\hat{r}_n(x) - \bar{r}_n(x)}{s_n(x)} + \frac{\bar{r}_n(x) - r(x)}{s_n(x)}$$

$$= Z_n(x) + \frac{\mathrm{bias}(\hat{r}_n(x))}{\sqrt{\mathrm{variance}(\hat{r}_n(x))}},$$

这里, $Z_n(x) = [\widehat{r}_n(x) - \overline{r}_n(x)]/s_n(x)$. 通常这第一项 $Z_n(x)$ 收敛于一个标准正态分布, 并以此推导出置信带. 第二项为偏倚除以标准差. 在参数推断中, 偏倚通常小于估计的标准差, 因此当样本量增加时, 这一项趋于零. 在非参数推断中, 已经看到, 最优光滑相应于平衡偏倚和标准差. 第二项即使当样本量大的时候也不消失.

第二个非零项的存在把偏倚引入了正态极限. 作为结果, 由于光滑偏倚 $\overline{r}_n(x) - r(x)$, **置信区间将不会在以** r **为中心的置信区间周围.**

关于这个问题, 有几件事情能做. 第一, 和它共存. 换句话说, 接受置信带是为 $\overline{r}_n$ 而不是为 r 的事实. 只要报告结果时多加小心, 讲清楚推断是为 $\overline{r}_n$ 而不是为 r 作的, 那么这没有什么不对. 第二个作法是估计偏倚函数 $\overline{r}_n(x) - r(x)$. 这很难做. 实际上偏倚的带头项是 $r''(x)$, 而估计 r 的二阶导数比估计 r 要难的多. 这要求引进额外的光滑条件, 它又导致了原先的估计并没有利用这个额外光滑的问题. 在这个问题有某种不愉快的循环[①], 第三个方法是**欠光滑**(undersmooth). 如果光滑得比最优程度少些, 那么偏倚将相对于方差渐近地减少. 不幸的是, 似乎并不存在一个简单和实用的规则来选择刚好合适的欠光滑量. (看本章最后关于这一点的更多的讨论.) 将采取第一种作法, 并且满足于找到 $\overline{r}_n$ 的一个置信带.

5.98 例　为理解估计 $\overline{r}_n$ 而不是估计 r 的含义, 考虑下面例子. 令

$$r(x) = \phi(x; 2, 1) + \phi(x; 4, 0.5) + \phi(x; 6, 0.1) + \phi(x; 8, 0.05),$$

这里, $\phi(x; m, s)$ 表示均值为 m, 方差为 s^2 的正态密度函数. 图 5.10 表示了真实的函数 (上左), 一个局部线性估计 $\widehat{r}_n$(上右), 它是基于 100 个观测值 $Y_i = r(i/10) + 2N(0, 1), i = 1, \cdots, 100$, 带宽为 $h = 0.27$, 函数 $\overline{r}_n(x) = \mathbb{E}(\widehat{r}_n(x))$ (下左), 差 $r(x) - \overline{r}_n(x)$(下右). 看到 $\overline{r}_n$ 把峰光滑掉了. 比较上右和下左图, 显然 $\widehat{r}_n(x)$ 实际上估计的是 $\overline{r}_n$ 而不是 $r(x)$. 总之, 除了 $\overline{r}_n$ 没有 r 的一些细节之外, $\overline{r}_n$ 和 $r(x)$ 还是很类似的. ∎

构造置信带. 假定 $\widehat{r}_n(x)$ 为一个线性光滑器, 所以 $\widehat{r}_n(x) = \sum_{i=1}^{n} Y_i \ell_i(x)$, 则

$$\overline{r}(x) = \mathbb{E}(\widehat{r}_n(x)) = \sum_{i=1}^{n} \ell_i(x) r(x_i).$$

暂时假定 $\sigma^2(x) = \sigma^2 = \mathbb{V}(\epsilon_i)$ 为常数. 那么,

$$\mathbb{V}(\widehat{r}_n(x)) = \sigma^2 \|\boldsymbol{\ell}(x)\|^2.$$

将考虑 $\overline{r}_n(x)$ 的有下面形式的一个置信带: 对某 $c > 0$ 和 $a \leqslant x \leqslant b$,

$$I(x) = (\widehat{r}_n(x) - c\,\widehat{\sigma}\|\boldsymbol{\ell}(x)\|,\ \widehat{r}_n(x) + c\,\widehat{\sigma}\|\boldsymbol{\ell}(x)\|). \tag{5.99}$$

[①] 估计偏倚的一个不同方法在 Ruppert et al. (2003) 的 6.4 节讨论. 然而, 我没有见到任何理论结果来证明得到的置信带是有道理的.

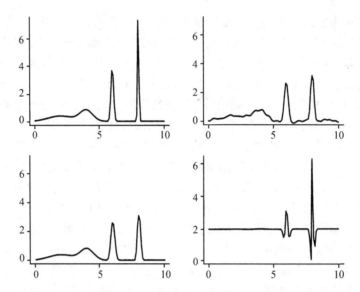

图 5.10   真实函数 (上左), 基于 100 个观测值的一个估计 $\hat{r}_n$(上右), 函数 $\overline{r}_n(x) = \mathbb{E}(\hat{r}_n(x))$
(下左), 差 $r(x) - \overline{r}_n(x)$(下右).

按照 Sun and Loader (1994) 的方法. 首先, 假定 σ 为已知. 那么,

$$\mathbb{P}(\overline{r}(x) \notin I(x), \text{ 对某} x \in [a,b]) = \mathbb{P}\left(\max_{x \in [a,b]} \frac{|\hat{r}(x) - \overline{r}(x)|}{\sigma \|\boldsymbol{\ell}(x)\|} > c \right)$$

$$= \mathbb{P}\left(\max_{x \in [a,b]} \frac{|\sum_i \epsilon_i \ell_i(x)|}{\sigma \|\boldsymbol{\ell}(x)\|} > c \right)$$

$$= \mathbb{P}\left(\max_{x \in [a,b]} |W(x)| > c \right),$$

这里, $W(x) = \sum_{i=1}^n Z_i T_i(x), Z_i = \epsilon_i/\sigma \sim N(0,1)$ 及 $T_i(x) = \ell_i(x)/\|\boldsymbol{\ell}(x)\|$. 现在 $W(x)$
为一个高斯过程[①], 为了求 c, 需要有可能计算高斯过程最大值的分布. 幸运的是,
这是一个已经研究过的问题. 特别地, Sun and Loader (1994) 表明, 对于大的 c,

$$\mathbb{P}\left(\max_x \left| \sum_{i=1}^n Z_i T_i(x) \right| > c \right) \approx 2[1 - \Phi(c)] + \frac{\kappa_0}{\pi} e^{-c^2/2}, \tag{5.100}$$

这里,

$$\kappa_0 = \int_a^b \|\boldsymbol{T}'(x)\| \mathrm{d}x, \tag{5.101}$$

[①] 这意味着它是一个随机函数, 使得对于任意有穷点集 $x_1, \cdots, x_k$, 向量 $(W(x_1), \cdots, W(x_k))$ 有一
个多元正态分布.

$\boldsymbol{T}'(x) = (T_1'(x), \cdots, T_n'(x))$ 及 $T_i'(x) = \partial T_i(x)/\partial x$. 对 κ_0 的一个近似在练习 20 给出. 方程 (5.100) 称为**管公式**(tube formula). 在附录中有推导的概要. 如果选择 c 来解方程

$$2[1 - \varPhi(c)] + \frac{\kappa_0}{\pi} e^{-c^2/2} = \alpha, \tag{5.102}$$

那么, 得到想要的联立置信带. 如果 σ 未知, 利用一个估计 $\widehat{\sigma}$. Sun and Loader 建议把 (5.100) 的右边替代以

$$\mathbb{P}(|T_m| > c) + \frac{\kappa_0}{\pi} \left(1 + \frac{c^2}{m}\right)^{-m/2},$$

这里, T_m 有一个自由度为 $m = n - \mathrm{tr}(\boldsymbol{L})$ 的 t 分布. 对于大的 n, (5.100) 仍然是一个合适的近似.

现在假定 $\sigma(x)$ 为 x 的一个函数, 那么,

$$\mathbb{V}(\widehat{r}_n(x)) = \sum_{i=1}^n \sigma^2(x_i) \ell_i^2(x).$$

这时, 取

$$I(x) = \widehat{r}_n(x) \pm c\, s(x), \tag{5.103}$$

这里,

$$s(x) = \sqrt{\sum_{i=1}^n \widehat{\sigma}^2(x_i) \ell_i^2(x)},$$

$\widehat{\sigma}(x)$ 为 $\sigma(x)$ 的一个估计, c 为在 (5.102) 定义的常数. 如果 $\widehat{\sigma}(x)$ 随 x 变化慢, 则对那些使得 $\ell_i(x)$ 大的 i, 有 $\sigma(x_i) \approx \sigma(x)$, 并因此

$$s(x) \approx \widehat{\sigma}(x) \|\boldsymbol{\ell}(x)\|.$$

这样, 一个近似的置信带为

$$I(x) = \widehat{r}_n(x) \pm c\, \widehat{\sigma}(x) \|\boldsymbol{\ell}(x)\|. \tag{5.104}$$

关于这些方法的更多细节, 参见 Faraway and Sun (1995).

5.105 例 图 5.11 显示了对 CMB 数据使用一个局部线性拟合的联立 95% 置信带. 带宽是用交叉验证选择的. 发现 $\kappa_0 = 38.85$ 及 $c = 3.33$. 在上面小图中, 在构造置信带时假定了常数方差. 在下面小图中, 构造带时没有假定常数方差. 看到, 如果不考虑非常数方差, 对于小的 x, 过分估计了不确定性, 而对于大的 x, 低估了不确定性. ∎

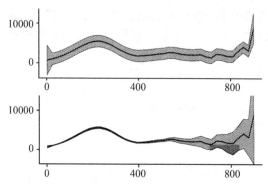

图 5.11   局部线性拟合及联立 95% 置信带

上图假定了常数方差 σ^2; 下图允许非常数方差 $\hat{\sigma}^2(x)$.

5.106 说明   已经忽略了由于选择光滑参数而造成的不确定性, 能够如下调整这额外的不确定性. 当选择光滑参数 h 时, 把搜寻范围限制于一个有 $m = m(n)$ 个点的有穷集合 $\mathcal{H}_n$. 在水平 α/m 构造置信带. 这样, 在式 (5.102) 的右边用 α/m 代替 α. 那么, Bernoulli 不等式[①] 确保了覆盖率至少是 $1 - \alpha$.

5.107 说明   在利用自助法来得到置信带上, 有大量文献. 这需要比第 3 章所介绍的更复杂地利用自助法. 例如, Härdle and Marron (1991), Neumann and Polzehl (1998), Hall (1993), Faraway (1990), Härdle and Bowman (1988).

5.8   平均覆盖率

可能会有人认为, 要求置信带在所有的 x 点都覆盖函数是太严格了. Wahba (1983), Nychka (1988) 及 Cummins et al. (2001) 引进了不同类型的覆盖率, 称之为平均覆盖率. 这里, 基于 Juditsky and Lambert-Lacroix (2003) 的思想讨论构造平均覆盖率置信带的一个方法.

假定在区间 $[0, 1]$ 上估计 $r(x)$. 定义一个置信带 (ℓ, u) 的**平均覆盖率**(average coverage)为

$$C = \int_0^1 \mathbb{P}(r(x) \in [\ell(x), u(x)]) \mathrm{d}x.$$

在第 7, 8 章, 介绍了为 r 构造置信球的方法. 它们是下面形式的集合 $\mathcal{B}_n(\alpha)$:

$$\mathcal{B}_n(\alpha) = \{r : \|\hat{r}_n - r\| \leqslant s_n(\alpha)\},$$

满足

$$\mathbb{P}(r \in \mathcal{B}_n(\alpha)) \geqslant 1 - \alpha.$$

---

① 即 $\mathbb{P}(A_1 \bigcup \cdots \bigcup A_m) \leqslant \sum\limits_i \mathbb{P}(A_i)$.

已给这样的一个置信球, 令

$$\ell(x) = \widehat{r}_n(x) - s_n(\alpha/2)\sqrt{\frac{2}{\alpha}}, \quad u(x) = \widehat{r}_n(x) + s_n(\alpha/2)\sqrt{\frac{2}{\alpha}}. \tag{5.108}$$

现在表明, 这些置信带有至少 $1 - \alpha$ 的平均覆盖率. 首先注意, $C = \mathbb{P}(r(U) \in [\ell(U), u(U)])$, 这里, $U \sim \mathrm{Unif}(0,1)$ 独立于数据. 令 A 为 $r \in \mathcal{B}_n(\alpha/2)$ 的事件. 在事件 A, $\|\widehat{r}_n - r\| \leqslant s_n(\alpha/2)$. 把 $s_n(\alpha/2)$ 记为 s_n, 有

$$1 - C = \mathbb{P}\left(r(U) \notin [\ell(U), u(U)]\right) = \mathbb{P}\left(|\widehat{r}_n(U) - r(U)| > s_n\sqrt{\frac{2}{\alpha}}\right)$$

$$= \mathbb{P}\left(|\widehat{r}_n(U) - r(U)| > s_n\sqrt{\frac{2}{\alpha}}, A\right) + \mathbb{P}\left(|\widehat{r}_n(U) - r(U)| > s_n\sqrt{\frac{2}{\alpha}}, A^c\right)$$

$$\leqslant \mathbb{P}\left(|\widehat{r}_n(U) - r(U)| > s_n\sqrt{\frac{2}{\alpha}}, A\right) + \mathbb{P}(A^c)$$

$$\leqslant \frac{\mathbb{E}I_A|\widehat{r}_n(U) - r(U)|^2}{s_n^2\frac{2}{\alpha}} + \frac{\alpha}{2} = \frac{\mathbb{E}I_A\int_0^1 |\widehat{r}_n(u) - r(u)|^2\mathrm{d}u}{s_n^2\frac{2}{\alpha}} + \frac{\alpha}{2}$$

$$= \frac{\mathbb{E}I_A\|\widehat{r}_n - r\|^2}{s_n^2\frac{2}{\alpha}} + \frac{\alpha}{2} \leqslant \frac{s_n^2}{s_n^2\frac{2}{\alpha}} \leqslant \alpha.$$

5.9 线性光滑的概括

到此, 已经覆盖了许多和线性光滑方法有关的内容. 现在是概括构造估计 $\widehat{r}_n$ 和置信带的步骤的时候了.

线性光滑的概括

(1) 选择一个光滑方法, 如局部多项式、样条等. 这等于选择权的形式: $\ell(x) = (\ell_1(x), \cdots, \ell_n(x))^{\mathrm{T}}$. 一个好的缺省选择是如在定理 5.60 描述的局部线性光滑.

(2) 利用 (5.35), 通过交叉验证选择带宽 h.

(3) 如 5.6 节所描述的, 估计方差函数 $\widehat{\sigma}^2(x)$.

(4) 根据 (5.101) 求 κ_0, 并从 (5.102) 求 c.

(5) 关于 $\bar{r}_n = \mathbb{E}(\widehat{r}_n(x))$ 的一个近似 $1 - \alpha$ 置信带为

$$\widehat{r}_n(x) \pm c\,\widehat{\sigma}(x)\|\boldsymbol{\ell}(x)\|. \tag{5.109}$$

5.110 例(LIDAR)   回忆例 4.5 和例 5.59 的 LIDAR 数据. 发现 $\kappa_0 \approx 30$ 及 $c = 3.25$. 得到的置信带显示在图 5.4 的下右小图中. 正如所预期的, 对于大的协变

量的值, 有大得多的不确定性.   ■

5.10　局部似然和指数族

如果 Y 不是实值的或者 ϵ 不是正态的, 那么一直在用的基本回归模型就不合适了. 例如, 如果 $Y \in \{0, 1\}$, 那么用 Bernoulli 模型可能更自然一些. 在这一节, 讨论对于更一般模型的非参数回归. 在进行之前, 应该指出, 即使当 Y 不是实值的或 ϵ 不是正态的时, 基本模型也常常能够很好地工作. 这是因为渐近理论并不真正依赖于 ϵ 为正态的. 这样, 至少对大样本, 值得考虑利用为这些情况已经开发的工具.

回忆, 称 Y 有一个指数族分布, 如果对于给定的 x, 及对某函数 $a(\cdot), b(\cdot)$, 及 $c(\cdot, \cdot)$,

$$f(y|x) = \exp\left\{ \frac{y\theta(x) - b(\theta(x))}{a(\phi)} + c(y; \phi) \right\}, \tag{5.111}$$

这里, $\theta(\cdot)$ 称为典型参数, ϕ 称为散布参数. 然后得到

$$r(x) \equiv \mathbb{E}(Y|X = x) = b'(\theta(x)),$$

$$\sigma^2(x) \equiv \mathbb{V}(Y|X = x) = a(\phi)b''(\theta(x)).$$

这个模型的通常参数形式为

$$g(r(x)) = x^{\mathrm{T}}\beta,$$

这里, g 为某已知函数, 称为**连接函数**(link function). 模型

$$Y|X = x \sim f(y|x), \quad g(\mathbb{E}(Y|X = x)) = x^{\mathrm{T}}\beta \tag{5.112}$$

称为一个**广义线性模型**(generalized linear model).

作为例子, 如果 Y 在给定 $X = x$ 时为 Binomial$(m, r(x))$, 那么

$$f(y|x) = \binom{m}{y} r(x)^y [1 - r(x)]^{m-y};$$

它有 (5.111) 的形式, 而且

$$\theta(x) = \log \frac{r(x)}{1 - r(x)}, \quad b(\theta) = m \log(1 + \mathrm{e}^\theta)$$

及 $a(\phi) \equiv 1$. 取 $g(t) = \log(t/(m - t))$ 产生了 logistic 回归模型. 参数 β 通常由最大似然法估计.

考虑一个非参数形式的 logistic 回归. 为简单记, 集中考虑局部线性估计. 数据为 $(x_1, Y_1), \cdots, (x_n, Y_n)$, 这里 $Y_i \in \{0, 1\}$. 假定对于某个满足 $0 \leqslant r(x) \leqslant 1$ 的光滑函数 $r(x)$,

$$Y_i \sim \mathrm{Bernoulli}(r(x_i)).$$

这样, $\mathbb{P}(Y_i = 1 | X_i = x_i) = r(x_i)$ 及 $\mathbb{P}(Y_i = 0 | X_i = x_i) = 1 - r(x_i)$. 似然函数为

$$\prod_{i=1}^{n} r(x_i)^{Y_i} [1 - r(x_i)]^{1-Y_i},$$

因此, 记 $\xi(x) = \log(r(x)/[1 - r(x)])$, 对数似然为

$$\ell(r) = \sum_{i=1}^{n} \ell(Y_i, \xi(x_i)), \tag{5.113}$$

这里,

$$\ell(y, \xi) = \log\left(\left(\frac{e^\xi}{1 + e^\xi}\right)^y \left(\frac{1}{1 + e^\xi}\right)^{1-y}\right)$$
$$= y\xi - \log(1 + e^\xi). \tag{5.114}$$

为在 x 估计回归函数, 对于接近 x 的 u, 用下面局部 logistic 函数来近似回归函数 $r(u)$(与 (5.15) 比较):

$$r(u) \approx \frac{e^{a_0 + a_1(u-x)}}{1 + e^{a_0 + a_1(u-x)}}.$$

等价地, 用 $a_0 + a_1(x - u)$ 来近似 $\log(r(u)/[1 - r(u)])$. 现在定义**局部对数似然**(local log-likelihood)为

$$\ell_x(a) = \sum_{i=1}^{n} K\left(\frac{x - X_i}{h}\right) \ell(Y_i, a_0 + a_1(X - x))$$
$$= \sum_{i=1}^{n} K\left(\frac{x - X_i}{h}\right) \left(Y_i[a_0 + a_1(X - x)] - \log(1 + e^{a_0 + a_1(X_i - x)})\right).$$

令 $\hat{a}(x) = (\hat{a}_0(x), \hat{a}_1(x))$ 使得 ℓ_x 最大化; 它能用诸如 Newton-Raphson 等任何方便的最优化方法来求得. $r(x)$ 的非参数估计为

$$\hat{r}_n(x) = \frac{e^{\hat{a}_0(x)}}{1 + e^{\hat{a}_0(x)}}. \tag{5.115}$$

带宽能够利用缺一对数似然交叉验证来选择:

$$CV = \sum_{i=1}^{n} \ell(Y_i, \hat{\xi}_{(-i)}(x_i)), \tag{5.116}$$

这里, $\hat{\xi}_{(-i)}$ 为缺少 (x_i, Y_i) 时得到的估计. 不幸地, 这里没有像定理 5.34 那样的恒等式. 但是, 这里有下面源于 Loader (1999a) 的近似. 回忆 (5.114) 的 $\ell(x, \xi)$ 的定义, 并令 $\dot{\ell}(y, \xi)$ 及 $\ddot{\ell}(y, \xi)$ 表示 $\ell(y, \xi)$ 的关于 ξ 的一二阶导数. 于是,

$$\dot{\ell}(y, \xi) = y - p(\xi),$$
$$\ddot{\ell}(y, \xi) = -p(\xi)[1 - p(\xi)],$$

这里, $p(\xi) = e^{\xi}/(1+e^{\xi})$. 如在 (5.54) 那样定义矩阵 $\boldsymbol{X}_x$ 和 $\boldsymbol{W}_x$, 并令 $\boldsymbol{V}_x$ 为一个对角线矩阵, 其第 j 个对角线元素等于 $-\ddot{\ell}(Y_i, \widehat{a}_0 + \widehat{a}_1(x_j - x_i))$. 那么,

$$\mathrm{CV} \approx \ell_x(\widehat{a}) + \sum_{i=1}^{n} m(x_i) \left[\dot{\ell}(Y_i, \widehat{a}_0)\right]^2, \tag{5.117}$$

这里,

$$m(x) = K(0)\boldsymbol{e}_1^{\mathrm{T}}(\boldsymbol{X}_x^{\mathrm{T}}\boldsymbol{W}_x\boldsymbol{V}_x\boldsymbol{X}_x)^{-1}\boldsymbol{e}_1 \tag{5.118}$$

及 $\boldsymbol{e}_1 = (1, 0, \cdots, 0)^{\mathrm{T}}$. 有效自由度为

$$\nu = \sum_{i=1}^{n} m(x_i)\mathbb{E}(-\ddot{\ell}(Y_i, \widehat{a}_0)).$$

5.119 例   图 5.12 显示了对于产生于模型 $Y_i \sim \mathrm{Bernoulli}(r(x_i))$ 的一个例子的局部线性 logistic 回归估计, 这里 $r(x) = e^{3\sin x}/(1 + e^{3\sin x})$. 实线是真实函数 $r(x)$. 短线虚线为局部线性 logistic 回归估计. 还忽略数据是 Bernoulli 分布的事实, 计算了局部线性回归估计. 点虚线为得到的局部线性回归估计[①], 在上面两种情况, 使用了交叉验证来选择带宽. ■

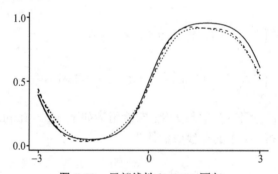

图 5.12   局部线性 logistic 回归

实线是真实函数 $r(x) = \mathbb{P}(Y = 1|X = x)$. 短线虚线为局部线性 logistic 回归估计. 点虚线为局部线性回归估计.

5.120 例   例 4.6 引入了 BPD 数据. Y 表示有或没有 BPD, 而协变量 $x = $ 出生体重. 图 5.13 显示了估计的 logistic 回归函数 (实线)$r(x; \widehat{\beta}_0, \widehat{\beta}_1)$ 以及数据点. 该图还展示了两个非参数估计. 短线虚线为局部似然估计. 点虚线为忽略了 Y_i 的二分性质的局部线性估计. 再一次看到, 在局部 logistic 模型和局部线性模型之间没有多大区别. ■

---

① 用加权拟合可能合适, 因为 Bernoulli 的方差是均值的一个函数.

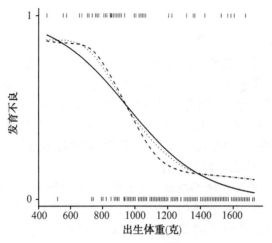

图 5.13 BPD 数据

数据以小的竖直线表示. 估计为 logistic 回归 (实线), 局部似然 (短线虚线) 和局部线性回归 (点虚线).

5.11 尺度空间光滑

这是另一个光滑方法, 被 Chaudhuri and Marron (1999, 2000) 所倡导的, 称为**尺度空间光滑**(scale-space smoothing), 它避开了选择单一的带宽的想法. 令 $\widehat{r}_h(x)$ 表示一个使用带宽 h 的估计. 其思路为: 把 $\widehat{r}_h(x)$ 看成 $r_h(x) \equiv \mathbb{E}(\widehat{r}_h(x))$ 的一个估计, 如在 5.7 节所做的. 但是, 不去选择单一的带宽, 在带宽为 h 的一个集合上考察 $\widehat{r}_h$, 作为探索**尺度空间曲面**(scale-space surface)的一种方式.

$$\mathcal{S} = \{r_h(x), x \in \mathcal{X}, h \in \mathcal{H}\}$$

的一个方式, 这里 $\mathcal{X}$ 是 x 的范围, 而 $\mathcal{H}$ 是 h 的范围.

一种对估计的尺度空间曲面

$$\widehat{\mathcal{S}} = \{\widehat{r}_h(x), x \in \mathcal{X}, h \in \mathcal{H}\},$$

概括的方式是分离出重要形状的概括. 例如, Chaudhuri and Marron (1999) 利用 $\widehat{r}'_h(x)$ 作为检验统计量的一个集合来寻求那些使得 $r'_h(x) = 0$ 的点 x. 他们把得到的方法称为 SiZer(significant zero crossings of derivatives).

5.12 多元回归

现在假定协变量是 d 维的,

$$x_i = (x_{i1}, \cdots, x_{id})^{\mathrm{T}}.$$

回归方程的形式为

$$Y = r(x_1, \cdots, x_d) + \epsilon. \tag{5.121}$$

原则上, 所有讨论过的方法都能容易地用于这个情况. 不幸的是, 非参数回归估计的风险随着维数 d 迅速增长. 这就是 4.5 节讨论的维数诅咒. 现在值得重新考察这个问题了. 在一维问题中, 如果假定 r 有一个可积的二阶导数, 一个非参数估计的最优收敛率是 $n^{-4/5}$. 在 d 维时, 最优收敛率为 $n^{-4/(4+d)}$. 这样, 为了和样本量为 n 的一维问题有同样的精度, 对于 d 维问题所需要的样本量 m 为 $m \propto n^{cd}$, 这里 $c = (4 + d)/(5d) > 0$. 这意味着下面的事实:

为了保持估计一个给定的精确度, 样本量必须随着维数 d 指数地增长.

换句话说, 当维数 d 增加时, 置信带变得非常大. 然而, 继续, 看如何估计回归函数.

　　局部回归. 考虑局部线性回归. 核函数 K 现在是 d 个变量的函数. 给定一个非奇异 $d \times d$ 正定带宽矩阵 $\boldsymbol{H}$, 定义

$$K_H(x) = \frac{1}{|\boldsymbol{H}|^{1/2}} K(\boldsymbol{H}^{-1/2} \boldsymbol{x}).$$

人们经常重新调整每个协变量的尺度, 使得它们有同样的均值和方差, 然后, 利用核

$$h^{-d} K(||\boldsymbol{x}||/h),$$

这里 K 为任何一维核. 那么, 有一个单一的带宽参数 h. 在目标值 $\boldsymbol{x} = (x_1, \cdots, x_d)^{\mathrm{T}}$, 局部平方和为

$$\sum_{i=1}^{n} w_i(\boldsymbol{x}) \left(Y_i - a_0 - \sum_{j=1}^{d} a_j(x_{ij} - x_j) \right)^2, \tag{5.122}$$

这里,

$$w_i(\boldsymbol{x}) = K(||\boldsymbol{x}_i - \boldsymbol{x}||/h).$$

估计为

$$\widehat{r}_n(x) = \widehat{a}_0, \tag{5.123}$$

这里, $\widehat{\boldsymbol{a}} = (\widehat{a}_0, \cdots, \widehat{a}_d)^{\mathrm{T}}$ 为使得该加权平方和最小的 $\boldsymbol{a} = (a_0, \cdots, a_d)^{\mathrm{T}}$ 的值. 解 $\widehat{\boldsymbol{a}}$ 为

$$\widehat{\boldsymbol{a}} = (\boldsymbol{X}_x^{\mathrm{T}} \boldsymbol{W}_x \boldsymbol{X}_x)^{-1} \boldsymbol{X}_x^{\mathrm{T}} \boldsymbol{W}_x \boldsymbol{Y}, \tag{5.124}$$

这里,

$$\boldsymbol{X}_x = \begin{pmatrix} 1 & x_{11} - x_1 & \cdots & x_{1d} - x_d \\ 1 & x_{21} - x_1 & \cdots & x_{2d} - x_d \\ \vdots & \vdots & & \vdots \\ 1 & x_{n1} - x_1 & \cdots & x_{nd} - x_d \end{pmatrix},$$

而 $\boldsymbol{W}_x$ 为第 (i,i) 个元素为 $w_i(x)$ 的对角线矩阵.

Ruppert and Wand (1994) 讨论了高维情况局部多项式回归的理论性质. 主要结果如下:

5.125 定理(Ruppert and Wand, 1994) 令 $\widehat{r}_n$ 为具有带宽矩阵 $\boldsymbol{H}$ 的多变量局部线性估计, 并假定了在 Ruppert and Wand (1994) 中的正则条件. 假定 x 为一个非边界点. 以 $X_1,\cdots,X_n$ 为条件, 有下面结果: $\widehat{r}_n(x)$ 的偏倚为

$$\frac{1}{2}\mu_2(K)\mathrm{trace}(\boldsymbol{H}\mathcal{H}) + o_P(\mathrm{trace}(\boldsymbol{H})),\tag{5.126}$$

这里 $\mathcal{H}$ 为 r 在 x 的二阶偏导数矩阵, 而 $\mu_2(K)$ 是由方程 $\int uu^{\mathrm{T}}K(u)\mathrm{d}u = \mu_2(K)I$ 定义的标量. $\widehat{r}_n(x)$ 的方差为

$$\frac{\sigma^2(x)\int K(u)^2\mathrm{d}u}{n|\boldsymbol{H}|^{1/2}f(x)}[1 + o_P(1)].\tag{5.127}$$

再者, 边界处的偏倚与内部的偏倚同阶, 即 $O_P(\mathrm{trace}(H))$.

这样看到, 在较高维时, 局部线性回归仍然避开了过分的边界偏倚和设计偏倚.

样条. 如果采取样条方法, 需要定义高维中的样条. 对于 $d=2$, 最小化

$$\sum_i [Y_i - \widehat{r}_n(x_{i1},x_{i2})]^2 + \lambda J(r),$$

这里,

$$J(r) = \iint \left[\left(\frac{\partial^2 r(x)}{\partial x_1^2}\right) + 2\left(\frac{\partial^2 r(x)}{\partial x_1\partial x_2}\right) + \left(\frac{\partial^2 r(x)}{\partial x_2^2}\right)\right]\mathrm{d}x_1\mathrm{d}x_2.$$

使其最小化的 $\widehat{r}_n$ 称为一个**薄片样条**(thin-plate spline). 它很难描述, 甚至很难 (但无疑不是不可能的) 拟合. 细节参看 Green and Silverman (1994).

可加模型. 对高维拟合的解释和可视化是困难的. 当协变量数目增加时, 计算的负担成为拦路虎. 有时, 一个更加有结果的作法是利用**可加模型**(additive model). 一个可加模型的形式为

$$Y = \alpha + \sum_{j=1}^d r_j(x_j) + \epsilon,\tag{5.128}$$

这里 $r_1,\cdots,r_d$ 为光滑函数. 模型 (5.128) 不是可识别的, 这是因为能够加上任意常数到 α, 并从一个 r_j 减去同样常数而不改变回归函数. 这个问题能够用一些方式处理, 可能最容易的是设 $\widehat{\alpha} = \overline{Y}$, 然后把那些 r_j 看成对 $\overline{Y}$ 的偏离. 这样, 就要求对每个 j, $\sum_{i=1}^n \widehat{r}_j(x_i) = 0$.

可加模型显然不如拟合 $r(x_1,\cdots,x_d)$ 那么一般, 但计算和解释它要较简单; 因此它常常是好的开始点. 下面是把任何一维回归光滑器转换成拟合可加模型的方法的一个简单的算法. 它称为**回转拟合**(backfitting).

回转拟合算法

初始化: 设 $\widehat{\alpha} = \overline{Y}$, 并设对 $\widehat{r}_1, \cdots, \widehat{r}_d$ 的猜测.

迭代直到收敛: 对 $j = 1, \cdots, d$,

(1) 计算 $\widetilde{Y}_i = Y_i - \widehat{\alpha} - \sum_{k \neq j} r_k(x_i),\ i = 1, \cdots, n.$

(2) 应用一个光滑器到在 x_j 上的 $\widetilde{Y}_i$ 以得到 $\widehat{r}_j.$

(3) 设 $\widehat{r}_j(x)$ 等于 $\widehat{r}_j(x) - n^{-1} \sum_{i=1}^{n} \widehat{r}_j(x_i).$

5.129 例   回到有三个协变量和一个响应变量的例 4.7. 数据显示在图 5.14 中. 数据是来自石油库的 48 个岩石样本, 响应变量为渗透性 (单位为毫达西, milli-Darcies); 协变量为: 小孔的面积 (基于 256 乘 256 背景的的像素), 周长 (单位: 像素) 和形状 (周长/$\sqrt{面积}$). 目标是用这三个协变量预测渗透性. 首先拟合可加模型

$$渗透性 = r_1(面积) + r_2(周长) + r_3(形状) + \epsilon.$$

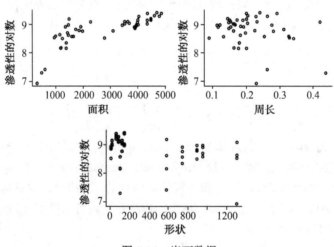

图 5.14   岩石数据

能够变换每个协变量的尺度使得它们有同样的方差, 然后对每个协变量用一个共同的带宽. 然而, 用了一个更加冒险的作法, 即在回转拟合的每一次迭代都对协变量 x_j 施行交叉验证来选择 h_j. 在该算法中, 如果光滑参数以这种方式改变, 没有看到任何理论保证其收敛性. 然而, 带宽和函数估计收敛得很快. 图 5.15 显示了 r_1, r_2 和 r_3 的估计. $\overline{Y}$ 在点图之前加到每个函数上. 下面考虑一个三维局部线性拟合 (5.123). 在对每个协变量变换尺度, 使它们有均值 0 和方差 1 之后, 发现带宽 $h \approx 3.2$ 使得交叉验证得分最小. 由可加模型和完全三维线性拟合的残差显示在图 5.16. 显然, 拟合值很类似, 这意味着广义可加模型是合适的. ■

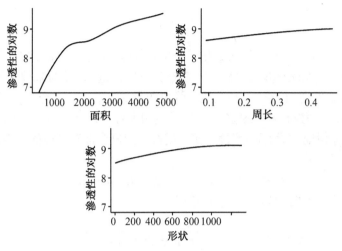

图 5.15 岩石数据

图示了可加模型 $Y = \widehat{r}_1(x_1) + \widehat{r}_2(x_2) + \widehat{r}_3(x_3) + \epsilon$ 的 $\widehat{r}_1, \widehat{r}_2$ 和 $\widehat{r}_3$.

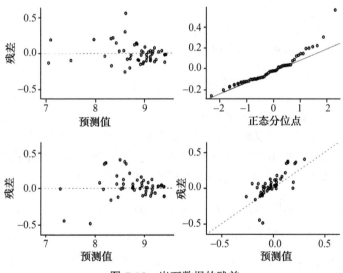

图 5.16 岩石数据的残差

上左: 可加模型的残差. 上右: 可加模型残差的 qq 图. 下左: 多元局部线性模型的残差. 下右: 两个拟合残差的散点图.

投影寻踪. Friedman and Stuetzle (1981) 引入了对付高维回归的另一种方法, 称为**投影寻踪回归**(projection pursuit regression). 其意图是以下面形式的函数来近似回归函数 $r(x_1, \cdots, x_p)$:

$$\mu + \sum_{m=1}^{M} r_m(z_m),$$

这里,

$$z_m = \boldsymbol{\alpha}_m^{\mathrm{T}} \boldsymbol{x},$$

而且对于 $m = 1, \cdots, M$, 每个 $\boldsymbol{\alpha}_m$ 是一个单位向量 (长度为 1). 注意, 每个 z_m 都是 $\boldsymbol{x}$ 到一个子空间的投影. 在每一步, 都选择方向向量 $\boldsymbol{\alpha}$, 使得未被解释的方差部分最小. 更详细地说, 已给 Y_i 和某些一维协变量值 $z_1, \cdots, z_n$; 令 $S(\cdot)$ 表示依照某光滑方法输出 n 个拟合值的投影. 令 $\widehat{\mu} = \overline{Y}$ 并用 $Y_i - \overline{Y}$ 代替 Y_i. 因此, 那些 Y_i 现在有均值 0. 类似地, 对协变量调整尺度, 使得它们每个都有同样的方差. 然后做下面的步骤:

步骤 1. 初始化残差 $\widehat{\epsilon}_i = Y_i$, $i = 1, \cdots, n$, 并设 $m = 0$.

步骤 2. 找到方向 (单位向量)$\boldsymbol{\alpha}$, 使得下式最小:

$$I(\alpha) = 1 - \frac{\sum\limits_{i=1}^{n} [\widehat{\epsilon}_i - S(\boldsymbol{\alpha}^{\mathrm{T}} x_i)]^2}{\sum\limits_{i=1}^{n} \widehat{\epsilon}_i^2},$$

并设 $z_{mi} = \boldsymbol{\alpha}^{\mathrm{T}} x_i$, $\widehat{r}_m(z_{mi}) = S(z_{mi})$.

步骤 3. 设 $m = m + 1$, 并更新残差

$$\widehat{\epsilon}_i \leftarrow \widehat{\epsilon}_i - \widehat{r}_m(z_{mi}).$$

如果 $m = M$, 停止, 否则回到步骤 2.

5.130 例　如果应用投影寻踪于岩石数据, 取 $M = 3$, 得到图 5.17 中显示的函数 $\widehat{r}_1, \widehat{r}_2, \widehat{r}_3$. 拟合是用 R 中的 ppr 命令实行的, 而且每个拟合都是用光滑样条得到的, 这里光滑参数是由广义交叉验证选择的. 方向向量为

$$\boldsymbol{\alpha}_1 = (0.99, 0.07, 0.08)^{\mathrm{T}}, \quad \boldsymbol{\alpha}_2 = (0.43, 0.35, 0.83)^{\mathrm{T}}, \quad \boldsymbol{\alpha}_3 = (0.74, -0.28, -0.61)^{\mathrm{T}}.$$

这样, $z_1 = 0.99$ 面积 $+0.07$ 周长 $+0.08$ 形状等. 如果在模型中持续增加项数, 残差平方和会持续变小. 图 5.17 的下左图显示了作为项数 M 的函数的残差平方和. 可以看到, 在模型包括了一项或两项之后, 更多的项改进不大. 能够试着利用交叉验证来选择一个最优的 M.　■

回归树. 回归树为具有下面形式的模型:

$$r(x) = \sum_{m=1}^{M} c_m I(x \in R_m), \tag{5.131}$$

这里, $c_1, \cdots, c_M$ 为常数, 而 $R_1, \cdots, R_M$ 为不相交的矩形, 它们分划了协变量空间. 树模型是被 Morgan and Sonquist (1963) 和 Breiman et al. (1984) 引进的. 模型是

以能够表示为一棵树的递归方式拟合的，因此得到这个名字. 这里的描述是按照 Hastie et al. (2001) 的 9.2 节作的.

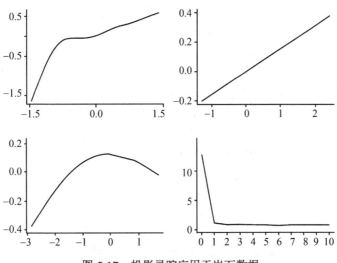

图 5.17　投影寻踪应用于岩石数据

点图显示了 $\hat{r}_1, \hat{r}_2, \hat{r}_3$.

用 $x = (x_1, \cdots, x_j, \cdots, x_d)$ 表示一般的协变量的值. 第 i 个观测值的协变量为 $x_i = (x_{i1}, \cdots, x_{ij}, \cdots, x_{id})$. 给定协变量 j 和一个分割点 s, 定义矩形 $R_1 = R_1(j, s) = \{x : x_j \leqslant s\}$ 和 $R_2 = R_2(j, s) = \{x : x_j > s\}$; 在这个表达式中, x_j 为第 j 个协变量而不是第 j 个观测值. 于是, 取 c_1 为所有 Y_i 在 $x_i \in R_1$ 上的平均, 而 c_2 为所有 Y_i 在 $x_i \in R_2$ 上的平均. 注意, c_1 和 c_2 使得平方和 $\sum\limits_{x_i \in R_1} (Y_i - c_1)^2$ 和 $\sum\limits_{x_i \in R_2} (Y_i - c_2)^2$ 最小. 选择哪一个 x_j 来被分割以及用哪一个点为分割点 s 基于使残差平方和最小化. 该分割过程在每个矩形 R_1 和 R_2 重复继续.

图 5.18 显示了一个回归树的简单例子, 它还表明了相应的矩形. 函数估计 $\hat{r}$ 在矩形上是常数.

一般来说, 先长一颗非常大的树, 然后通过剪枝, 把区域合并以形成一个子树. 树的大小是一个调整参数, 它是按照下面方法选择的. 令 N_m 表示在一子树 T 中的一个矩形 R_m 中的点数, 并且定义

$$c_m = \frac{1}{N_m} \sum_{x_i \in R_m} Y_i, \quad Q_m(T) = \frac{1}{N_m} \sum_{x_i \in R_m} (Y_i - c_m)^2.$$

由下式定义 T 的复杂性:

$$C_\alpha(T) = \sum_{m=1}^{|T|} N_m Q_m(T) + \alpha|T|, \tag{5.132}$$

这里, $\alpha > 0$, 而 $|T|$ 为树的端结点的数目. 令 T_α 为使得 C_α 最小的最小子树. α 的值 $\hat\alpha$ 能够用交叉验证法来选择. 最终估计是基于树 $T_{\hat\alpha}$ 的.

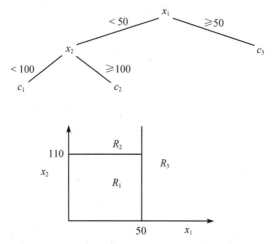

图 5.18　有两个变量 x_1 和 x_2 的一颗回归树

函数估计为 $\hat r(x) = c_1 I(x \in R_1) + c_2 I(x \in R_2) + c_3 I(x \in R_3)$, 这里, R_1, R_2 和 R_3 为下面图中表示的矩形[①].

5.133 例　图 5.19 表示了关于岩石数据的一棵树. 注意, 变量形状没有出现在树上. 这意味着形状这个变量从来不是该算法中用来分割的最优协变量. 结果是, 该树仅仅依赖于面积和周长. 这说明了树回归的一个重要性质: 它自动地施行了变量选择, 其意义为, 如果该算法发现一个协变量 x_j 不重要, 那么它将不会出现在树中. ∎

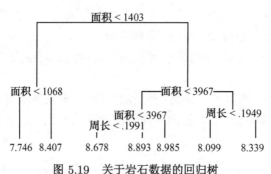

图 5.19　关于岩石数据的回归树

MARS. 回归树是不连续的, 而且它们不容易拟合主效应. (作为对照, 除非交互效应放入模型, 可加模型仅仅拟合主效应.) MARS 是多元适应回归样条 (multivari-

---

① 原图有误: 该图下面小图的数字 110 应该为 100. —— 译者注

ate adaptive regression spline)的缩写, 它被 Friedman (1991) 作为一个对回归树改进的企图而引进的.

下面介绍 MARS 算法. 按照 Hastie et al. (2001) 的 9.4 节进行. 定义

$$\ell(x,j,t) = (x_j - t)I(x_j > t), \quad r(x,j,t) = (t - x_j)I(x_j < t).$$

$\ell(x,j,t)$ 和 $r(x,j,t)$ 二者均为整个向量 $\boldsymbol{x} = (x_1, \cdots, x_d)$ 的函数, 但它们的值仅仅依赖于在第 j 个分量 x_j. 令

$$\mathcal{C}_j = \{\ell(x,j,t), r(x,j,t), t \in \{x_{1j}, \cdots, x_{nj}\}\}.$$

这样, $\mathcal{C}_j$ 为仅仅依赖于 x_j 的线性样条的一个集合, 每个观测一个结点. 现在, 令 $\mathcal{C} = \bigcup\limits_{j=1}^{d} \mathcal{C}_j$. 一个 MARS 模型有下面形式:

$$r(x) = \beta_0 + \sum_{m=1}^{M} \beta_m h_m(x), \tag{5.134}$$

这里, 每个函数 h_m 或者在 $\mathcal{C}$ 中, 或者为两个或更多这样函数的乘积. 模型的拟合是以直接的、逐步的方式进行的, 很像回归树. 更多细节见 Hastie et al. (2001).

张量乘积模型. 关于多元回归的另一类模型有下面形式:

$$r(x) = \sum_{m=1}^{M} \beta_m h_m(x), \tag{5.135}$$

这里, 每个 h_m 是张量乘积空间中的一个基函数. 这些模型将在第 8 章考虑.

5.13 其 他 问 题

这里讨论几个和非参数回归有关的其他问题.

插入带宽. 作为选择带宽的交叉验证的一个替代是**插入带宽**(plug-in bandwidth). 其思想是为渐近最优带宽写下一个公式, 然后把未知量的估计插入到该公式中. 基于 Fan and Gijbels (1996) 的 4.2 节描述一个可能的作法.

当利用局部线性回归, 并假定 X_i 随机选择于某密度 $f(x)$ 时, (渐近) 最优带宽为

$$h_* = \left\{ \frac{C \int \dfrac{\sigma^2(x)}{f(x)} \mathrm{d}x}{n \int [r^{(2)}(x)]^2 \mathrm{d}x} \right\}^{1/5}, \tag{5.136}$$

这里,

$$C = \frac{\int K^2(t)\mathrm{d}t}{\left[\int K(t)\mathrm{d}t\right]^2}, \tag{5.137}$$

而 $r^{(2)}$ 为 r 的二阶导数. 为了得到 h_* 的一个粗略的估计, 如下进行. 用最小二乘法拟合一个总体的四次式

$$\tilde{r}(x) = \hat{\beta}_0 + \hat{\beta}_1 x + \hat{\beta}_2 x^2 + \hat{\beta}_3 x^3 + \hat{\beta}_4 x^4,$$

并令 $\tilde{\sigma}^2 = n^{-1} \sum_{i=1}^{n} [Y_i - \tilde{r}(x_i)]^2$. 称 $\tilde{r}(x)$ 为**领航员估计**(pilot estimate). 令 (a, b) 表示 X_i 的范围, 并用在 (a, b) 上的均匀分布来近似 f. 那么

$$n \int_a^b r^{(2)}(x)^2 \mathrm{d}x = n \int_a^b \frac{r^{(2)}(x)^2}{f(x)} f(x) \mathrm{d}x$$
$$\approx \sum_{i=1}^{n} \frac{r^{(2)}(X_i)^2}{f(X_i)} = (b-a) \sum_{i=1}^{n} [r^{(2)}(X_i)]^2,$$

而且, 用下式估计 h_*:

$$h_* \approx \left\{ \frac{C\tilde{\sigma}^2 (b-a)}{\sum_{i=1}^{n} [\tilde{r}^{(2)}(X_i)]^2} \right\}^{1/5}. \tag{5.138}$$

检验线性. 一个非参数估计 $\hat{r}_n$ 可以用来构造一个检验, 看一个线性拟合是否适当. 考虑检验

$$H_0 : r(x) = \beta_0 + \beta_1 x, \quad \text{对某个 } \beta_0, \beta_1 \text{ 成立},$$

对备选假设: H_0 为伪.

用 $\boldsymbol{H}$ 表示拟合线性模型时的帽子矩阵, 用 $\boldsymbol{L}$ 表示拟合非参数回归时的光滑矩阵. 令

$$T = \frac{\|\boldsymbol{L}\boldsymbol{Y} - \boldsymbol{H}\boldsymbol{Y}\|/\lambda}{\hat{\sigma}^2},$$

这里, $\lambda = \mathrm{tr}((\boldsymbol{L} - \boldsymbol{H})^{\mathrm{T}}(\boldsymbol{L} - \boldsymbol{H}))$, 而 $\hat{\sigma}^2$ 定义在 (5.86). Loader (1999a) 指出, 在 H_0 下, 自由度为 ν 和 $n - 2\nu_1 + \nu_2$ 的 F 分布提供了对 T 分布的一个粗略的近似. 这样, 如果 $T > F_{\nu, n-2\nu_1+\nu_2, \alpha}$, 将在水平 α 拒绝 H_0. 在 Härdle and Mammen (1993) 中描述了利用自助法来估计零分布的一个更严格的检验.

关于任何检验, 未能拒绝 H_0 不应看成对 H_0 为真的证明. 它意味着数据没有足够的能力来探测出对 H_0 的偏离. 在这种情况, 一个线性拟合可能被认为是一个有理由的尝试模型. 当然, 仅仅基于一个检验来做这样的决策是危险的.

最优性. 局部线性估计有某些最优性. 突出描述 Fan and Gijbels (1996) 的几个结果. 令 x_0 为一个内部 (非边界) 点, 并令

$$\mathcal{F} = \{ r : |r(x) - r(x_0) - (x - x_0) r'(x_0)| \leqslant C|x - x_0| \}.$$

假定协变量 X 为随机的, 具有在 x_0 为正的密度 f. 还假定方差函数 $\sigma(x)$ 在 x_0 连续. 令 $\mathcal{L}$ 表示 $r(x_0)$ 的所有线性估计. **线性最小最大风险**(linear minimax risk) 定义为

$$R_n^L = \inf_{\widehat{\theta} \in \mathcal{L}} \sup_{r \in \mathcal{F}} \mathbb{E}((\widehat{\theta} - r(x_0))^2 | X_1, \cdots, X_n). \qquad (5.139)$$

Fan and Gijbels (1996) 表明

$$R_n^L = \frac{3}{4} 15^{-1/5} \left[\frac{\sqrt{C} \sigma^2(x_0)}{n f(x_0)} \right]^{4/5} [1 + o_P(1)]. \qquad (5.140)$$

再者, 这个风险可被使用 Epanechnikov 核及带宽

$$h_* = \left[\frac{15 \sigma^2(x_0)}{n f(x_0) C^2 n} \right]^{1/5}$$

的局部线性估计 $\widehat{r}_*$ 达到.

最小最大风险(minimax risk)定义为

$$R_n = \inf_{\widehat{\theta}} \sup_{r \in \mathcal{F}} \mathbb{E}([\widehat{\theta} - r(x_0)]^2 | X_1, \cdots, X_n), \qquad (5.141)$$

这里, 下确界是对所有估计量取的. Fan and Gijbels (1996) 表明, $\widehat{r}_*$ 在下面的意义上是几乎最小最大的:

$$\frac{R_n}{\displaystyle\sup_{r \in \mathcal{F}} \mathbb{E}([\widehat{r}^*(x_0) - r(x_0)]^2 | X_1, \cdots, X_n)} \geqslant (0.894)^2 + o_P(1). \qquad (5.142)$$

参见第 7 章更多的关于最小最大性的讨论.

导数估计. 假定想估计 $r(x)$ 的 k 阶导数 $r^{(k)}(x)$. 回忆局部多项式估计是以下面近似开始的:

$$r(u) \approx a_0 + a_1(u - x) + \frac{a_2}{2}(u - x)^2 + \cdots + \frac{a_p}{p!}(u - x)^p.$$

这样, $r^{(k)}(x) \approx a_k$, 能够用下式来估计它:

$$\widehat{r}_n^{(k)}(x) = \widehat{a}_k = \sum_{i=1}^n \ell_i(x, k) Y_i, \qquad (5.143)$$

这里, $\boldsymbol{\ell}(x, k)^{\mathrm{T}} = (\ell_1(x, k), \cdots, \ell_n(x, k))$,

$$\boldsymbol{\ell}(x, k)^{\mathrm{T}} = \boldsymbol{e}_{k+1}^{\mathrm{T}} (\boldsymbol{X}_x^{\mathrm{T}} \boldsymbol{W}_x \boldsymbol{X}_x)^{-1} \boldsymbol{X}_x^{\mathrm{T}} \boldsymbol{W}_x,$$

$$\boldsymbol{e}_{k+1} = (\underbrace{0, \cdots, 0}_{k}, 1, \underbrace{0, \cdots, 0}_{p-k})^{\mathrm{T}},$$

这里 $\boldsymbol{X}_x$ 和 $\boldsymbol{W}_x$ 在 (5.54) 定义.

警告! 注意, $\widehat{r}_n^{(k)}(x)$ 并不等于 $\widehat{r}_n$ 的 k 阶导数.

为了避开边界偏倚和设计偏倚, 取多项式阶数 p, 使得 $p-k$ 为奇数. 一个合理的缺省取法为 $p=k+1$. 这样, 为了估计一阶导数, 将利用局部二次回归而不是局部线性回归. 下面的定理给出了 $\widehat{r}_n^{(k)}$ 的大样本性质. 证明可以在 Fan (1992)、Fan and Gijbels (1996) 中找到. 为了叙述这个定理, 需要几个定义. 令 $\mu_j = \int u^j K(u)\mathrm{d}u$ 及 $\nu_j = \int u^j K^2(u)\mathrm{d}u$. 再定义 $(p+1) \times (p+1)$ 矩阵 $\boldsymbol{S}$ 和 $\boldsymbol{S}^*$, 它们的第 (r,s) 元素为

$$S_{rs} = \mu_{r+s-2}, \quad S_{rs}^* = \nu_{r+s-2}.$$

还令 $\boldsymbol{c_p} = (\mu_{p+1}, \cdots, \mu_{2p+1})^\mathrm{T}$ 及 $\widetilde{\boldsymbol{c_p}} = (\mu_{p+2}, \cdots, \mu_{2p+2})^\mathrm{T}$. 最后, 令

$$\boldsymbol{e}_{k+1} = (\underbrace{0, \cdots, 0}_{k}, 1, \underbrace{0, \cdots, 0}_{p-k})^\mathrm{T}.$$

5.144 定理　对于 $i = 1, \cdots, n$, 令 $Y_i = r(X_i) + \sigma(X_i)\epsilon_i$. 假定 $X_1, \cdots, X_n$ 为来自有密度 f 的分布的一个样本, 并且 (i) $f(x) > 0$; (ii) $f, r^{(p+1)}$ 及 σ^2 在 x 的一个邻域连续; (iii) $h \to 0$ 及 $nh \to \infty$. 那么, 给定 $X_1, \cdots, X_n$, 有

$$\mathbb{V}(\widehat{r}_n^{(k)}(x)) = \boldsymbol{e}_{k+1}^\mathrm{T} \boldsymbol{S}^{-1} \boldsymbol{S}^* \boldsymbol{S}^{-1} \boldsymbol{e}_{k+1} \frac{k!^2 \sigma^2(x)}{f(x)nh^{1+2k}} + o_P\left(\frac{1}{nh^{1+2k}}\right). \tag{5.145}$$

如果 $p-k$ 为奇数, 偏倚为

$$\mathbb{E}(\widehat{r}_n^{(k)}(x)) - r(x) = \boldsymbol{e}_{k+1}^\mathrm{T} \boldsymbol{S}^{-1} \boldsymbol{c_p} \frac{k!}{(p+1)!} r^{(p+1)}(x) h^{p+1-k} + o_P(h^{p+1-k}). \tag{5.146}$$

如果 $p-k$ 为偶数, 那么 f' 和 $m^{(p+2)}$ 在 x 的一个邻域连续, 而且 $nh^3 \to \infty$, 那么偏倚为

$$\begin{aligned}
\mathbb{E}(\widehat{r}_n^{(k)}(x)) - r(x) =& \boldsymbol{e}_{k+1}^\mathrm{T} \boldsymbol{S}^{-1} \widetilde{\boldsymbol{c_p}} \frac{k!}{(p+2)!} \\
& \times \left(r^{(p+2)}(x) + (p+2)m^{(p+1)}(x)\frac{f'(x)}{f(x)} \right) h^{p+2-k} \\
& + o_P(h^{p+2+k}).
\end{aligned} \tag{5.147}$$

定义

$$K_k^*(t) = K(t) \sum_{\ell=0}^{p} S^{(k-1)(\ell-1)} t^\ell,$$

那么可以表明 (渐近) 最优带宽为

$$h_* = \left\{ \frac{C(k,p) \int \dfrac{\sigma^2(x)}{f(x)}\mathrm{d}x}{n \int [r^{(p+1)}(x)]^2 \mathrm{d}x} \right\}^{1/(2p+3)}, \tag{5.148}$$

这里,

$$C(k,p) = \left\{ \frac{(p+1)!^2(2k+1)\int K_k^{*2}(t)\mathrm{d}t}{2(p+1-k)\left[\int t^{p+1}K_k^*(t)\mathrm{d}t\right]^2} \right\}^{1/(2p+3)}.$$

估计一个导数比估计回归函数要难的多. 这是因为观测到回归函数 (加上误差), 但不能直接观测到导数. 参看 Loader (1999a)6.1 节关于其令人信服的对估计导数的困难的讨论.

可变带宽和适应性估计. 不用一个带宽 h, 可试图使用一个随着 x 变化的带宽 $h(x)$. 以这种方式选择带宽称为可变带宽选择(variable bandwidth selection). 这看上去很有吸引力, 因为它允许适应变化的光滑程度. 例如, $r(x)$ 可能是空间非齐次的, 这意味着它对某些 x 值是光滑的, 而对另一些 x 值是波动的. 可能应该用一个大的带宽于光滑区域, 而用小的带宽于波动区域. 这样的一个方法称为局部适应的(locally adaptive)或空间适应的(spatially adaptive). 可参看例如 Fan and Gijbels (1996) 的第 4 章和 Ruppert (1997). 然而, 除非样本量很大而且噪声水平很低, 在函数估计上的改进常常是很有限的. 在第 9 章, 特别是 9.9 节, 有更多的关于空间适应的讨论.

相关数据. 已经假定了误差 $\epsilon_i = Y_i - r(x_i)$ 是独立的. 当在误差间有相依性时, 方法需要改进. 需要什么类型的改进依赖于表现出来的相依类型. 例如, 对于按时间顺序的数据, 时间序列方法常常是需要的. 更一般地, 需要某些关于相依结构的知识来设计适当的估计方法. 参看第 10 章关于这方面更多的叙述.

稳健性和分位数回归.要用的估计是基于平方误差损失的. 这是一个容易使用的损失函数, 但是得到的估计对于离群点潜在地不稳健. 在稳健回归(robust regression)中, 选择 $\hat{a}$ 来使下式, 而不是 (5.52) 式最小:

$$\sum_{i=1}^n w_i(x)\rho\left(\frac{Y_i - a_0 - a_1(u-x) + \cdots + \dfrac{a_p}{p!}(u-x)^p}{s}\right), \tag{5.149}$$

这里, s 为残差的标准差的某个估计. 取 $\rho(t) = t^2$ 使回到平方误差损失. 一个更稳健的估计是由利用Huber 函数得到的. 它用下面方程定义:

$$\rho'(t) = \max\{-c, \min(c, t)\}, \tag{5.150}$$

这里, c 是一个调节常数. 当 $c \to \infty$ 时, 回到平方误差, 当 $c \to 0$ 时, 得到绝对误差. 一个通常的选择是 $c = 4.685$, 它平衡了这两个极端. 取

$$\rho(t) = |t| + (2\alpha - 1)t, \tag{5.151}$$

则产生**分位数回归**(quantile regression). 在这种情况, $\widehat{r}_n(x)$ 估计 $\xi(x)$, 这里, $\mathbb{P}(Y \leqslant \xi(x)|X = x) = \alpha$, 这样, $\xi(x)$ 为 Y 在给定 x 时的条件分布的 α 分位点. 细节参看 Fan and Gijbels (1996) 的 5.5 节.

　　测量误差. 在某些情况, 不能直接观测 x, 而只能观测到 x 的一个损坏的版本. 观测数据为 $(Y_1, W_1), \cdots, (Y_n, W_n)$, 这里, 对于某误差 δ_i,

$$Y_i = r(x_i) + \epsilon_i,$$
$$W_i = x_i + \delta_i.$$

这称为一个**测量误差**(measurement error)问题或者一个**变量中的误差**(errors-in-variable) 问题. Y_i 在 W_i 上的简单回归导致 $r(x)$ 的不相合估计. 将在第 10 章更详细地讨论测量误差.

　　降维和变量选择. 一种处理维数诅咒的方法是试图发现数据的一个低维近似. 方法包括**主成分分析**(principle component analysis), **独立分量分析**(independent component analysis), **投影寻踪**(projection pursuit)及其他方法. 关于这些方法的介绍和相关的参考文献, 看 Hastie et al. (2001).

　　另一种方法是施行**变量选择**(variable selection), 它把不能很好预测 Y 的变量从回归中移走. 对此, 可参看 Zhang (1991). 目前, 在非参数回归中, 很少有变量选择的方法既实用又有严格的理论验证.

　　多元回归的置信集. 在 5.7 节的置信带方法还能用于可加模型. 正如 Sun and Loader (1994) 所解释的那样, 该方法还能扩展到高维线性光滑器上. 对于更复杂的方法, 如树、MARS 和投影寻踪回归等, 还未发现导致有效置信带的严格结果.

　　欠光滑. 在构造置信集时, 一种对付偏倚问题的办法是欠光滑. Hall (1992b), Neumann (1995), Chen and Qin (2000), Chen and Qin (2002) 讨论了这个问题. 这里简要讨论 Chen and Qin 的结果.

　　令 $\widehat{r}_n(x)$ 为使用带宽 h 的局部线性估计, 假定核 K 在 $[-1, 1]$ 上有支撑. 令

$$\alpha_j(x/h) = \int_{-1}^{x/h} u^j K(u)\mathrm{d}u,$$

$$\widehat{f}_0(x) = \frac{1}{n}\sum_{i=1}^n \frac{1}{h}K\left(\frac{x - X_i}{h}\right), \quad \widehat{f}(x) = \frac{\widehat{f}_0(x)}{\alpha_0(x/h)},$$

$$\widehat{\sigma}^2(x) = \frac{\dfrac{1}{n}\sum_{i=1}^n \dfrac{1}{h}K\left(\dfrac{x - X_i}{h}\right)(Y_i - \widehat{r}_n(x))^2}{\widehat{f}_0(x)},$$

及

$$I(x) = \widehat{r}_n(x) \pm z_\alpha \sqrt{\frac{v(x/h)\widehat{\sigma}(x)}{nh\widehat{f}(x)}},$$

这里,

$$v(x/h) = \frac{\int_{-1}^{x/h} [\alpha_2(x/h) - u\alpha_1(x/h)]^2 K^2(u)\mathrm{d}u}{[\alpha_0(x/h)\alpha_2(x/h) - \alpha_1^2(x/h)]^2}.$$

欠光滑消除了渐近偏倚, 这意味着应该取 $nh^5 \to 0$. 假定的确取 $nh^5 \to 0$, 并限于某些正则条件, Chen and Qin (2002) 表明, 在内部点,

$$\mathbb{P}(r(x) \in I(x)) = 1 - \alpha + O\left(nh^5 + h^2 + \frac{1}{nh}\right), \tag{5.152}$$

而在接近边界处,

$$\mathbb{P}(r(x) \in I(x)) = 1 - \alpha + O\left(nh^5 + h + \frac{1}{nh}\right). \tag{5.153}$$

有趣的是, 局部线性回归消除了 $\hat{r}_n$ 的边界偏倚, 但覆盖概率在边界附近很差. 覆盖概率的精度缺乏均匀性的问题可以用 Chen and Qin (2000) 的方法处理. 他们建议的置信区间为

$$\{\theta : \ell(\theta) \leqslant c_\alpha\}, \tag{5.154}$$

这里, c_α 为 χ_1^2 随机变量的上 α 分位点,

$$\ell(\theta) = 2\sum_{i=1}^{n} \log(1 + \lambda(\theta)W_i(Y_i - \theta)),$$

$\lambda(\theta)$ 定义为

$$\sum_{i=1}^{n} \frac{W_i(Y_i - \theta)}{1 + \lambda(\theta)W_i(T_i - \theta)} = 0,$$

$$W_i = K\left(\frac{x - X_i}{h}\right)\left[s_{n,2} - \frac{(x - X_i)s_{n,1}}{h}\right],$$

及

$$s_{n,j} = \frac{1}{nh}\sum_{i=1}^{n} \frac{K\left(\dfrac{x - X_i}{h}\right)(x - X_i)^j}{h^j}.$$

假定取 $hn^5 \to 0$, 并且限于某些正则条件, Chen and Qin (2002) 表明, 在所有 x,

$$\mathbb{P}(r(x) \in I(x)) = 1 - \alpha + O\left(nh^5 + h^2 + \frac{1}{nh}\right), \tag{5.155}$$

在使覆盖误差最小的意义上, 最优带宽为

$$h_* = \frac{c}{n^{1/3}}.$$

不幸的是, 常数 c 依赖于未知函数 r. 而具体实施看来还是一个未解决的研究问题.

5.14　文 献 说 明

关于非参数回归的文献非常多. 作为好的开始点, 可参看 Fan and Gijbels (1996), Härdle (1990), Loader (1999a), Hastie and Tibshirani (1999), Hastie et al. (2001). 一个好的关于样条的理论资源为 Wahba (1990), 还可参考 Hastie et al. (2001) 和 Ruppert et al. (2003). Loader (1999a), Fan and Gijbels (1996) 详尽讨论了局部回归和局部似然. Fan and Gijbels (1995) 讨论了变化带宽选择.

5.15　附　　录

管公式 (5.100) 的推导. 令 $W(x) = \sum_{i=1}^{n} Z_i T_i(x)$, 并回忆 $||\boldsymbol{T}(x)||^2 = \sum_{i=1}^{n} T_i(x)^2 = 1$, 这样, 对每个 x, 向量 $\boldsymbol{T}(x)$ 是在单位球面上. 因为 $\boldsymbol{Z} = (Z_1, \cdots, Z_n)$ 是多元正态的,

$$
\begin{aligned}
\mathbb{P}(\sup_x W(x) > c) &= \mathbb{P}(\sup_x \langle \boldsymbol{Z}, \boldsymbol{T}(x) \rangle > c) \\
&= P\left(\sup_x \left\langle \frac{\boldsymbol{Z}}{||\boldsymbol{Z}||}, \boldsymbol{T}(x) \right\rangle > \frac{c}{||\boldsymbol{Z}||} \right) \\
&= \int_{c^2}^{\infty} \mathbb{P}\left(\sup_x \langle \boldsymbol{U}, \boldsymbol{T}(x) \rangle > \frac{c}{\sqrt{y}} \right) h(y) \mathrm{d}y,
\end{aligned}
$$

这里 $\boldsymbol{U} = (U_1, \cdots, U_n)$ 为在 $n-1$ 维单位球面 S 上的均匀分布, 而 $h(y)$ 是有 n 个自由度的 χ^2 分布密度. 因为 $||\boldsymbol{U} - \boldsymbol{T}(x)||^2 = 2(1 - \langle \boldsymbol{U}, \boldsymbol{T}(x) \rangle)$, 可以看到 $\sup_x \langle \boldsymbol{U}, \boldsymbol{T}(x) \rangle > \frac{c}{\sqrt{y}}$ 当且仅当 $\boldsymbol{U} \in \text{tube}(r, M)$, 这里, $r = \sqrt{2(1 - c/\sqrt{y})}$, $M = \{\boldsymbol{T}(x) : x \in \mathcal{X}\}$ 是在球面 S 上的一个流形,

$$
\text{tube}(r, M) = \{u : d(u, M) \leqslant r\},
$$

而

$$
d(u, M) = \inf_{x \in \mathcal{X}} ||\boldsymbol{u} - \boldsymbol{T}(x)||.
$$

因此,

$$
\begin{aligned}
\mathbb{P}\left(\sup_x \langle \boldsymbol{U}, \boldsymbol{T}(x) \rangle > \frac{c}{\sqrt{y}} \right) &= \mathbb{P}(\boldsymbol{U} \in \text{tube}(r, M)) \\
&= \frac{\text{体积}(\text{tube}(r, M))}{A_n},
\end{aligned}
$$

这里 $A_n = 2\pi^{n/2}/\Gamma(n/2)$ 为单位球面的面积. 关于体积 $(\text{tube}(r,M))$ 的公式是 Hotelling (1939) 与 Naiman (1990) 给出的, 为

$$\kappa_0 \frac{A_n}{A_2} \mathbb{P}(B_{1,(n-2)/2} \geqslant w^2) + \ell_0 \frac{A_n}{2A_1} \mathbb{P}(B_{1/2,(n-2)/2} \geqslant w^2),$$

这里, $w = c/\sqrt{y}$. 把这个插入积分, 并忽略阶数小于 $c^{-1/2}e^{-c^2/2}$ 的项, 得到 (5.100).

该公式还可以用 Rice (1939) 的上穿理论 (upcrossing theory)得到. 具体地, 如果 W 是在 $[0,1]$ 上的一个高斯过程, 而且如果 N_c 表示 W 上穿过 c 的次数, 那么

$$\mathbb{P}\left(\sup_x W(x) > c\right) = \mathbb{P}(N_c \geqslant 1 \text{ 或者 } W(0) > c)$$
$$\leqslant \mathbb{P}(N_c \geqslant 1) + \mathbb{P}(W(0) > c)$$
$$\leqslant \mathbb{E}(N_c) + \mathbb{P}(W(0) > c).$$

因为 $W(0)$ 有正态分布, 第二项能够很容易计算出来. 再者, 在 W 为光滑的条件下, 有

$$\mathbb{E}(N_c) = \int_0^1 \int_0^\infty y p_t(c,y) \mathrm{d}y \mathrm{d}t, \tag{5.156}$$

这里, p_t 为 $(W(t), W'(t))$ 的密度.

5.16 练 习

1. 在例 5.24 中, 构造光滑矩阵 $\boldsymbol{L}$, 并验证 $\nu = m$.

2. 证明定理 5.34.

3. 从本书的网站上得到关于在法院工作中收集的玻璃碎片的数据. 令 Y 为折射指数, 并且令 x 为铝成分 (第 4 个变量). 实行非参数回归来拟合模型 $Y = r(x) + \epsilon$. 利用下面的估计: (i) 回归直方图; (ii) 核; (iii) 局部线性; (iv) 样条. 在每种情况, 利用交叉验证来选择光滑程度, 估计方差, 为你的估计构造 95% 置信带, 挑出 x 的一些值, 而且对每个值, 对每种光滑方法, 点出有效的核. 可视化地比较有效核.

4. 从本书网站得到摩托车数据. 协变量为时间 (单位: ms), 响应变量为撞击时的加速度. 利用交叉验证及局部线性回归来拟合一个光滑曲线.

5. 表明, 在关于 $r(x)$ 的合适的光滑假定下, 方程 (5.89) 的 $\hat{\sigma}^2$ 是 σ^2 的一个相合估计.

6. 证明定理 5.34.

7. 证明定理 5.60.

8. 求出使方程 (5.86) 中的估计为相合估计的条件.

9. 考虑练习 3 中的数据. 考察该拟合为带宽 h 的函数. 为此, 对许多 h 的值, 点出拟合值. 对所有拟合加上置信带. 如果你感觉很有雄心, 读 Chaudhuri and Marron (1999), 并应用该方法.

10. 利用在 $(0, 1)$ 上的 5 个等距结点, 对于 $M = 1, \cdots, 5$, 构造 M 阶 B 样条基. 点出基函数.

11. 从本书网站得到摩托车数据. 用等距结点拟合一个三次回归样条. 利用缺一交叉验证来选择结点的数目. 现在再拟合一个光滑样条, 并比较拟合.

12. 回忆定义在例 5.63 的 Doppler 函数. 从模型 $Y_i = r(x_i) + \sigma \epsilon_i$ 生成 1000 个观测值, 这里 $x_i = i/n$, $\epsilon_i \sim N(0, 1)$. 对于 $\sigma = 0.1, \sigma = 1$ 和 $\sigma = 3$ 作出三个数据集. 点出数据. 利用局部线性回归估计该函数. 做交叉验证得分对带宽的点图. 画出拟合函数. 找到并画出 95% 置信带.

13. 重复前一个问题, 但是用光滑样条.

14. 从本书网站下载空气质量数据集. 在模型中把臭氧作为温度的函数. 使用核回归, 选择带宽用交叉验证, 广义交叉验证, C_p 和插入法, 比较这些拟合.

15. 对 $i = 1, \cdots, n$, 令 $Y_i \sim N(\mu_i, 1)$ 为独立观测值. 求使得下面每一个惩罚平方和最小的估计:

(a) $\displaystyle\sum_{i=1}^{n} (Y_i - \widehat{\mu}_i)^2 + \lambda \sum_{i=1}^{n} \widehat{\mu}_i^2$,

(b) $\displaystyle\sum_{i=1}^{n} (Y_i - \widehat{\mu}_i)^2 + \lambda \sum_{i=1}^{n} |\widehat{\mu}_i|$,

(c) $\displaystyle\sum_{i=1}^{n} (Y_i - \widehat{\mu}_i)^2 + \lambda \sum_{i=1}^{n} I(\widehat{\mu}_i = 0)$.

16. 表明一个 p 阶局部多项式光滑器重新产生 p 阶多项式.

17. 假定 $r : [0, 1] \to \mathbb{R}$ 满足下面的**Lipschitz**条件:

$$\sup_{0 \leqslant x \leqslant y \leqslant 1} |r(y) - r(x)| \leqslant L|y - x|, \tag{5.157}$$

这里, $L > 0$ 为已给的. 所有这样函数的类用 $\mathcal{F}_{\mathrm{lip}}(L)$ 表示. 如果 $r \in \mathcal{F}_{\mathrm{lip}}(L)$, 那么, 基于带宽 h 的核估计 $\widehat{r}_n$ 的最大偏倚是什么?

18. 在玻璃数据 (练习 3) 上, 实行分位数回归, 这里取 $\alpha = 1/2$.

19. 证明, 对于局部多项式光滑器的权重 $\ell_i(x)$ 对某个多项式

$$P_i(x) = \alpha_0 + \alpha_1(x_i - x) + \cdots + \alpha_p(x_i - x)^p,$$

满足

$$\ell_i(x) = K\left(\frac{x_i - x}{h}\right) P_i(x). \tag{5.158}$$

再者, 如果删除第 i 个观测值 (x_i, Y_i), 结果的权重满足 (5.32). 这样, 当把 (5.32) 作为缺一权重的定义时, 可以导出该权重的这个形式.

20. 假定对某光滑核 K, $\ell_i(x) = K((x - x_i)/h)$, 而且 x_i 是等距的. 如 (5.101) 那样定义 κ_0, 表明, 如果忽略边界效应,

$$\kappa_0 \approx \left(\frac{b - a}{h}\right) \frac{||K'||}{||K||},$$

这里, $||g||^2 = \displaystyle\int_a^b g^2(x) \mathrm{d}x$.

21. 表明如何为在 (5.143) 中给出的导数估计 $\widehat{r}^{(k)}$ 构造一个置信带. *提示: 注意, 估计是线性的, 并模仿对 $\widehat{r}_n(x)$ 的置信带的构造.*

22. 从本书网站下载空气质量数据集. 在模型中把臭氧当成阳光, 风, 温度的函数. 利用 (i) 多元局部线性回归; (ii) 投影寻踪; (iii) 适应回归; (iv) 回归树; (v) MARS. 比较结果.

23. 解释如何在可加模型中构造置信带. 把它应用于练习 22 的数据.

24. 令 $\widehat{r}_n(x_1, x_2) = \sum\limits_{i=1}^{n} Y_i \ell_i(x_1, x_2)$ 为一个多元回归函数 $r(x_1, x_2)$ 的一个线性估计. 假定想检验协变量 x_2 能够从回归中去掉的假设. 一种可能性是形成一个形为 $\widetilde{r}_n(x_1) = \sum\limits_{i=1}^{n} Y_i \widetilde{\ell}_i(x_1)$ 的线性估计, 而且计算

$$T = \sum_{i=1}^{n} [\widehat{r}_n(x_{1i}, x_{2i}) - \widetilde{r}_n(x_{1i})]^2.$$

(i) 假定真实模型为 $Y_i = r(x_{1i}) + \epsilon_i$, 这里, $\epsilon_i \sim N(0, \sigma^2)$. 为简单计, 把 σ 当成已知. 求关于 T 的分布的一个表达式.

(ii) 在 (i) 中的零分布依赖于未知函数 $r(x_1)$. 如何能估计该零分布.

(iii) 从 (i) 中的模型模拟产生数据 (使用任何喜欢的函数 $r(x_1)$), 并且看在 (ii) 中所建议的方法是否近似该零分布.

第6章 密度估计

令 F 为一个分布, 有概率密度 $f = F'$, 再令

$$X_1, \cdots, X_n \sim F$$

为一个来自 F 的一个 IID 样本. **非参数密度估计**(nonparametric density estimation)的目标就是在尽可能少的关于 f 的假定下来估计 f. 记这个估计为 $\widehat{f}_n$. 像非参数回归一样, 估计将依赖于光滑参数 h, 认真选择 h 是重要的.

6.1 例(Bart Simpson) 图 6.1 的上左小图显示了密度

$$f(x) = \frac{1}{2}\phi(x; 0, 1) + \frac{1}{10}\sum_{j=0}^{4}\phi(x; (j/2) - 1, 1/10), \tag{6.2}$$

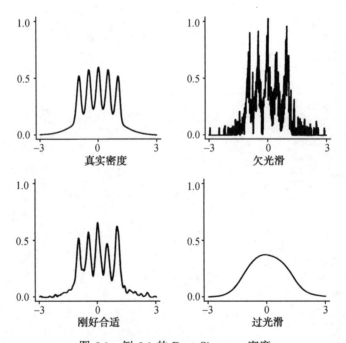

真实密度

欠光滑

刚好合适

过光滑

图 6.1 例 6.1 的 Bart Simpson 密度

上左: 真实密度. 其他图是基于抽取的 $n = 1000$ 个数据点的核估计. 下左: 基于缺一交叉验证选择的带宽 $h = 0.05$. 上右: 带宽为 $h/10$. 下右: 带宽 $10h$.

这里, $\phi(x; \mu, \sigma)$ 表示均值为 μ, 标准差为 σ 的正态密度. 虽然将称这个密度为 Bart Simpson 密度, Marron and Wand (1992) 称这个密度为 "爪 (the claw)". 基于从 f 抽取的 1000 个数据点, 计算了一个核密度估计; 这将会在本章晚些时候描述. 上右小图基于一个小的带宽 h, 它导致欠光滑. 下右小图基于一个大的带宽 h, 它导致过光滑. 下左小图是基于使估计的风险最小的带宽 h, 它导致一个合理得多的密度估计. ∎

6.1 交 叉 验 证

将按照风险, 或者积分的均方误差 $R = \mathbb{E}(L)$ 来评估一个估计 $\widehat{f}_n$ 的质量, 这里,

$$L = \int [\widehat{f}_n(x) - f(x)]^2 \mathrm{d}x$$

为积分的平方误差损失函数. 估计将依赖于某光滑参数 h; 将选择 h 以使风险的一个估计最小. 通常估计风险的方法是**缺一交叉验证**(leave-one-out cross-validation). 密度估计的细节是不同于回归的. 对于回归, 交叉验证得分定义为 $\sum_{i=1}^{n}[Y_i - \widehat{r}_{(-i)}(x_i)]^2$, 但在密度估计中, 没有响应变量 Y. 因而, 如下进行:

损失函数 (记为 h 的函数, 因为 $\widehat{f}_n$ 将依赖于某光滑参数 h) 为

$$L(h) = \int [\widehat{f}_n(x) - f(x)]^2 \mathrm{d}x$$

$$= \int \widehat{f}_n^2(x)\mathrm{d}x - 2\int \widehat{f}_n(x)f(x)\mathrm{d}x + \int f^2(x)\mathrm{d}x,$$

最后一项不依赖于 h, 因此使损失最小等价于使下式的期望值最小:

$$J(h) = \int \widehat{f}_n^2(x)\mathrm{d}x - 2\int \widehat{f}_n(x)f(x)\mathrm{d}x. \tag{6.3}$$

$\mathbb{E}(J(h))$ 称为风险, 虽然它与真正的风险差一项 $\int f^2(x)\mathrm{d}x$.

6.4 定义 **风险的交叉验证估计**(cross-validation estimator of risk) 为

$$\widehat{J}(h) = \int \left[\widehat{f}_n(x)\right]^2 \mathrm{d}x - \frac{2}{n}\sum_{i=1}^{n} \widehat{f}_{(-i)}(X_i), \tag{6.5}$$

这里, $\widehat{f}_{(-i)}$ 为在删去第 i 个观测之后得到的密度估计. 称 $\widehat{J}(h)$ 为交叉验证得分或估计的风险.

6.2 直 方 图

最简单的非参数密度估计恐怕就是直方图了. 假定 f 在某个区间有其支撑. 不失一般性, 把该区间取为 $[0,1]$. 令 m 为一个整数, **定义箱**(bin)

$$B_1 = \left[0, \frac{1}{m}\right), \quad B_2 = \left[\frac{1}{m}, \frac{2}{m}\right), \quad \cdots, \quad B_m = \left[\frac{m-1}{m}, 1\right]. \tag{6.6}$$

定义**带宽**(bandwidth)$h = 1/m$. 令 Y_i 为在 B_j 中的观测数目, 令 $\widehat{p}_j = Y_j/n$ 及 $p_j = \displaystyle\int_{B_j} f(u)\mathrm{d}u.$

直方图估计(histogram estimator)定义为

$$\widehat{f}_n(x) = \sum_{j=1}^{m} \frac{\widehat{p}_j}{h} I(x \in B_j). \tag{6.7}$$

为理解该估计的动机, 注意, 对于 $x \in B_j$ 及当 h 很小时,

$$\mathbb{E}(\widehat{f}_n(x)) = \frac{\mathbb{E}(\widehat{p}_j)}{h} = \frac{p_j}{h} = \frac{\displaystyle\int_{B_j} f(u)\mathrm{d}u}{h} \approx \frac{f(x)h}{h} = f(x).$$

6.8 例   图 6.2 显示了基于来自天文观测的 $n = 1266$ 个数据点的三个不同的

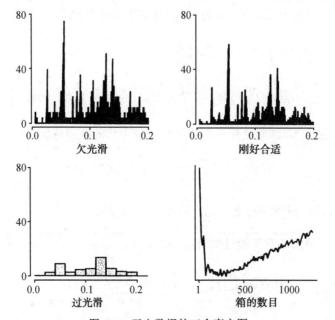

图 6.2   天文数据的三个直方图

上左直方图有太多的箱. 下左直方图有太少的箱. 上右直方图有 308 个箱 (由交叉验证选择). 下右表示了估计的风险对箱的数目的点图.

直方图. 它们是例 4.3 的数据. 每个点代表一个 "红移", 粗略地说, 这代表了一个星系离我们的距离. 选择合适数目的箱需要在偏倚和方差之间找到好的平衡. 后面将看到, 上左直方图有太多的箱, 造成欠光滑, 而且有太多的偏倚, 而下左直方图有太少的箱, 造成过光滑. 上右直方图基于 308 个箱 (由交叉验证选择). 该直方图揭示了星系存在着聚集. ■

6.9 定理　考虑固定的 x 和固定的 m, 并令 B_j 为包含 x 的箱. 那么,

$$\mathbb{E}(\widehat{f}_n(x)) = \frac{p_j}{h}, \quad \mathbb{V}(\widehat{f}_n(x)) = \frac{p_j(1-p_j)}{nh^2}. \tag{6.10}$$

6.11 定理　假定 f' 为绝对连续的, 而且 $\int (f'(u))^2 \mathrm{d}u < \infty$. 那么

$$R(\widehat{f}_n, f) = \frac{h^2}{12} \int [f'(u)]^2 \mathrm{d}u + \frac{1}{nh} + o(h^2) + o\left(\frac{1}{n}\right). \tag{6.12}$$

使得 (6.12) 最小的 h^* 值为

$$h^* = \frac{1}{n^{1/3}} \left\{ \frac{6}{\int [f'(u)]^2 \mathrm{d}u} \right\}^{1/3}. \tag{6.13}$$

以这样选择的带宽, 有

$$R(\widehat{f}_n, f) \sim \frac{C}{n^{2/3}}, \tag{6.14}$$

这里, $C = (3/4)^{2/3} \left\{ \int [f'(u)]^2 \mathrm{d}u \right\}^{1/3}$.

定理 6.11 的证明在附录中. 可以看到, 用一个最优选择的带宽, 风险以 $n^{-2/3}$ 的速率递减到 0. 一会将要看到, 核估计以较快的速率 $n^{-4/5}$ 收敛, 而且在某种意义上, 不可能再有更快的速度了, 参看定理 6.31. 关于最优带宽 h^* 的公式有理论意义, 但是在实践中并不好用, 因为它依赖于未知函数 f. 在实践中, 利用在 6.1 节中描述的交叉验证. 有一个简单的计算交叉验证得分 $\widehat{J}(h)$ 的公式.

6.15 定理　下面恒等式成立:

$$\widehat{J}(h) = \frac{2}{h(n-1)} - \frac{n+1}{h(n-1)} \sum_{j=1}^{m} \widehat{p}_j^2. \tag{6.16}$$

6.17 例　在天文例子使用交叉验证. 发现 $m = 308$ 是一个近似的最优值. 在图 6.2 的上右小图是用 $m = 308$ 个箱构造的. 下右小图显示了估计的风险, 或者更确切地说是 $\widehat{J}$, 对箱的数目的点图. ■

　　下面, 想要 f 的一个置信集. 假定 $\widehat{f}_n$ 为有 m 个箱的直方图, 而且带宽 $h = 1/m$. 由于在 5.7 节解释过的理由, 很难对 f 构造一个置信集. 因此, 将基于直方图的结果作出关于 f 的置信陈述. 这样, 定义

$$\overline{f}_n(x) = \mathbb{E}(\widehat{f}_n(x)) = \sum_{j=1}^{m} \frac{p_j}{h} I(x \in B_j), \tag{6.18}$$

这里, $p_j = \int_{B_j} f(u)\mathrm{d}u$. 把 $\overline{f}_n(x)$ 看成 f 的 "直方图化的" 形式. 回忆, 如果条件

$$\mathbb{P}(\ell(x) \leqslant \overline{f}_n(x) \leqslant u(x), \quad \text{对所有的 } x \text{ 成立}) \geqslant 1 - \alpha \tag{6.19}$$

成立, 则函数对 (ℓ, u) 是 $\overline{f}_n$ 的一个 $1 - \alpha$ 置信带. 可以像在 (5.100) 中那样的推理, 但选择较简单的路子.

　　6.20 定理　　令 $m = m(n)$ 为在直方图 $\widehat{f}_n$ 中的箱数. 假定, 当 $n \to \infty$ 时, $m(n) \to \infty$ 及 $m(n) \log n / n \to 0$. 定义

$$\ell_n(x) = \left(\max\left\{ \sqrt{\widehat{f}_n(x)} - c, 0 \right\} \right)^2,$$

$$u_n(x) = \left(\sqrt{\widehat{f}_n(x)} + c \right)^2, \tag{6.21}$$

这里,

$$c = \frac{z_{\alpha/(2m)}}{2} \sqrt{\frac{m}{n}}. \tag{6.22}$$

那么, $(\ell_n(x), u_n(x))$ 为 $\overline{f}_n$ 的一个近似的 $1 - \alpha$ 置信带.

　　证明　　这里是证明的一个概要. 由中心极限定理, 并假定 $1 - p_j \approx 1$, $\widehat{p}_j \approx N(p_j, p_j(1 - p_j)/n)$. 按照 delta 方法, $\sqrt{\widehat{p}_j} \approx N(\sqrt{p_j}, 1/(4n))$. 而且, 那些 $\sqrt{\widehat{p}_j}$ 为近似独立的. 因此,

$$2\sqrt{n} \left(\sqrt{\widehat{p}_j} - \sqrt{p_j} \right) \approx Z_j, \tag{6.23}$$

这里, $Z_1, \cdots, Z_m \sim N(0, 1)$. 令

$$A = \left\{ \ell_n(x) \leqslant \overline{f}_n(x) \leqslant u_n(x), \quad \text{对所有的 } x \text{ 成立} \right\}$$

$$= \left\{ \max_x \left| \sqrt{\widehat{f}_n(x)} - \sqrt{\overline{f}(x)} \right| \leqslant c \right\},$$

那么,

$$\mathbb{P}(A^c) = \mathbb{P}\left(\max_x \left| \sqrt{\widehat{f}_n(x)} - \sqrt{\overline{f}(x)} \right| > c \right)$$

$$= \mathbb{P}\left(\max_j 2\sqrt{n}\left|\sqrt{\widehat{p}_j} - \sqrt{p_j}\right| > z_{\alpha/(2m)}\right)$$

$$\approx \mathbb{P}\left(\max_j |Z_j| > z_{\alpha/(2m)}\right) \leqslant \sum_{j=1}^m \mathbb{P}\left(|Z_j| > z_{\alpha/(2m)}\right)$$

$$= \sum_{j=1}^m \frac{\alpha}{m} = \alpha. \qquad \blacksquare$$

6.24 例 图 6.3 显示了对天文数据的一个 95% 置信包络. 看到, 即使有 1000 个数据点, 关于 f 仍然有被很宽的带所反映的严重不确定性. ■

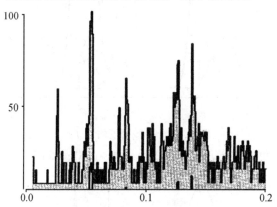

图 6.3 对天文数据的一个 95% 置信包络, 用了 $m = 308$ 个箱

6.3 核密度估计

直方图不光滑. 在这一节讨论核密度估计, 它要光滑些, 而且收敛到真实密度要快些. 回忆术语**核**为满足 (4.22) 所给条件的任意光滑函数 K. 关于核的例子, 见 4.2 节.

> **6.25 定义** 给定一个核 K 和一个称为**带宽**(bandwidth)的正数 h, **核密度估计**(kernel density estimator)定义为
>
> $$\widehat{f}_n(x) = \frac{1}{n}\sum_{i=1}^n \frac{1}{h}K\left(\frac{x - X_i}{h}\right). \qquad (6.26)$$

这等于在每个点 X_i 都放上光滑掉的一块大小为 $1/n$ 的质量, 见图 6.4.

与核回归一样, 对核 K 的选择并不重要, 但对带宽 h 的选择则是重要的. 图 6.5 显示了用几种不同带宽的密度估计 (和图 4.3 相同). 再看图 6.1. 可以看到 $\widehat{f}_n$ 对 h 的选择是何等敏感. 小的带宽给出很粗糙的估计, 而大的带宽给出较光滑的估计. 一般来说, 将令带宽依赖于样本量, 因此记 h_n. 下面是 $\widehat{f}_n$ 的一些性质.

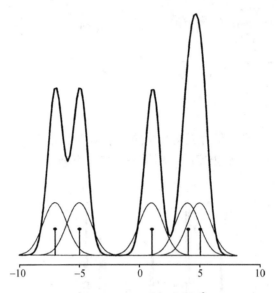

图 6.4   一个核密度估计 $\widehat{f}_n$

在每一点 x, $\widehat{f}_n(x)$ 为以数据点为中心的核的平均. 数据点由短竖直线表示. 这里核没有按比例画.

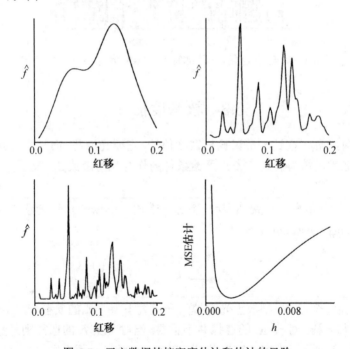

图 6.5   天文数据的核密度估计和估计的风险

上左: 过光滑. 上右: 刚好合适 (带宽由交叉验证选择). 下左: 欠光滑. 下右: 作为带宽 h 的函数的交叉验证曲线. 选择的带宽为曲线最低点的 h.

6.27 定理 假定 f 在 x 连续, 而且当 $n \to \infty$ 时, $h_n \to 0$ 及 $nh_n \to \infty$. 那么 $\widehat{f}_n(x) \xrightarrow{\text{P}} f(x)$.

6.28 定理 令 $R_x = \mathbb{E}(f(x) - \widehat{f}(x))^2$ 为在 x 点的风险, 并令 $R = \int R_x \mathrm{d}x$ 表示积分的风险. 假定 f'' 为绝对连续, 并且 $\int [f'''(x)]^2 \mathrm{d}x < \infty$, 还假定 K 满足 (4.22). 那么

$$R_x = \frac{1}{4}\sigma_K^4 h_n^4 [f''(x)]^2 + \frac{f(x)\int K^2(x)\mathrm{d}x}{nh_n} + O\left(\frac{1}{n}\right) + O(h_n^6),$$

及

$$R = \frac{1}{4}\sigma_K^4 h_n^4 \int [f''(x)]^2 \mathrm{d}x + \frac{\int K^2(x)\mathrm{d}x}{nh_n} + O\left(\frac{1}{n}\right) + O(h_n^6), \tag{6.29}$$

这里 $\sigma_K^2 = \int x^2 K(x)\mathrm{d}x$.

证明 记 $K_h(x, X) = h^{-1}K((x-X)/h)$ 及 $\widehat{f}_n(x) = n^{-1}\sum_i K_h(x, X_i)$. 这样, $\mathbb{E}[\widehat{f}_n(x)] = \mathbb{E}[K_h(x, X)]$ 及 $\mathbb{V}[\widehat{f}_n(x)] = n^{-1}\mathbb{V}[K_h(x, X)]$. 现在由于 $\int K(x)\mathrm{d}x = 1$ 及 $\int xK(x)\mathrm{d}x = 0$,

$$
\begin{aligned}
\mathbb{E}[K_h(x, X)] &= \int \frac{1}{h} K\left(\frac{x-t}{h}\right) f(t)\mathrm{d}t \\
&= \int K(u) f(x - hu)\mathrm{d}u \\
&= \int K(u)\left[f(x) - huf'(x) + \frac{h^2u^2}{2}f''(x) + \cdots\right]\mathrm{d}u \\
&= f(x) + \frac{1}{2}h^2 f''(x)\int u^2 K(u)\mathrm{d}u + \cdots.
\end{aligned}
$$

偏倚为

$$\mathbb{E}(K_{h_n}(x, X)) - f(x) = \frac{1}{2}\sigma_K^2 h_n^2 f''(x) + O(h_n^4).$$

由类似的计算得到,

$$\mathbb{V}[\widehat{f}_n(x)] = \frac{f(x)\int K^2(x)\mathrm{d}x}{nh_n} + O\left(\frac{1}{n}\right).$$

因为风险为平方偏倚加上方差, 这样就得到第一个结果. 第二个结果由第一个结果的积分得到. ∎

如果对 (6.29) 作关于 h 的微分, 并设它为 0, 看到, 渐近最优带宽为

$$h_* = \left[\frac{c_2}{c_1^2 A(f)n}\right]^{1/5}, \tag{6.30}$$

这里, $c_1 = \int x^2 K(x)\mathrm{d}x, c_2 = \int K(x)^2\mathrm{d}x$, 及 $A(f) = \int [f''(x)]^2\mathrm{d}x$. 这告诉我们下面的信息: 最好的带宽按照 $n^{-1/5}$ 的速率递减. 把 h_* 代入 (6.29), 可以看到, 如果利用最优带宽, 那么 $R = O(n^{-4/5})$. 正如已经看到的, 直方图按照速率 $O(n^{-2/3})$ 收敛表明在收敛率上, 核估计要优于直方图. 按照下面的定理, 不存在收敛速率快于 $O(n^{-4/5})$ 的估计了. 证明可参见 van der Vaart (1998) 的第 24 章.

6.31 定理 令 $\mathcal{F}$ 为所有概率密度函数的集合, 并令 $f^{(m)}$ 表示 f 的 m 阶导数. 定义

$$\mathcal{F}_m(c) = \left\{f \in \mathcal{F}: \int |f^{(m)}(x)|^2\mathrm{d}x \leqslant c^2\right\}.$$

对任意估计 $\widehat{f}_n$,

$$\sup_{f\in\mathcal{F}_m(c)} \mathbb{E}_f \int [\widehat{f}_n(x) - f(x)]^2\mathrm{d}x \geqslant b\left(\frac{1}{n}\right)^{2m/(2m+1)}, \tag{6.32}$$

这里, $b > 0$ 为一个仅仅依赖于 m 和 c 的普遍常数.

在上述定理中, 特别取 $m = 2$, 看到 $n^{-4/5}$ 是可能的最快速率.

在实践中, 能够用交叉验证来选择带宽, 但首先描述另外一种方法; 它有时用于 f 被认为非常光滑的情况. 具体地说, 在理想化的 f 为正态的假定下, 从 (6.30) 计算 h_*. 这得到 $h_* = 1.06\sigma\, n^{-1/5}$. 通常, σ 由 $\min\{s, Q/1.34\}$ 来估计, 这里 s 为样本标准差, 而 Q 为四分位数间距[①]. 如果真实密度是非常光滑的, 这样选择的 h_* 运作得很好, 它称为**正态参照规则**(normal reference rule).

正态参照规则

对于光滑密度和一个正态核, 利用带宽

$$h_n = \frac{1.06\widehat{\sigma}}{n^{1/5}},$$

这里,

$$\widehat{\sigma} = \min\left\{s, \frac{Q}{1.34}\right\}.$$

---

① 回忆, 四分位数间距为第 75 百分位点减去第 25 百分位点. 除以 1.34 的理由是: 如果数据来自 $N(\mu, \sigma^2)$, 那么 $Q/1.34$ 为 σ 的相合估计.

因为并不希望一定要假定 f 是非常光滑的, 通常最好用交叉验证来估计 h. 回忆 6.1 节, 交叉验证得分为

$$\widehat{J}(h) = \int \widehat{f}_n^2(x)\mathrm{d}x - \frac{2}{n}\sum_{i=1}^{n}\widehat{f}_{-i}(X_i), \qquad (6.33)$$

这里, $\widehat{f}_{-i}$ 表示由删除 X_i 而得到的核估计. 下面定理给出 $\widehat{J}$ 的一个较简单的表示.

6.34 定理   对于任意 $h > 0$,

$$\mathbb{E}\left(\widehat{J}(h)\right) = \mathbb{E}(J(h)).$$

而且,

$$\widehat{J}(h) = \frac{1}{hn^2}\sum_i\sum_j K^*\left(\frac{X_i - X_j}{h}\right) + \frac{2}{nh}K(0) + O\left(\frac{1}{n^2}\right), \qquad (6.35)$$

这里 $K^*(x) = K^{(2)}(x) - 2K(x)$, 而 $K^{(2)}(z) = \int K(z-y)K(y)\mathrm{d}y$.

6.36 说明   当 K 为一个 $N(0,1)$ 高斯核时, 那么 $K^{(2)}(z)$ 为 $N(0,2)$ 密度. 还将指出, 用快速 Fourier 变换能很快算出估计 $\widehat{f}_n$ 以及交叉验证得分 (6.35). 参看 Silverman (1986) 的 61~66 页.

对于交叉验证合理性的一个证明被下面出色的 Stone (1984) 定理给出.

6.37 定理(Stone 定理)   假定 f 是有界的. 令 $\widehat{f}_h$ 表示带宽为 h 的核估计, 并令 $\widehat{h}$ 表示由交叉验证选择的带宽. 那么,

$$\frac{\int \left[f(x) - \widehat{f}_{\widehat{h}}(x)\right]^2 \mathrm{d}x}{\inf_h \int \left[f(x) - \widehat{f}_h(x)\right]^2 \mathrm{d}x} \xrightarrow{\text{a.s.}} 1. \qquad (6.38)$$

图 6.5 的右上图的密度估计所用的带宽是基于交叉验证的. 在这个例子, 它运行得很好, 但是, 自然有很多有问题的例子. 用不着假定, 如果估计 $\widehat{f}$ 为波动的, 那么交叉验证会使你失望. 眼睛不是判断风险的好法官.

另一个选择带宽的方法是**插入带宽**(plug-in bandwidth). 其思想如下. 方程 (6.30) 给出了 (渐近) 最优带宽. 在公式中的仅有的未知量是 $A(f) = \int [f''(x)]^2\mathrm{d}x$. 如果有 f'' 的一个估计 $\widehat{f}''$, 那么能把这个估计插入公式来求最优带宽 h_*. 关于这个及其他类似的方法, 有大量有意思的文献. 这个方法的问题在于, 估计 f'' 比估计 f 要难的多. 实际上, 需要对 f 作较强的假定来估计 f''. 但是, 如果作了这些强假定, 那么, (通常的) 对 f 的核估计就不合适了. Loader (1999b) 详细地研究了这个问题, 而且提供了证据, 表明插入带宽方法可能是不可靠的. 还有些方法对插入规则做了修正. 参见 Hjort (1999).

核方法的一个推广是**适应性核**(adaptive kernel), 它对于每个点 x, 使用不同的带宽 $h(x)$. 人们还能用不同的带宽 $h(x_i)$ 于每个数据点. 这使得估计更加灵活, 而且允许其适应于光滑性变化的区域. 但是, 选择许多带宽而不仅仅是一个, 使得现在有了非常困难的课题. 更多的关于适应性方法的内容, 请看第 8 章.

对于核估计构造置信带比回归更复杂. 在 6.6 节讨论一种可能的方法.

6.4　局部多项式

在第 5 章, 可以看到核回归承受着边界偏倚的问题, 而且可以利用局部多项式来减轻这种偏倚. 这对核密度估计也是一样. 但是, 什么密度估计方法相应于局部多项式回归呢? 由 Loader (1999a) 与 Hjort and Jones (1996) 发展的一种可能性就是利用局部似然密度估计.

对数似然的通常定义为 $\mathcal{L}(f) = \sum_{i=1}^{n} \log f(X_i)$, 把这个定义做如下推广是很方便的:

$$\mathcal{L}(f) = \sum_{i=1}^{n} \log f(X_i) - n\left[\int f(u)\mathrm{d}u - 1\right].$$

当 f 积分为 1 时, 第二项为零. 包括了这一项使得能够在 $\int f(u)\mathrm{d}u = 1$ 的限制下, 在所有非负的 f 范围中把 $\mathcal{L}(f)$ 最大化. 下面是局部对数似然.

6.39 定义　给定一个核 K 及带宽 h, 在目标值 x 处的局部对数似然为

$$\mathcal{L}_x = \sum_{i=1}^{n} K\left(\frac{X_i - x}{h}\right)\log f(X_i) - n\int K\left(\frac{u - x}{h}\right)f(u)\mathrm{d}u. \qquad (6.40)$$

上面定义是对一个任意的密度 f 的. 感兴趣于用在 x 邻域的一个多项式来近似 $\log f(u)$. 于是, 记

$$\log f(u) \approx P_x(a, u), \qquad (6.41)$$

这里,

$$P_x(a, u) = a_0 + a_1(x - u) + \cdots + a_p\frac{(x - u)^p}{p!}. \qquad (6.42)$$

把 (6.41) 代入 (6.40) 得到**局部多项式对数似然**(local polynomial log-likelihood)

$$\mathcal{L}_x(a) = \sum_{i=1}^{n} K\left(\frac{X_i - x}{h}\right)P_x(a, X_i) - n\int K\left(\frac{u - x}{h}\right)\mathrm{e}^{P_x(a, u)}\mathrm{d}u. \qquad (6.43)$$

6.44 定义 令 $\widehat{a} = (\widehat{a}_0, \cdots, \widehat{a}_p)^{\mathrm{T}}$ 使 $\mathcal{L}_x(a)$ 最大. **局部似然密度估计**(local likelihood density estimate) 为

$$\widehat{f}_n(x) = \mathrm{e}^{P_x(\widehat{a}, x)} = \mathrm{e}^{\widehat{a}_0}. \tag{6.45}$$

6.46 说明 当 $p = 0$ 时, $\widehat{f}_n$ 就化简为核密度估计.

6.5 多元问题

现在假定数据是 d 维的, 则 $X_i = (X_{i1}, \cdots, X_{id})$. 正如在前两章所讨论的, 虽然维数诅咒意味着估计的精确度随着维数增长而迅速恶化, 在理论上很容易把这个方法推广到高维.

核估计能够容易地推广到 d 维. 最经常地, 利用乘积核

$$\widehat{f}_n(x) = \frac{1}{nh_1 \cdots h_d} \sum_{i=1}^{n} \left\{ \prod_{j=1}^{d} K\left(\frac{x_j - X_{ij}}{h_j}\right) \right\}. \tag{6.47}$$

风险为

$$R \approx \frac{1}{4}\sigma_K^4 \left[\sum_{j=1}^{d} h_j^4 \int f_{jj}^2(x)\mathrm{d}x + \sum_{j \neq k} h_j^2 h_k^2 \int f_{jj} f_{kk} \mathrm{d}x \right] + \frac{\left[\int K^2(x)\mathrm{d}x \right]^d}{nh_1 \cdots h_d}, \tag{6.48}$$

这里, f_{jj} 为 f 的二阶偏导数. 最优带宽满足 $h_i = O(n^{-1/(4+d)})$, 它导致阶数为 $R = O(n^{-4/(4+d)})$ 的风险. 再一次看到风险随着维数而迅速增加. 为了领会到这个问题有多么严重, 考虑下面的由 Silverman (1986) 给出的表, 它显示了当密度是多元正态, 而且选取了最优带宽时, 要确保一个相对均方误差在 0 点处小于 0.1 所需要的样本量.

维数	样本量
1	4
2	19
3	67
4	223
5	768
6	2790
7	10700
8	43700
9	187000
10	842000

这是一个坏消息. 如果企图去估计一个高维问题的密度, 在没有报告置信带时, 不应该报告结果. 虽然不在这里谈论细节, 在 6.6 节所描述的置信带方法能够推广到多元情况. 这些置信带随着 d 的增加而变得非常宽. 问题不在于估计方法, 而在于宽的置信带反映了问题的困难性.

6.6 把密度估计转换成回归

把一个密度估计问题转换成一个回归问题有一个有用的技巧. 这样, 可以利用前面章节的所有回归方法. 这个技巧不是新的, 只是 Nussbaum(1996a) 和 Brown et al. (2005) 最近把它严格化了. 转换到了回归, 就能使用在前面章中发展的工具, 包括构造置信带的方法.

假定 $X_1, \cdots, X_n \sim F$, 密度 $f = F'$. 为简单计, 假定数据在 $[0,1]$ 区间上. 把 $[0,1]$ 区间分成 k 个相等的箱, 这里 $k \approx n/10$. 定义

$$Y_j = \sqrt{\frac{k}{n}} \times \sqrt{N_j + \frac{1}{4}}, \tag{6.49}$$

这里, N_j 为在第 j 个箱中的观测值数目. 那么,

$$Y_j \approx r(t_j) + \sigma\epsilon_j, \tag{6.50}$$

这里 $\epsilon_j \sim N(0,1), \sigma = \sqrt{\frac{k}{4n}}, r(x) = \sqrt{f(x)}$, 而 t_j 是第 j 个箱的中点. 为了看为什么, 令 B_j 表示第 j 个箱, 并注意

$$N_j \approx \text{Poisson}\left(n\int_{B_j} f(x)\mathrm{d}x\right) \approx \text{Poisson}\left(\frac{nf(t_j)}{k}\right).$$

因而 $\mathbb{E}(N_j) = V(N_j) \approx nf(t_j)/k$. 应用 delta 方法, 看到 $\mathbb{E}(Y_j) \approx \sqrt{f(t_j)}$ 及 $\mathbb{V}(Y_j) \approx k/(4n)$.

已经把密度估计问题转换成有等空间 x_i 和常数方差的非参数回归问题. 现在能够应用任何非参数回归方法来得到一个估计 $\widehat{r}_n$, 并且取

$$\widehat{f}_n(x) = \frac{[r^+(x)]^2}{\displaystyle\int_0^1 [r^+(s)]^2\mathrm{d}s},$$

这里, $r^+(x) = \max\{\widehat{r}_n(x), 0\}$. 在实践中, 能像第 5 章那样构造置信带. 重要的是注意到把区间分箱并不是一个光滑的步骤, 它只是用来把密度估计转换成回归.

6.51 例   图 6.6 显示了这个方法对来自 Bart Simpson 分布的数据的应用. 上面的小图显示了交叉验证得分. 下面的小图显示了估计的密度和 95% 置信带.   ∎

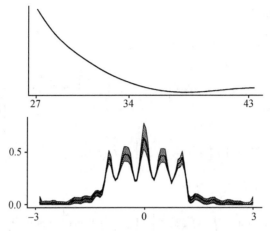

图 6.6 由回归做的密度估计

数据分到箱, 并利用核估计于计数的平方根. 上面的图显示了利用有效自由度得到的交叉验证得分. 下面的图显示了估计和 95% 置信包络. 参见例 6.51.

6.7 文 献 说 明

核光滑是 Rosenblatt (1956) 和 Parzen (1962) 发明的. 交叉验证方法源于 Rudemo (1982). 关于密度估计的非常好的两本书是 Scott (1992) 和 Silverman (1986). 关于一个称为**尺度空间方法**(scale-space approach) 的不同方法, 请参看 Chaudhuri and Marron (1999) 与 Chaudhuri and Marron (2000).

6.8 附 录

定理 6.11 的证明 对于任意 $x, u \in B_j$, 及对某个在 x 和 u 之间的 $\widetilde{x}$,

$$f(u) = f(x) + (u-x)f'(x) + \frac{(u-x)^2}{2}f''(\widetilde{x}).$$

因此,

$$p_j = \int_{B_j} f(u)\mathrm{d}u = \int_{B_j} \left[f(x) + (u-x)f'(x) + \frac{(u-x)^2}{2}f''(\widetilde{x}) \right] \mathrm{d}u$$

$$= f(x)h + hf'(x)\left[h\left(j - \frac{1}{2}\right) - x \right] + O(h^3).$$

因此, $b(x)$ 的偏倚为

$$b(x) = \mathbb{E}(\widehat{f}_n(x)) - f(x) = \frac{p_j}{h} - f(x)$$

$$= \frac{f(x)h + hf'(x)\left[h\left(j - \frac{1}{2}\right) - x\right] + O(h^3)}{h} - f(x)$$

$$= f'(x)\left[h\left(j - \frac{1}{2}\right) - x\right] + O(h^2).$$

根据中值定理, 有: 对某 $\widetilde{x}_j \in B_j$,

$$\int_{B_j} b^2(x)\mathrm{d}x = \int_{B_j} [f'(x)]^2 \left[h\left(j - \frac{1}{2}\right) - x\right]^2 \mathrm{d}x + O(h^4)$$

$$= [f'(\widetilde{x}_j)]^2 \int_{B_j} \left[h\left(j - \frac{1}{2}\right) - x\right]^2 \mathrm{d}x + O(h^4)$$

$$= [f'(\widetilde{x}_j)]^2 \frac{h^3}{12} + O(h^4).$$

因此,

$$\int_0^1 b^2(x)\mathrm{d}x = \sum_{j=1}^m \int_{B_j} b^2(x)\mathrm{d}x + O(h^3)$$

$$= \sum_{j=1}^m [f'(\widetilde{x}_j)]^2 \frac{h^3}{12} + O(h^3)$$

$$= \frac{h^2}{12} \sum_{j=1}^m h[f'(\widetilde{x}_j)]^2 + O(h^3)$$

$$= \frac{h^2}{12} \int_0^1 [f'(x)]^2 \mathrm{d}x + O(h^2).①$$

现在考虑方差. 由中值定理, 对某个 $x_j \in B_j$, $p_j = \int_{B_j} f(x)\mathrm{d}x = hf(x_j)$. 因此, 以 $v(x) = \mathbb{V}(\widehat{f}_n(x))$,

$$\int_0^1 v(x)\mathrm{d}x = \sum_{j=1}^m \int_{B_j} v(x)\mathrm{d}x = \sum_{j=1}^m \frac{p_j(1 - p_j)}{nh^2}②$$

---

① 原书 $o(h^2)$ —— 译者注.

② 原书 $\int_0^1 v(x)\mathrm{d}x = \cdots = \sum_{j=1}^m \int_{B_i} \frac{p_j(1-p_j)}{nh^2}$ —— 译者注.

$$= \frac{1}{nh^2} \sum_{j=1}^m p_j - \frac{1}{nh^2} \sum_{j=1}^m p_j^2 = \frac{1}{nh} - \frac{1}{nh} \sum_{j=1}^m p_j^2$$

$$= \frac{1}{nh} - \frac{1}{nh} \sum_{j=1}^m h^2 f^2(x_j) = \frac{1}{nh} - \frac{1}{n} \sum_{j=1}^m h f^2(x_j)$$

$$= \frac{1}{nh} - \frac{1}{n} \left[\int_0^1 f^2(x) \mathrm{d}x + o(1) \right] = \frac{1}{nh} + o\left(\frac{1}{n}\right). \qquad \blacksquare$$

6.9 练 习

1. 证明定理 6.27.

2. 令 $X_1, \cdots, X_n \sim f$, 并令 $\widehat{f}_n$ 为利用 boxcar 核

$$K(x) = \begin{cases} 1, & -\frac{1}{2} < x < \frac{1}{2}, \\ 0, & \text{其他} \end{cases}$$

所得到的核密度估计.

(a) 表明

$$\mathbb{E}(\widehat{f}(x)) = \frac{1}{h} \int_{x-(h/2)}^{x+(h/2)} f(y) \mathrm{d}y$$

及

$$\mathbb{V}(\widehat{f}(x)) = \frac{1}{nh^2} \left\{ \int_{x-(h/2)}^{x+(h/2)} f(y) \mathrm{d}y - \left[\int_{x-(h/2)}^{x+(h/2)} f(y) \mathrm{d}y \right]^2 \right\}.$$

(b) 表明, 如果当 $n \to \infty$ 时, $h \to 0$ 及 $nh \to \infty$, 那么 $\widehat{f}_n(x) \xrightarrow{\mathrm{P}} f(x)$.

3. 证明, 对于直方图和核密度估计, $\widehat{J}(h)$ 为 $J(h)$ 的一个无偏估计.

4. 证明方程 6.35.

5. 60 个公司的执行总裁的工资数据可在下面网站得到:

http://lib.stat.cmu.edu/DASL/Datafiles/ceodat/html.
利用直方图和核密度估计研究该工资分布. 利用最小二乘交叉验证来选择光滑程度. 再考虑正态参照规则来选择核的带宽. 该密度看来有若干突起. 它们是真的吗? 利用置信带来对付这个问题. 最后, 试用各种形状的核, 并对得到的结果作出评论.

6. 从本书网站得到法律工作中收集的玻璃碎片数据. 使用直方图和核密度估计来估计第一个变量 (折射指数) 的密度. 利用交叉验证来选择光滑程度. 用不同的箱宽和带宽来做试验. 对相似点和不同点作出评论. 为你的估计构造 95% 置信带. 对于核, 用不同形状的核做试验.

7. 考虑练习 6 的数据. 研究作为带宽 h 的函数的拟合. 为此作出对许多 h 值的拟合图. 对所有拟合加上置信带. 如果你感觉有雄心, 读 Chaudhuri and Marron (1999), 并应用该方法.

8. 证明, 当多项式的阶数 $p = 0$ 时, 局部似然密度估计化简为核密度估计.

9. 对练习 6 的数据应用局部多项式密度估计.

10. 从 Bart Simpson 分布 (6.2) 产生数据. 比较核密度估计与 6.6 节的方法. 试用下面的样本量: $n = 25, 50, 100, 1000$.

第 7 章　正态均值和最小最大理论

本章将讨论**许多正态均值问题**(many normal means problem), 它统一了某些非参数问题, 并且将成为后面两章方法的基础. 本章的内容比本书其他章更理论. 如果不感兴趣于这些理论细节, 建议读 7.1~7.3 节, 然后跳到下一章; 如果需要的话, 再回头看. 如果你需要这方面更详细的内容, 推荐 Johnstone(2003).

7.1　正态均值模型

令 $\boldsymbol{Z}^n = (Z_1, \cdots, Z_n)$, 这里,

$$Z_i = \theta_i + \sigma_n \epsilon_i, \quad i = 1, \cdots, n, \tag{7.1}$$

而且 $\epsilon_1, \cdots, \epsilon_n$ 为独立 $N(0,1)$ 随机变量,

$$\boldsymbol{\theta}^n = (\theta_1, \cdots, \theta_n) \in \mathbb{R}^n$$

是一个未知参数向量, 而 σ_n 假定是已知的. 通常 $\sigma_n = \sigma/\sqrt{n}$, 但除非特别注明, 将不做此假定. 有时, 把 $\boldsymbol{Z}^n$ 和 $\boldsymbol{\theta}^n$ 记为 $\boldsymbol{Z}$ 和 $\boldsymbol{\theta}$. 该模型看起来可能像是参数的, 但是参数的数目随着数据点数目增加而以同样速率增长. 这个模型具有一个非参数问题的所有复杂性与微妙性. 还将考虑该模型的一个无穷维形式:

$$Z_i = \theta_i + \sigma_n \epsilon_i, \quad i = 1, 2, \cdots, \tag{7.2}$$

这里, 未知参数现在是 $\boldsymbol{\theta} = (\theta_1, \theta_2, \cdots)$.

本章将始终把 σ_n^2 看成已知的. 在实践中, 将需要利用第 5 章的方法估计这个方差. 在这种情况, 后面的精确结果可能不再成立, 但是, 在适当的光滑条件下, 这些结果的渐近形式将会成立.

7.3 例　为了提供该模型的某些直观, 假定有数据 $X_{ij} = \theta_i + \sigma \delta_{ij}$, 这里, $1 \leqslant i, j \leqslant n$, 而 δ_{ij} 是独立 $N(0,1)$ 随机变量. 这恰为一个单因子方差分析模型, 见图 7.1. 令 $Z_i = n^{-1} \sum_{j=1}^{n} X_{ij}$. 那么, 具有 $\sigma_n = \sigma/\sqrt{n}$ 假定的模型 (7.1) 成立. 如在图 7.1 中有无穷多列 (但还是 n 行), 那么就得到无穷形式 (7.2). ■

已给估计 $\widehat{\boldsymbol{\theta}}^n = (\widehat{\theta}_1, \cdots, \widehat{\theta}_n)$, 将用平方误差损失

$$L(\widehat{\boldsymbol{\theta}}^n, \boldsymbol{\theta}^n) = \sum_{i=1}^{n} (\widehat{\theta}_i - \theta_i)^2 = ||\widehat{\boldsymbol{\theta}}^n - \boldsymbol{\theta}^n||^2,$$

	θ_1	θ_2	$\cdots$	θ_i	$\cdots$	θ_n
	X_{11}	X_{21}	$\cdots$	X_{i1}	$\cdots$	X_{n1}
	$\vdots$	$\vdots$		$\vdots$		$\vdots$
	X_{1j}	X_{2j}	$\cdots$	X_{ij}	$\cdots$	X_{nj}
	$\vdots$	$\vdots$		$\vdots$		$\vdots$
	X_{1n}	X_{2n}	$\cdots$	X_{in}	$\cdots$	X_{nn}
	Z_1	Z_2	$\cdots$	Z_i	$\cdots$	Z_n

图 7.1 正态均值模型

$X_{ij} = \theta_i + N(0, \sigma^2)$ 及 $Z_i = n^{-1} \sum_{j=1}^{n} X_{ij} = \theta_i + \sigma_n \epsilon_i$, 这里 $\sigma_n = \sigma/\sqrt{n}$. 由 n 个列均值 $Z_1, \cdots, Z_n$ 来估计参数 $\theta_1, \cdots, \theta_n$ 导致了具有 $\sigma_n = \sigma/\sqrt{n}$ 假定的模型 (7.1).

及风险函数

$$R(\widehat{\boldsymbol{\theta}}^n, \boldsymbol{\theta}^n) = \mathbb{E}_\theta(L(\widehat{\boldsymbol{\theta}}^n, \boldsymbol{\theta}^n)) = \sum_{i=1}^{n} \mathbb{E}_\theta(\widehat{\theta}_i - \theta_i)^2.$$

对 $\boldsymbol{\theta}^n$ 的估计的一个明显选择为 $\widehat{\boldsymbol{\theta}}^n = \boldsymbol{Z}^n$. 这个估计有令人印象深刻的各种 "头衔": 它是最大似然估计, 它是最小方差无偏估计, 而且它是在平坦先验分布时的贝叶斯估计. 然而, 它是一个很差的估计. 它的风险为

$$R(Z^n, \theta^n) = \sum_{i=1}^{n} \mathbb{E}_\theta(Z_i - \theta_i)^2 = \sum_{i=1}^{n} \sigma_n^2 = n\sigma_n^2.$$

下面将看到, 有许多具有本质上更小风险的估计.

在解释如何在 MLE 上作改进时, 首先看正态均值问题如何与非参数回归和密度估计问题相关联. 为此, 需要关于函数空间的某些理论.

7.2 函数空间

令 $L_2(a, b)$ 表示下面函数的集合: $f : [a, b] \to \mathbb{R}$, 满足 $\int_a^b f^2(x)\mathrm{d}x < \infty$. 除非另外说明, 假定 $a = 0$ 及 $b = 1$. 两个在 $L_2(a, b)$ 中的函数 f 和 g 之间的**内积**(inner product)定义为 $\int_a^b f(x)g(x)\mathrm{d}x$, 而 f 的**范数**(norm)为 $||f|| = \sqrt{\int_a^b f^2(x)\mathrm{d}x}$. 考虑一个函数序列 $\phi_1, \phi_2, \cdots$, 如果对于所有的 j, $||\phi_j|| = 1$(标准化), 而且对于 $i \neq j$, $\int_a^b \phi_i(x)\phi_j(x)g(x)\mathrm{d}x = 0$(正交), 该序列则称为**标准正交的**(orthonormal). 在一个序列中, 如果仅有的与每个 ϕ_i 都正交的函数为零函数, 那么该序列称为**完全的**(complete). 一个完全的, 标准正交的函数集合形成一个**基**(basis), 这意味着, 如果 $f \in L_2(a, b)$, 那么 f 能够在这个基上展开.

7.4 定理　　如果 $f \in L_2(a,b)$, 那么[①]

$$f(x) = \sum_{j=1}^{\infty} \theta_j \phi_j(x), \tag{7.5}$$

这里,

$$\theta_j = \int_a^b f(x)\phi_j(x)\mathrm{d}x. \tag{7.6}$$

再者,

$$\int_a^b f^2(x)\mathrm{d}x = \sum_{j=1}^{\infty} \theta_j^2, \tag{7.7}$$

它被称为**Parseval 恒等式**(Parseval's identity).

$L_2(0,1)$ 的标准正交基的一个例子为**余弦基**(cosine basis)

$$\phi_0(x) = 1, \ \phi_j(x) = \sqrt{2}\cos(2\pi j x), \quad j = 1, 2, \cdots.$$

另一个例子为定义在 $(-1,1)$ 上的**Legendre 基**:

$$P_0(x) = 1, \quad P_1(x) = x, \quad P_2(x) = \frac{1}{2}(3x^2 - 1), \quad P_3(x) = \frac{1}{2}(5x^3 - 3x), \cdots.$$

这些多项式被下式定义:

$$P_n(x) = \frac{1}{2^n n!} \frac{\mathrm{d}^n}{\mathrm{d}x^n}(x^2 - 1)^n.$$

Legendre 多项式是正交的, 但不是标准正交的, 这是因为

$$\int_{-1}^{1} P_n^2(x)\mathrm{d}x = \frac{2}{2n+1}.$$

然而, 能够定义改进的 Legendre 多项式 $Q_n(x) = \sqrt{(2n+1)/2} P_n(x)$, 它形成了 $L_2(-1,1)$ 的一个标准正交基.

　　下面引入 Sobolev 空间, 它是一个光滑函数的集合. 令 $\mathrm{D}^j f$ 表示 f 的第 j 个弱导数[②].

---

① (7.5) 中的等号意味着, 当 $N \to \infty$ 时, $\int_a^b [f(x) - f_N(x)]^2 \mathrm{d}x \to 0$, 这里, $f_N = \sum_{j=1}^{N} \theta_j \phi_j(x)$.

② 弱导数定义在附录中.

7.8 定义 **m 阶 Sobolev 空间**(Sobolev space of order m) 定义为

$$W(m) = \{f \in L_2(0,1) : \mathrm{D}^m f \in L_2(0,1)\}.$$

m 阶及半径为 c 的 Sobolev 空间(Sobolev space of order m and radius c) 定义为

$$W(m,c) = \{f : f \in W(m), \|\mathrm{D}^m f\|^2 \leqslant c^2\}.$$

周期 Sobolev 类(periodic Sobolev class)定义为

$$\widetilde{W}(m,c) = \{f \in W(m,c) : \mathrm{D}^j f(0) = \mathrm{D}^j f(1), \ j = 0, \cdots, m-1\}.$$

一个**椭球**(ellipsoid)为有下面形式的一个集合:

$$\Theta = \left\{\theta : \sum_{j=1}^{\infty} a_j^2 \theta_j^2 \leqslant c^2\right\}, \tag{7.9}$$

这里, a_j 为一个数列, 使得当 $j \to \infty$ 时, $a_j \to \infty$.

7.10 定义 如果 Θ 为一个椭球, 而且如果当 $j \to \infty$ 时, $a_j^2 \sim (\pi j)^{2m}$, 称 Θ 为一个**Sobolev 椭球**(Sobolev ellipsoid)或者一个**Sobolev 体**(Sobolev body), 用 $\Theta(m,c)$ 表示.

现在把 Sobolev 空间和 Sobolev 椭球联系起来.

7.11 定理 令 $\{\phi_j, j = 0, 1, \cdots\}$ 为**Fourier 基**(Fourier basis):

$$\phi_1(x) = 1, \ \phi_{2j} = \frac{1}{\sqrt{2}}\cos(2j\pi x), \ \phi_{2j+1} = \frac{1}{\sqrt{2}}\sin(2j\pi x), \quad j = 1, 2, \cdots,$$

那么,

$$\widetilde{W}(m,c) = \left\{f : f = \sum_{j=1}^{\infty} \theta_j \phi_j, \ \sum_{j=1}^{\infty} a_j^2 \theta_j^2 \leqslant c^2\right\}, \tag{7.12}$$

这里, 当 j 为偶数时, $a_j = (\pi j)^m$, 而当 j 为奇数时, $a_j = (\pi(j-1))^m$.

这样, 一个 Sobolev 空间相应于一个 $a_j \sim (\pi j)^{2m}$ 的 Sobolev 椭球. 虽然细节非常复杂, 但还是有可能把 $W(m,c)$ 类与一个椭球联系起来. 参见 Nussbaum (1985).

在 Sobolev 空间中, 当 j 大时, 光滑函数有小的系数 θ_j, 否则, $\sum_j \theta_j^2 (\pi j)^{2m}$ 将会爆开. 这样, 为了光滑一个函数, 把 θ_j 收缩到零. 因此,

使 f 光滑相应于对于大的 j 把 θ_j 收缩到零.

Sobolev 空间的一个推广是**Besov 空间**. 它包括了 Sobolev 空间作为一个特例, 但是它还包括了较不光滑的函数. 把关于 Besov 空间的讨论延后到第 9 章.

7.3　联系到回归和密度估计

考虑非参数回归模型

$$Y_i = f(i/n) + \sigma\epsilon_i, \quad i = 1, \cdots, n, \tag{7.13}$$

这里, $\epsilon_i \sim N(0,1)$, σ 为已知的, 而且 $f \in L_2(0,1)$. 令 $\phi_1, \phi_2, \cdots$ 为一个标准正交基, 并记 $f(x) = \sum\limits_{j=1}^{\infty} \theta_j \phi_j(x)$, 这里, $\theta_j = \int f(x)\phi_j(x)\mathrm{d}x$. 首先, 用有穷序列 $f(x) \approx \sum\limits_{j=1}^{n} \theta_j \phi_j(x)$ 来近似 f. 现在, 对 $j = 1, \cdots, n$ 定义

$$Z_j = \frac{1}{n}\sum_{i=1}^{n} Y_i \phi_j(i/n). \tag{7.14}$$

因为随机变量 Z_j 是正态变量的一个线性组合, 因此 Z_j 有正态分布. Z_j 的均值为

$$\mathbb{E}(Z_j) = \frac{1}{n}\sum_{i=1}^{n}\mathbb{E}(Y_i)\phi_j(i/n) = \frac{1}{n}\sum_{i=1}^{n}f(i/n)\phi_j(i/n)$$
$$\approx \int f(x)\phi_j(x)\mathrm{d}x = \theta_j.$$

方差为

$$\mathbb{V}(Z_j) = \frac{1}{n^2}\sum_{i=1}^{n}\mathbb{V}(Y_i)\phi_j^2(i/n) = \frac{\sigma^2}{n}\frac{1}{n}\sum_{i=1}^{n}\phi_j^2(i/n)$$
$$\approx \frac{\sigma^2}{n}\int \phi_j^2(x)\mathrm{d}x = \frac{\sigma^2}{n} \equiv \sigma_n^2.$$

一个类似的计算表明 $\mathrm{Cov}(Z_j, Z_k) \approx 0$. 结论为: Z_j 为近似独立的, 而且

$$Z_j \sim N(\theta_j, \sigma_n^2), \quad \sigma_n^2 = \frac{\sigma^2}{n}. \tag{7.15}$$

已经把估计 f 的问题转换成估计 n 个正态随机变量均值的问题, 正如在具有 $\sigma_n^2 = \sigma^2/n$ 的 (7.1) 那样. 另外, 关于 f 的平方误差损失相应于关于 θ 的平方误差损失. 理由如下: 由 Parseval 恒等式, 如果 $\widehat{f}_n(x) = \sum\limits_{j=1}^{\infty}\widehat{\theta}_j\phi_j(x)$, 那么,

$$\|\widehat{f}_n - f\|^2 = \int \left[\widehat{f}_n(x) - f(x)\right]^2 \mathrm{d}x = \sum_{j=1}^{\infty}(\widehat{\theta}_j - \theta_j)^2 = \|\widehat{\boldsymbol{\theta}} - \boldsymbol{\theta}\|^2, \tag{7.16}$$

这里 $\|\boldsymbol{\theta}\| = \sqrt{\sum_j \theta_j^2}$.

实际上, 其他诸如密度估计等非参数问题也能够和正态均值问题联系起来. 关于密度估计的问题, 密度的平方根成为白噪声的问题. 在这个意义上, 许多正态均值问题作为一个统一性框架服务于许多非参数模型. 关于细节, 请参见 Nussbaum (1996a), Claeskens and Hjort (2004) 及附录.

7.4 Stein 无偏风险估计 (SURE)

令 $\widehat{\boldsymbol{\theta}}$ 为 θ 的一个估计. 能作出关于 $\widehat{\theta}$ 的风险的估计将是十分有用的. 在前面的章中, 利用交叉验证来估计风险. 在目前的情况, 有源于 Stein (1981) 的一个更加雅致的方法来估计风险, 即所谓的**Stein 无偏风险估计**(Stein's unbiased risk estimator, SURE).

7.17 定理(Stein)   令 $Z \sim N_n(\theta, \boldsymbol{V}), \widehat{\theta} = \widehat{\theta}(Z)$ 为 θ 的一个估计, 并令 $g(Z_1, \cdots, Z_n) = \widehat{\theta} - Z$. 注意, g 把 $\mathbb{R}^n$ 投影到 $\mathbb{R}^n$. 定义

$$\widehat{R}(z) = \mathrm{tr}(\boldsymbol{V}) + 2\mathrm{tr}(\boldsymbol{V}\boldsymbol{D}) + \sum_i g_i^2(z), \tag{7.18}$$

这里, tr 表示一个矩阵的迹, $g_i = \widehat{\theta}_i - Z_i$, 而且 $\boldsymbol{D}$ 的第 (i,j) 个元素为 $g(z_1, \cdots, z_n)$ 的第 i 个元素关于 z_j 的偏导数. 如果 g 为弱可微的[①], 那么,

$$\mathbb{E}_\theta(\widehat{R}(Z)) = R(\theta, \widehat{\theta}).$$

如果对模型 (7.1) 应用定理 7.17, 得到下面结果.

正态均值模型的 SURE 公式

令 $\widehat{\theta}$ 为模型 (7.1) 中 θ 的弱可微估计. $\widehat{\theta}$ 的风险的一个无偏估计为

$$\widehat{R}(z) = n\sigma_n^2 + 2\sigma_n^2 \sum_{i=1}^n D_i + \sum_{i=1}^n g_i^2, \tag{7.19}$$

这里, $g(Z_1, \cdots, Z_n) = \widehat{\theta}^n - Z^n$ 及 $D_i = \partial g(z_1, \cdots, z_n)/\partial z_i$.

定理 7.17 的证明   将在 $V = \sigma^2 I$ 的情况下证明. 如果 $X \sim N(\mu, \sigma^2)$, 那么 $\mathbb{E}(g(X)(X - \mu)) = \sigma^2 \mathbb{E}g'(X)$ (这称为 Stein 引理, 而且它能够用分部积分来证明. 见练习 4). 因此, $\sigma^2 \mathbb{E}_\theta D_i = \mathbb{E}_\theta g_i(Z_i - \theta)$ 和

$$\mathbb{E}_\theta(\widehat{R}(Z)) = n\sigma^2 + 2\sigma^2 \sum_{i=1}^n \mathbb{E}_\theta D_i + \sum_{i=1}^n \mathbb{E}_\theta(\widehat{\theta}_i - Z_i)^2$$

---

① 弱可微在附录定义.

$$= n\sigma^2 + 2\sum_{i=1}^{n} \mathbb{E}_\theta(g_i(Z_i - \theta_i)) + \sum_{i=1}^{n} \mathbb{E}_\theta(\widehat{\theta}_i - Z_i)^2$$

$$= \sum_{i=1}^{n} \mathbb{E}_\theta(Z_i - \theta_i)^2 + 2\sum_{i=1}^{n} \mathbb{E}_\theta\left((\widehat{\theta}_i - Z_i)(Z_i - \theta_i)\right)$$

$$+ \sum_{i=1}^{n} \mathbb{E}_\theta(\widehat{\theta}_i - Z_i)^2$$

$$= \sum_{i=1}^{n} \mathbb{E}_\theta(\widehat{\theta}_i - Z_i + Z_i - \theta_i)^2 = \sum_{i=1}^{n} \mathbb{E}_\theta(\widehat{\theta}_i - \theta_i)^2 = R(\widehat{\boldsymbol{\theta}}, \boldsymbol{\theta}). \qquad \blacksquare$$

7.20 例　令 $V = \sigma^2 I$. 考虑 $\widehat{\boldsymbol{\theta}} = \boldsymbol{Z}$. 那么 $g(z) = (0, \cdots, 0)$ 及 $\widehat{R}(Z) = n\sigma^2$. 在这种情况, $\widehat{R}$ 等于真实风险. 现在考虑线性组合 $\widehat{\boldsymbol{\theta}} = b\boldsymbol{Z} = (bZ_1, \cdots, bZ_n)$. 这样, $g(\boldsymbol{Z}) = b\boldsymbol{Z} - \boldsymbol{Z} = (b-1)\boldsymbol{Z}$ 及 $D_i = b - 1$. 因此, $\widehat{R}(\boldsymbol{Z}) = (2b-1)n\sigma^2 + (1-b)^2 \sum_{i=1}^{n} Z_i^2$. 下面考虑**软阈估计量**(soft threshold estimator). 它定义为

$$\widehat{\theta}_i = \begin{cases} Z_i + \lambda, & Z_i < -\lambda, \\ 0, & -\lambda \leqslant Z_i \leqslant \lambda, \\ Z_i - \lambda, & Z_i > \lambda, \end{cases} \qquad (7.21)$$

这里, $\lambda > 0$ 为一个常数. 能够更紧凑地记这个估计量为

$$\widehat{\theta}_i = \mathrm{sign}(Z_i)(|Z_i| - \lambda)_+.$$

在练习 5 中, 将表明, SURE 公式给出

$$\widehat{R}(Z) = \sum_{i=1}^{n} \left[\sigma^2 - 2\sigma^2 I(|Z_i| \leqslant \lambda) + \min(Z_i^2, \lambda^2)\right]. \qquad (7.22)$$

最后, 考虑**硬阈估计量**(hard threshold estimator). 它定义为

$$\widehat{\theta}_i = \begin{cases} Z_i, & |Z_i| > \lambda, \\ 0, & |Z_i| \leqslant \lambda, \end{cases} \qquad (7.23)$$

这里, $\lambda > 0$ 是一个常数. 利用 SURE 是很有吸引力的, 但由于这个估计不是弱可微的, 因此是不合适的.　　　　　　　　　　　　　　　　　　　　　　　　$\blacksquare$

7.24 例(模型选择)　对于每个 $S \subset \{1, \cdots, n\}$, 定义

$$\widehat{\boldsymbol{\theta}}_S = Z_i I(i \in S). \qquad (7.25)$$

能够把 S 想象成一个子模型, 它满足: 对于 $i \in S$, $Z_i \sim N(\theta_i, \sigma_n^2)$, 而对于 $i \notin S$, $Z_i \sim N(0, \sigma_n^2)$. 这样, $\widehat{\theta}_S$ 为假定了模型 S 的 $\boldsymbol{\theta}$ 的估计. $\widehat{\theta}_S$ 的真实风险为

$$R(\widehat{\boldsymbol{\theta}}_S, \boldsymbol{\theta}) = \sigma_n^2 |S| + \sum_{i \in S^c} \theta_i^2,$$

这里, $|S|$ 表示在 S 中的点数. 用 θ_i^2 的无偏估计 $Z_i^2 - \sigma_n^2$ 来替代它, 得到风险估计

$$\widehat{R}_S = \sigma_n^2 |S| + \sum_{i \in S^c} (Z_i^2 - \sigma_n^2). \tag{7.26}$$

容易验证, 这相应于 SURE 公式. 现在, 令 $\mathcal{S}$ 为某集合类, 这里每个 $S \in \mathcal{S}$ 为 $\{1, \cdots, n\}$ 的一个子集. 选择使得 $\widehat{R}_S$ 最小的 $S \in \mathcal{S}$ 则是**模型选择**(model selection) 的一个例子. 特例

$$\mathcal{S} = \{\varnothing, \{1\}, \{1, 2\}, \cdots, \{1, 2, \cdots, n\}\}$$

称为**嵌套子集选择**(nested subset selection). 把 $\mathcal{S}$ 取为 $\{1, \cdots, n\}$ 的所有子集相应 于**所有可能的子集**. 对于任何固定的模型 $\mathcal{S}$, 预期 $\widehat{R}_S$ 将会和 $R(\widehat{\boldsymbol{\theta}}_S, \boldsymbol{\theta})$ 接近. 然而, 这并不保证 $\widehat{R}_S$ 将一致地在 $\mathcal{S}$ 和 $R(\widehat{\boldsymbol{\theta}}_S, \boldsymbol{\theta})$ 接近. 见练习 10. ■

7.5 最小最大风险和 Pinsker 定理

如果 Θ_n 为 $\mathbb{R}^n$ 的一个子集, 定义在 Θ_n 上的**最小最大风险**(minimax risk)为

$$R_n \equiv R(\Theta_n) \equiv \inf_{\widehat{\boldsymbol{\theta}}} \sup_{\boldsymbol{\theta} \in \Theta_n} R(\widehat{\boldsymbol{\theta}}, \boldsymbol{\theta}), \tag{7.27}$$

这里下确界是关于所有估计的. 将要涉及的两个问题是: (i) $R(\Theta_n)$ 的最小最大风 险的值是多少? (ii) 能够找到一个统计量达到这个风险吗?

下面的定理[1]给出了对于 L_2 球

$$\Theta_n(c) = \left\{ (\theta_1, \cdots, \theta_n) : \sum_{i=1}^n \theta_i^2 \leqslant c^2 \right\}$$

的最小最大风险的精确极限形式.

7.28 定理(Pnsker 定理) 假定模型 (7.1), $\sigma_n^2 = \sigma^2/n$. 对于任何 $c > 0$,

$$\liminf_{n \to \infty} \inf_{\widehat{\boldsymbol{\theta}}} \sup_{\boldsymbol{\theta} \in \Theta_n(c)} R(\widehat{\boldsymbol{\theta}}, \boldsymbol{\theta}) = \frac{\sigma^2 c^2}{\sigma^2 + c^2}. \tag{7.29}$$

(7.29) 的右边给出了关于 (渐近) 最小最大风险的精确表示. 该表示严格小于 最大似然估计的风险 σ^2. 后面, 将引入渐近地达到这个风险的 James-Stein 估计. 该

---

① 这是有穷维形式的 Pinsker 定理. 定理 7.32 为通常的形式.

定理的证明在附录; 它有些技术细节, 因而可以略去不看, 不会失去连贯性. 下面是证明背后的基本思想.

首先注意, 有坐标 $\widehat{\theta}_j = c^2 Z_j/(\sigma^2 + c^2)$ 的估计的风险有上界 $\sigma^2 c^2/(\sigma^2 + c^2)$. 因此,

$$R_n \leqslant \frac{\sigma^2 c^2}{\sigma^2 + c^2}. \tag{7.30}$$

如果能够在 $\Theta_n(c)$ 上找到一个先验分布 π; 其后验均值 $\widetilde{\boldsymbol{\theta}}$ 也有风险 $\sigma^2 c^2/(\sigma^2 + c^2)$, 那么, 能够说, 对于任意估计 $\widehat{\boldsymbol{\theta}}$, 有

$$\frac{\sigma^2 c^2}{\sigma^2 + c^2} = \int R(\boldsymbol{\theta}, \widetilde{\boldsymbol{\theta}})\mathrm{d}\pi(\boldsymbol{\theta}) \leqslant \int R(\boldsymbol{\theta}, \widehat{\boldsymbol{\theta}})\mathrm{d}\pi(\boldsymbol{\theta}) \leqslant \sup_{\theta \in \Theta_n} R(\boldsymbol{\theta}, \widehat{\boldsymbol{\theta}}) = R_n. \tag{7.31}$$

由 (7.30) 和 (7.31) 将会得到 $R_n = \sigma^2 c^2/(\sigma^2 + c^2)$. 证明本质上是这个定理的近似形式. 只要找到风险任意接近 $\sigma^2 c^2/(\sigma^2 + c^2)$ 的在所有 $\mathbb{R}^n$ 上的一个先验分布, 那么就能表明, 该先验分布渐近地集中在 $\Theta_n(c)$.

现在, 看最小最大定理如何用于光滑函数.

7.32 定理(关于 Sobolev 椭球的 Pinsker 定理)　令

$$Z_j = \theta_j + \frac{\sigma}{\sqrt{n}}\epsilon_j, \quad j = 1, 2, \cdots, \tag{7.33}$$

这里, $\epsilon_1, \epsilon_2, \cdots \sim N(0, 1)$. 假定 $\theta \in \Theta(m, c)$, 这里, $\Theta(m, c)$ 为一个 Sobolev 椭球 (回忆定义 7.10). 令 R_n 表示在 $\Theta(m, c)$ 上的最小最大风险. 那么,

$$\lim_{n \to \infty} n^{2m/(2m+1)} R_n = \left(\frac{\sigma}{\pi}\right)^{2m/(2m+1)} c^{2/(2m+1)} P_m, \tag{7.34}$$

这里,

$$P_m = \left(\frac{m}{m+1}\right)^{2m/(2m+1)} (2m+1)^{1/(2m+1)} \tag{7.35}$$

是 **Pinsker 常数**. 因此, 最小最大率为 $n^{-2m/(2m+1)}$, 即

$$0 < \lim_{n \to \infty} n^{2m/(2m+1)} R_n < \infty.$$

下面是该定理的更一般的形式.

7.36 定理(关于椭球的 Pnisker 定理)　令

$$\Theta = \left\{ \theta : \sum_{j=1}^{\infty} a_j \theta_j^2 \leqslant c^2 \right\},$$

集合 Θ 称为一个**椭球**(ellipsoid). 假定当 $j \to \infty$ 时, $a_j \to \infty$. 令

$$R_n = \inf_{\widehat{\boldsymbol{\theta}}} \sup_{\boldsymbol{\theta} \in \Theta} R(\widehat{\boldsymbol{\theta}}, \boldsymbol{\theta})$$

表示最小最大风险, 并且令

$$R_n^L = \inf_{\widehat{\boldsymbol{\theta}} \in \mathcal{L}} \sup_{\boldsymbol{\theta} \in \Theta} R(\widehat{\boldsymbol{\theta}}, \boldsymbol{\theta})$$

表示最小最大线性风险, 这里, $\mathcal{L}$ 是形状为 $\widehat{\boldsymbol{\theta}} = (w_1 Z_1, w_2 Z_2, \cdots)$ 的线性估计的集合. 那么,

(1) 当 $n \to \infty$, 线性估计是渐近最小最大的: $R_n \sim R_n^L$.

(2) 最小最大线性风险满足

$$R_n^L = \frac{\sigma^2}{n} \sum_i \left(1 - \frac{a_i}{\mu}\right)_+,$$

这里, μ 满足方程

$$\frac{\sigma^2}{n} \sum_i a_i(\mu - a_i)_+ = c^2.$$

(3) 线性最小最大估计为 $\widehat{\theta}_i = w_i Z_i$, 这里, $w_i = [1 - (a_i/\mu)]_+$.

(4) 对于有着独立分量的先验分布, 如其满足 $\theta_i \sim N(0, \tau_i^2)$, $\tau_i^2 = (\sigma^2/n)(\mu/a_i - 1)_+$, 那么线性最小最大估计是贝叶斯估计[①].

7.6 线性收缩和 James-Stein 估计

现在转向模型 (7.1) 来看如何能够利用线性估计在 MLE 上作出改进. 一个**线性估计**(linear estimator) 是形状为 $\widehat{\boldsymbol{\theta}} = b\boldsymbol{Z} = (bZ_1, \cdots, bZ_n)$ 的一个估计, 这里 $0 \leqslant b \leqslant 1$. 线性估计是**收缩估计**(shrinkage estimator), 因其把 $\boldsymbol{Z}$ 收缩到原点. 用 $\mathcal{L} = \{b\boldsymbol{Z} : b \in [0,1]\}$ 表示线性收缩估计量的集合.

很容易计算一个线性估计的风险. 从基本的偏倚 – 方差问题, 有

$$R(b\boldsymbol{Z}, \boldsymbol{\theta}) = (1 - b)^2 ||\boldsymbol{\theta}||_n^2 + nb^2 \sigma_n^2, \tag{7.37}$$

这里, $||\boldsymbol{\theta}||_n^2 = \sum_{i=1}^n \theta_i^2$. 当

$$b_* = \frac{||\boldsymbol{\theta}||_n^2}{n\sigma_n^2 + ||\boldsymbol{\theta}||_n^2}$$

时风险达到最小. 称 $b_* Z$ 为**理想线性估计**(ideal linear estimator). 理想线性估计的风险为

$$R(b_* \boldsymbol{Z}, \boldsymbol{\theta}) = \frac{n\sigma_n^2 ||\boldsymbol{\theta}||_n^2}{n\sigma_n^2 + ||\boldsymbol{\theta}||_n^2}. \tag{7.38}$$

---

① 贝叶斯估计使得贝叶斯风险 $\int R(\boldsymbol{\theta}, \widehat{\boldsymbol{\theta}}) \mathrm{d}\pi(\boldsymbol{\theta})$ 对于给定的先验分布 π 最小.

这样已经证明了:

7.39 定理
$$\inf_{\widehat{\boldsymbol{\theta}} \in \mathcal{L}} R(\widehat{\boldsymbol{\theta}}, \boldsymbol{\theta}) = \frac{n\sigma_n^2 ||\boldsymbol{\theta}||_n^2}{n\sigma_n^2 + ||\boldsymbol{\theta}||_n^2}. \tag{7.40}$$

由于 b_* 依赖于未知的参数 θ, 不能利用估计 $b_*\boldsymbol{Z}$. 因此, 称 $R(b_*\boldsymbol{Z}, \boldsymbol{\theta})$ 为**线性神谕风险**(linear oracular risk), 这是因为风险只能被知道 $||\boldsymbol{\theta}||_n^2$ 的 "神谕 (oracle)" 得到. 现在要表明, **James-Stein 估计**几乎达到了该理想神谕的风险.

θ 的 James-Stein 估计定义为

$$\widehat{\boldsymbol{\theta}}^{\mathrm{JS}} = \left[1 - \frac{(n-2)\sigma_n^2}{\displaystyle\sum_{i=1}^{n} Z_i^2} \right] \boldsymbol{Z}. \tag{7.41}$$

将要在定理 7.48 中看到, 这个估计是渐近最优的.

7.42 定理   James-Stein 估计的风险满足下面界限:

$$R(\widehat{\boldsymbol{\theta}}^{\mathrm{JS}}, \boldsymbol{\theta}) \leqslant 2\sigma_n^2 + \frac{(n-2)\sigma_n^2 ||\boldsymbol{\theta}||_n^2}{(n-2)\sigma_n^2 + ||\boldsymbol{\theta}||_n^2} \leqslant 2\sigma_n^2 + \frac{n\sigma_n^2 ||\boldsymbol{\theta}||_n^2}{n\sigma_n^2 + ||\boldsymbol{\theta}||_n^2}, \tag{7.43}$$

这里, $||\boldsymbol{\theta}||_n^2 = \displaystyle\sum_{i=1}^{n} \theta_i^2$.

证明   记 $\widehat{\boldsymbol{\theta}}^{\mathrm{JS}} = \boldsymbol{Z} + g(\boldsymbol{Z})$, 这里, $g(z) = -(n-2)\sigma_n^2 z / \displaystyle\sum_i z_i^2$. 因此,

$$D_i = \frac{\partial g_i}{\partial z_i} = -(n-2)\sigma_n^2 \left[\frac{1}{\displaystyle\sum_i z_i^2} - \frac{2z_i^2}{\left(\displaystyle\sum_i z_i^2\right)^2} \right],$$

及

$$\sum_{i=1}^{n} D_i = -\frac{(n-2)^2 \sigma_n^2}{\displaystyle\sum_{i=1}^{n} z_i^2}.$$

把它代入 SURE 公式 (7.19) 得到

$$\widehat{R}(\boldsymbol{Z}) = n\sigma_n^2 - \frac{(n-2)^2 \sigma_n^4}{\displaystyle\sum_i Z_i^2}.$$

因此, 风险为

$$R(\widehat{\boldsymbol{\theta}}^{\mathrm{JS}}, \boldsymbol{\theta}) = \mathbb{E}(\widehat{R}(\boldsymbol{Z})) = n\sigma_n^2 - (n-2)^2 \sigma_n^4 \mathbb{E}\left(\frac{1}{\displaystyle\sum_i Z_i^2} \right). \tag{7.44}$$

现在 $Z_i^2 = \sigma_n^2(\theta_i/\sigma_n + \epsilon_i)^2$, 并因此 $\sum_{i=1}^{n} Z_i^2 \sim \sigma_n^2 W$, 这里, W 为非中心 χ^2 分布, 有 n 个自由度, 非中心参数为 $\delta = \sum_{i=1}^{n}(\theta_i^2/\sigma_n^2)$. 利用一个关于非中心 χ^2 随机变量的结果, 就能够记 $W \sim \chi_{n+2K}^2$, 这里 $K \sim \text{Poisson}(\delta/2)$. 回忆 (对于 $n > 2$)$\mathbb{E}(1/\chi_n^2) = 1/(n-2)$. 这样,

$$
\begin{aligned}
\mathbb{E}_\theta\left(\frac{1}{\sum_i Z_i^2}\right) &= \left(\frac{1}{\sigma_n^2}\right)\mathbb{E}\left(\frac{1}{\chi_{n+2K}^2}\right) = \left(\frac{1}{\sigma_n^2}\right)\mathbb{E}\left(E\left(\frac{1}{\chi_{n+2K}^2}\,\bigg|\,K\right)\right) \\
&= \left(\frac{1}{\sigma_n^2}\right)\mathbb{E}\left(\frac{1}{n-2+2K}\right) \\
&\geqslant \left(\frac{1}{\sigma_n^2}\right)\frac{1}{(n-2) + \sigma_n^{-1}\sum_{i=1}^{n}\theta_i^2} \quad \text{(由 Jensen 不等式)} \\
&= \frac{1}{(n-2)\sigma_n^2 + \sum_{i=1}^{n}\theta_i^2}.
\end{aligned}
$$

代入 (7.44), 得到第一个不等式. 第二个不等式则由简单的代数得到. ∎

7.45 说明　**修正的 James-Stein 估计**定义为

$$
\widehat{\boldsymbol{\theta}} = \left(1 - \frac{n\sigma_n^2}{\sum_i Z_i^2}\right)_+ \boldsymbol{Z}, \tag{7.46}
$$

这里, $(a)_+ = \max\{a, 0\}$. 从 $n-2$ 到 n 的改变导致一个较简单的表示式, 而对于大的 n 这有可忽略的效果. 取收缩因子的正的部分不能增加这个风险. 在实践中, 修正的 James-Stein 估计常常被提到.

下面的结果表明, James-Stein 估计几乎达到线性神谕的风险.

7.47 定理(James-Stein 神谕不等式)　令 $\mathcal{L} = \{b\boldsymbol{Z} : b \in \mathbb{R}\}$ 表示线性估计类. 对所有 $\boldsymbol{\theta} \in \mathbb{R}^n$,

$$
\inf_{\widehat{\theta} \in \mathcal{L}} R(\widehat{\boldsymbol{\theta}}, \boldsymbol{\theta}) \leqslant R(\widehat{\boldsymbol{\theta}}^{\text{JS}}, \boldsymbol{\theta}) \leqslant 2\sigma_n^2 + \inf_{\widehat{\theta} \in \mathcal{L}} R(\widehat{\boldsymbol{\theta}}, \boldsymbol{\theta}).
$$

证明　从 (7.38) 和定理 7.42 得出. ∎

有关于 James-Stein 估计的另一个观点. 令 $\widehat{\boldsymbol{\theta}} = b\boldsymbol{Z}$. Stein 无偏风险估计为

$$\widehat{R}(\boldsymbol{Z}) = n\sigma_n^2 + 2n\sigma_n^2(b-1) + (b-1)^2 \sum_{i=1}^{n} Z_i^2.$$ 它在

$$\widehat{b} = 1 - \frac{n\sigma_n^2}{\displaystyle\sum_{i=1}^{n} Z_i^2}$$

被最小化, 产生估计

$$\widehat{\boldsymbol{\theta}} = \widehat{b}\boldsymbol{Z} = \left(1 - \frac{n\sigma_n^2}{\displaystyle\sum_{i=1}^{n} Z_i^2} \right) \boldsymbol{Z}.$$

这本质上是 James-Stein 估计.

现在能表明, James-Stein 估计达到了 Pinsker 界 (7.29), 并且因此为渐近最小最大.

7.48 定理　令 $\sigma_n^2 = \sigma^2/n$. James-Stein 估计为渐近最小最大, 即

$$\lim_{n\to\infty} \sup_{\boldsymbol{\theta}\in\Theta_n(c)} R(\widehat{\boldsymbol{\theta}}^{\text{JS}}, \theta) = \frac{\sigma^2 c^2}{\sigma^2 + c^2}.$$

证明　由定理 7.42 和 7.28 得出. ■

7.49 说明　James-Stein 估计是**适应的**(adaptive), 其意义为, 在没有参数 c 的知识下, 它在 $\Theta_n(c)$ 达到最小最大界.

总结: 在所有线性估计上, James-Stein 估计本质上是最优的. 而且, 在所有估计上, 不仅仅是线性估计, 它是渐近最优的. 这还表明, 最小最大风险和线性最小最大风险是渐近等价的. 正如将要看到的, 这实际上 (有时) 是一个更加普遍的现象.

7.7　在 Sobolev 空间的适应估计

定理 7.32 给出了在 $\Theta(m,c)$ 上的最小最大的估计. 然而, 该估计并不令人满意, 因为它要求知道 c 和 m.

Efromovich and Pinsker (1984) 证明了一个杰出的结果, 即存在一个在 $\Theta(m,c)$ 上最小最大的估计, 而且不要求知道 m 和 c. 该估计被称为是**适应地渐近最小最大**(adaptively asymptotically minimax). 其思想是把观测划分为区组 $B_1 = \{Z_1, \cdots, Z_{n_1}\}$, $B_2 = \{Z_{n_1+1}, \cdots, Z_{n_2}\}, \cdots$, 然后在区组内应用一个适当的估计方法.

有一个特别的区组估计方法, 源于 Cai et al. (2000). 对于任意实数 a, 令 $[a]$ 表示 a 的整数部分. 令 $b = 1 + 1/\log n$, 并令 K_0 为一个整数, 满足对于 $k \geqslant K_0 + 1$,

有 $[b^{K_0}] \geqslant 3$ 及 $[b^k] - [b^{k-1}] \geqslant 3$. 令 $B_0 = \{Z_i : 1 \leqslant i \leqslant [b^{K_0}]\}$, 而且对 $k \geqslant K_0 + 1$, 令 $B_k = \{Z_i : [b^{k-1}] < i \leqslant [b^k]\}$. 令 $\widehat{\theta}$ 为在每个区组 B_k 内应用 James-Stein 估计所得到的估计. 对于 $i > [b^{K_1}]$, 估计取 0, 这里, $K_1 = [\log_b(n)] - 1$.

7.50 定理(Cai, et al., 2000) 令 $\widehat{\theta}$ 为上面的估计. 令 $\Theta(m,c) = \left\{ \boldsymbol{\theta} : \sum_{i=1}^{\infty} a_i^2 \theta_i^2 \leqslant c^2 \right\}$,

这里, $a_1 = 1$ 及 $a_{2i} = a_{2i+1} = 1 + (2i\pi)^{2m}$. 令 $R_n(m,c)$ 表示在 $\Theta(m,c)$ 上的最小最大风险. 那么, 对于所有 $m > 0$ 及 $c > 0$,

$$\lim_{n \to \infty} \frac{\sup_{\boldsymbol{\theta} \in \Theta(m,c)} R(\widehat{\boldsymbol{\theta}}, \boldsymbol{\theta})}{R_n(m,c)} = 1.$$

7.8 置 信 集

这一节讨论为 $\boldsymbol{\theta}^n$ 构造置信集. 为方便计, 现在把 $\boldsymbol{\theta}^n$ 和 $\boldsymbol{Z}^n$ 记为 $\boldsymbol{\theta}$ 和 $\boldsymbol{Z}$.

回忆如果

$$\inf_{\boldsymbol{\theta} \in \mathbb{R}^n} \mathbb{P}_\theta(\boldsymbol{\theta} \in \mathcal{B}_n) \geqslant 1 - \alpha, \tag{7.51}$$

则称 $\mathcal{B}_n \subset \mathbb{R}^n$ 为一个 $1 - \alpha$ 置信集. 把概率分布 $\mathbb{P}_\theta$ 写明下标 θ, 以强调该分布依赖于 θ. 这里有某些构造置信集的方法.

方法 I χ^2 置信集. 关于 θ 的最简单的置信集是基于 $\|\boldsymbol{Z} - \theta\|^2 / \sigma_n^2$ 有一个 χ^2 分布的事实. 令

$$\mathcal{B}_n = \left\{ \boldsymbol{\theta} \in \mathbb{R}^n : \|\boldsymbol{Z} - \boldsymbol{\theta}\|^2 \leqslant \sigma_n^2 \chi_{n,\alpha}^2 \right\}, \tag{7.52}$$

这里, $\chi_{n,\alpha}^2$ 为有自由度 n 的 χ^2 随机变量的上 α 分位数. 马上得到

$$\mathbb{P}_\theta(\boldsymbol{\theta} \in \mathcal{B}_n) = 1 - \alpha, \quad \text{对所有 } \boldsymbol{\theta} \in \mathbb{R}^n \text{ 成立}.$$

因此, (7.51) 满足. 这个球的期望半径为 $n\sigma_n^2$. 下面将看到, 对此能够作出改进.

用预检验来改进 χ^2 球. 在讨论更复杂的方法之前, 有一个简单的基于 Lepski (1999) 的改进 χ^2 球的思想. 下面的方法是这个方法的推广.

注意, χ^2 球 $\mathcal{B}_n$ 有一个固定的半径 $s_n = \sigma_n \sqrt{n}$. 当应用于函数估计时, $\sigma_n = O(1/\sqrt{n})$, 所以 $s_n = O(1)$. 因此, 即使 $n \to \infty$, 此球的半径也不收敛到 0. 下面的构造使得该半径小些. 思想是检验 $\boldsymbol{\theta} = \boldsymbol{\theta}_0$. 如果接受零假设, 利用一个中心在 $\boldsymbol{\theta}_0$ 的小些的球. 下面是细节.

首先, 检验假设 $\boldsymbol{\theta} = (0, \cdots, 0)$. 利用 $\sum\limits_i Z_i^2$ 作为检验统计量. 特别地, 当

$$T_n = \sum_i Z_i^2 > c_n^2$$

时, 拒绝零假设, 这里, c_n 定义为

$$\mathbb{P}\left(\chi_n^2 > \frac{c_n^2}{\sigma_n^2}\right) = \frac{\alpha}{2}.$$

根据构造, 该检验有第一类误差率 $\alpha/2$. 如果 Z 表示一个 $N(0,1)$ 随机变量, 那么,

$$\frac{\alpha}{2} = \mathbb{P}\left(\chi_n^2 > \frac{c_n^2}{\sigma_n^2}\right) = \mathbb{P}\left(\frac{\chi_n^2 - n}{\sqrt{2n}} > \frac{\frac{c_n^2}{\sigma_n^2} - n}{\sqrt{2n}}\right) \approx \mathbb{P}\left(Z > \frac{\frac{c_n^2}{\sigma_n^2} - n}{\sqrt{2n}}\right),$$

意味着

$$c_n^2 \approx \sigma_n^2(n + \sqrt{2n}\, z_{\alpha/2}).$$

现在计算在 $\|\theta\| > \Delta_n$ 时这个检验的势, 这里,

$$\Delta_n = \sqrt{2\sqrt{2}\, z_{\alpha/2}}\, n^{1/4}\sigma_n.$$

记 $Z_i = \theta_i + \sigma_n\epsilon_i$, 这里, $\epsilon_i \sim N(0,1)$, 那么,

$$\mathbb{P}_\theta(T_n > c_n^2) = \mathbb{P}_\theta\left(\sum_i Z_i^2 > c_n^2\right) = \mathbb{P}_\theta\left(\sum_i (\theta_i + \sigma_n\epsilon_i)^2 > c_n^2\right)$$

$$= \mathbb{P}_\theta\left(\|\boldsymbol{\theta}\|^2 + 2\sigma_n\sum_i \theta_i\epsilon_i + \sigma_n^2\sum_i \epsilon_i^2 > c_n^2\right).$$

现在, $\|\boldsymbol{\theta}\|^2 + 2\sigma_n\sum\limits_i \theta_i\epsilon_i + \sigma_n^2\sum\limits_i \epsilon_i^2$ 有均值 $\|\boldsymbol{\theta}\|^2 + n\sigma_n^2$ 及方差 $4\sigma_n^2\|\boldsymbol{\theta}\|^2 + 2n\sigma_n^4$. 用 Z 表示一个 $N(0,1)$ 随机变量. 因此有

$$\mathbb{P}_\theta(T_n > c_n^2) \approx \mathbb{P}_\theta\left(\|\boldsymbol{\theta}\|^2 + n\sigma_n^2 + \sqrt{4\sigma_n^2\|\boldsymbol{\theta}\|^2 + 2n\sigma_n^4}\, Z > c_n^2\right)$$

$$\approx \mathbb{P}_\theta\left(\|\boldsymbol{\theta}\|^2 + n\sigma_n^2 + \sqrt{4\sigma_n^2\|\boldsymbol{\theta}\|^2 + 2n\sigma_n^4}\, Z > \sigma_n^2(n + \sqrt{2n}z_{\alpha/2})\right)$$

$$= \mathbb{P}\left(Z > \frac{\sqrt{2}z_{\alpha/2} - \dfrac{\|\boldsymbol{\theta}\|^2}{\sqrt{n}\sigma_n^2}}{2 + \dfrac{4\|\boldsymbol{\theta}\|^2}{n\sigma_n^2}}\right)$$

$$\geqslant \mathbb{P}\left(Z > \frac{\sqrt{2}z_{\alpha/2} - \dfrac{\|\boldsymbol{\theta}\|^2}{\sqrt{n}\sigma_n^2}}{2}\right) \geqslant 1 - \frac{\alpha}{2},$$

这是因为 $||\boldsymbol{\theta}|| > \Delta_n$ 意味着

$$\frac{\sqrt{2}z_{\alpha/2} - \dfrac{||\boldsymbol{\theta}||^2}{\sqrt{n}\sigma_n^2}}{2} \geqslant -z_{\alpha/2}.$$

概括起来, 对于所有的 $||\boldsymbol{\theta}|| > \Delta_n$, 该检验有 $\alpha/2$ 的第一类错误率及不多于 $\alpha/2$ 的第二类错误率.

如下定义置信过程. 如果该检验接受, 令 $\phi = 0$, 如果该检验拒绝, 则令 $\phi = 1$. 定义

$$R_n = \begin{cases} \mathcal{B}_n, & \phi = 1, \\ \{\boldsymbol{\theta}: \ ||\boldsymbol{\theta}|| \leqslant \Delta_n\}, & \phi = 0. \end{cases}$$

这样, R_n 是一个随机半径置信球. 当 $\phi = 1$ 时, 半径和 χ^2 球相同, 但当 $\phi = 0$ 时, 半径为小得多的 Δ_n. 现在验证该球有正确的覆盖率.

当 $\boldsymbol{\theta} = (0, \cdots, 0)$ 时, 该球的不覆盖率为

$$\mathbb{P}_0(\boldsymbol{\theta} \notin R) = \mathbb{P}_0(\boldsymbol{\theta} \notin R, \phi = 0) + \mathbb{P}_0(\boldsymbol{\theta} \notin R, \phi = 1)$$

$$\leqslant 0 + \mathbb{P}_0(\phi = 1) = \frac{\alpha}{2}.$$

当 $\boldsymbol{\theta} \neq (0, \cdots, 0)$ 而且 $||\boldsymbol{\theta}|| \leqslant \Delta_n$ 时, 该球的不覆盖率为

$$\mathbb{P}_{\boldsymbol{\theta}}(\boldsymbol{\theta} \notin R) = \mathbb{P}_{\boldsymbol{\theta}}(\boldsymbol{\theta} \notin R, \phi = 0) + \mathbb{P}_{\boldsymbol{\theta}}(\boldsymbol{\theta} \notin R, \phi = 1)$$

$$\leqslant 0 + \mathbb{P}_{\boldsymbol{\theta}}(\boldsymbol{\theta} \notin B) = \frac{\alpha}{2}.$$

当 $\boldsymbol{\theta} \neq (0, \cdots, 0)$ 而且 $||\boldsymbol{\theta}|| > \Delta_n$ 时, 该球的不覆盖率为

$$\mathbb{P}_{\boldsymbol{\theta}}(\boldsymbol{\theta} \notin R) = \mathbb{P}_{\boldsymbol{\theta}}(\boldsymbol{\theta} \notin R, \phi = 0) + \mathbb{P}_{\boldsymbol{\theta}}(\boldsymbol{\theta} \notin R, \phi = 1)$$

$$\leqslant \mathbb{P}_{\boldsymbol{\theta}}(\phi = 0) + \mathbb{P}_{\boldsymbol{\theta}}(\boldsymbol{\theta} \notin B) \leqslant \frac{\alpha}{2} + \frac{\alpha}{2} = \alpha.$$

概括起来, 基于检验是否 $\boldsymbol{\theta}$ 接近 $(0, \cdots, 0)$, 并且在检验接受时利用一个中心在 $(0, \cdots, 0)$ 的较小的球, 得到一个有适当覆盖率的球, 有时它有比 χ^2 球小的半径. 其含义如下:

在参数空间某点, 一个随机半径置信球能够有比一个固定置信球小的期望半径.

下面部分推广这个思想.

方法 II Baraud 置信集. 这里讨论源于 Baraud (2004) 的方法; 它是以上面讨论的 Lepski (1999) 为基础的. 先从 $\mathbb{R}^n$ 的线性子空间类 $\mathcal{S}$ 开始. 令 Π_S 表示到 $\mathcal{S}$ 上的投影. 这样, 对任何向量 $\boldsymbol{Z} \in \mathbb{R}^n$, $\Pi_S \boldsymbol{Z}$ 是在 S 中最靠近 $\boldsymbol{Z}$ 的向量.

对于每个子空间 S, 构造一个半径为 ρ_S, 并以一个在 S 中的估计为中心的球 $\mathcal{B}_S$, 即

$$\mathcal{B}_S = \{\boldsymbol{\theta} : \|\boldsymbol{\theta} - \Pi_S \boldsymbol{Z}\| \leqslant \rho_S\}. \tag{7.53}$$

对每个 $S \in \mathcal{S}$, 利用 $\|\boldsymbol{Z} - \Pi_S \boldsymbol{Z}\|$ 作为检验统计量来检验是否 θ 和 S 接近. 然后在所有的不拒绝的子空间 S 中取最小的置信球 $\mathcal{B}_S$. 使这个方法有用的关键在于: 选择的半径 ρ_S 必需满足

$$\max_{\boldsymbol{\theta}} \mathbb{P}_{\boldsymbol{\theta}}(S\text{不被拒绝, 而且 }\boldsymbol{\theta} \notin \mathcal{B}_S) \leqslant \alpha_S, \tag{7.54}$$

这里, $\sum_{S \in \mathcal{S}} \alpha_S \leqslant \alpha$. 得到的置信球有至少 $1-\alpha$ 的覆盖率, 因此,

$$\max_{\boldsymbol{\theta}} \mathbb{P}_{\boldsymbol{\theta}}(\boldsymbol{\theta} \notin \mathcal{B}) \leqslant \sum_S \max_{\boldsymbol{\theta}} \mathbb{P}_{\boldsymbol{\theta}}(S\text{不被拒绝, 而且 }\boldsymbol{\theta} \notin \mathcal{B}_S)$$
$$= \sum_S \alpha_S \leqslant \alpha.$$

下面将看到, 在 $\boldsymbol{\theta} \in \mathbb{R}^n$ 上的 n 维最大化能够化为一维最大化. 这是因为概率仅仅通过量 $z = \|\boldsymbol{\theta} - \Pi_S \boldsymbol{\theta}\|$ 依赖于 $\boldsymbol{\theta}$.

即使当 $\boldsymbol{\theta}$ 不靠近 $\mathcal{S}$ 的一个子空间时, 该置信集有覆盖率 $1-\alpha$. 而如果它靠近 $\mathcal{S}$ 的一个子空间时, 该置信球将小于 χ^2 球.

例如, 假定在一个基上展开一个函数 $f(x) = \sum_j \theta_j \phi_j(x)$, 如在 7.3 节所做的. 那么, θ_i 相应于 f 在这个基中的系数. 如果这个函数是光滑的, 则期望: 对于大的 i, θ_i 将会小. 因此, $\boldsymbol{\theta}$ 可能会被一个形为 $(\theta_1, \cdots, \theta_m, 0, \cdots, 0)$ 的向量近似. 这意味着能够对于 $m = 0, \cdots, n$, 检验 $\boldsymbol{\theta}$ 是否接近形为 $(\theta_1, \cdots, \theta_m, 0, \cdots, 0)$ 向量的子空间 S_m. 在这种情况, 将把子空间类取为 $\mathcal{S} = \{S_0, \cdots, S_n\}$.

在进入细节之前, 需要某些记号. 如果对于 $j = 1, \cdots, k$, $X_j \sim N(\mu_j, 1)$ 为 IID 的, 那么 $T = \sum_{j=1}^{k} X_j^2$ 有一个非中心 χ^2 分布; 其非中心参数 $d = \sum_j \mu_j^2$, 自由度为 k, 并且我们记 $T \sim \chi^2_{d,k}$. 令 $G_{d,k}$ 表示这个随机变量的 CDF, 并令 $q_{d,k}(\alpha) = G_{d,k}^{-1}(1-\alpha)$ 表示上 α 分位数. 根据习惯, 对于 $\alpha \geqslant 1$, 定义 $q_{d,k}(\alpha) = -\infty$.

令 $\mathcal{S}$ 为 $\mathbb{R}^n$ 的线性子空间的一个有穷集合. 假定 $\mathbb{R}^n \in \mathcal{S}$. 令 $d(S)$ 为 $S \in \mathcal{S}$ 的维数, 并令 $e(S) = n - d(S)$. 固定 $\alpha \in (0,1)$ 及 $\gamma \in (0,1)$, 这里, $\gamma < 1-\alpha$. 令

$$\mathcal{A} = \left\{ S : \frac{\|\boldsymbol{Z} - \Pi_S \boldsymbol{Z}\|^2}{\sigma_n^2} \leqslant c(S) \right\}, \tag{7.55}$$

这里,

$$c(S) = q_{0,e(S)}(\gamma). \tag{7.56}$$

把 $||\boldsymbol{Z} - \Pi_S \boldsymbol{Z}||^2$ 考虑成检验 $\theta \in S$ 的检验统计量. 那么 $\mathcal{A}$ 为不拒绝子空间的集合. 注意, $\mathcal{A}$ 总是包含子空间 $S = \mathbb{R}^n$. 这是因为, 当 $S = \mathbb{R}^n$ 时, $\Pi_S \boldsymbol{Z} = \boldsymbol{Z}$ 及 $||\boldsymbol{Z} - \Pi_S \boldsymbol{Z}||^2 = 0$.

令 $\{\alpha_S : S \in \mathcal{S}\}$ 为 $\sum_{S \in \mathcal{S}} \alpha_S \leqslant \alpha$ 的数目集合. 如下定义 ρ_S:

$$
\rho_S^2 = \sigma_n^2 \times
\begin{cases}
\inf\limits_{z > 0} \{G_{z,n}(q_{0,n}(\gamma)) \leqslant \alpha_S\}, & d(S) = 0, \\
\sup\limits_{z > 0} \left\{ z + q_{0,d(S)} \left(\frac{\alpha_S}{G_{z,e(S)}(c(S))} \right) \right\}, & 0 < d(S) < n, \\
\rho_S^2 = \sigma_n^2 q_{0,n}(\alpha_S), & d(S) = n.
\end{cases}
\tag{7.57}
$$

定义

$$
\widehat{S} = \operatorname*{argmin}_{S \in \mathcal{A}} \rho_S,
$$

$\widehat{\boldsymbol{\theta}} = \Pi_{\widehat{S}} \boldsymbol{Z}$ 及 $\widehat{\rho} = \rho_{\widehat{S}}$. 最后定义

$$
\mathcal{B}_n = \{\boldsymbol{\theta} \in \mathbb{R}^n : ||\boldsymbol{\theta} - \widehat{\boldsymbol{\theta}}||^2 \leqslant \widehat{\rho}^2\}.
\tag{7.58}
$$

7.59 定理(Baraud, 2004) 定义在 (7.58) 的集合 $\mathcal{B}_n$ 是一个有效的置信集:

$$
\inf_{\boldsymbol{\theta} \in \mathbb{R}^n} \mathbb{P}_{\theta}(\boldsymbol{\theta} \in \mathcal{B}_n) \geqslant 1 - \alpha.
\tag{7.60}
$$

证明 令 $\mathcal{B}_S = \{\boldsymbol{\theta} : ||\boldsymbol{\theta} - \Pi_S \boldsymbol{Z}||^2 \leqslant \rho_S^2\}$. 那么,

$$
\mathbb{P}_{\theta}(\boldsymbol{\theta} \notin \mathcal{B}_n) \leqslant \mathbb{P}_{\theta}(\boldsymbol{\theta} \notin \mathcal{B}_S, \quad \text{对于某 } S \in \mathcal{A})
$$

$$
\leqslant \sum_S \mathbb{P}_{\theta}(||\boldsymbol{\theta} - \Pi_S \boldsymbol{Z}|| > \rho_S, \ \widehat{S} \in \mathcal{A})
$$

$$
= \sum_S \mathbb{P}_{\theta}(||\boldsymbol{\theta} - \Pi_S \boldsymbol{Z}|| > \rho_S, \ ||\boldsymbol{Z} - \Pi_S \boldsymbol{Z}||^2 \leqslant c(S)\sigma_n^2).
$$

因为 $\sum_S \alpha_S \leqslant \alpha$, 只需表明对于所有 $S \in \mathcal{S}$, $a(S) \leqslant \alpha_S$, 这里,

$$
a(S) \equiv \mathbb{P}_{\theta}\left(||\boldsymbol{\theta} - \Pi_S \boldsymbol{Z}|| > \rho_S, \ ||\boldsymbol{Z} - \Pi_S \boldsymbol{Z}||^2 \leqslant \sigma_n^2 c(S) \right).
\tag{7.61}
$$

当 $d(S) = 0$ 时, $\Pi_S \boldsymbol{Z} = (0, \cdots, 0)$. 如果 $||\boldsymbol{\theta}|| \leqslant \rho_S$, 那么 $a(0) = 0$, 小于 α_S. 如果 $||\boldsymbol{\theta}|| > \rho_S$, 那么, 因为 $G_{d,n}(u)$ 在 z 对所有的 u 递减, 并根据 ρ_0^2 的定义, 有

$$
a(S) = \mathbb{P}_{\theta}\left(\sum_{i=1}^n Z_i^2 \leqslant \sigma_n^2 q_{0,n}(\gamma) \right)
$$

$$
= G_{||\boldsymbol{\theta}||^2 / \sigma_n^2, n}(q_{0,n}(\gamma)) \leqslant G_{\rho_0^2 / \sigma_n^2, n}(q_{0,n}(\gamma))
$$

$$
\leqslant \alpha_S.
$$

现在考虑 $0 < d(S) < n$ 的情况. 令

$$A = \frac{||\boldsymbol{\theta} - \Pi_S \boldsymbol{Z}||^2}{\sigma_n^2} = z + \sum_{j=1}^m \epsilon_j^2, \quad B = \frac{||\hat{\boldsymbol{\theta}} - \boldsymbol{Z}||^2}{\sigma_n^2},$$

这里, $z = ||\boldsymbol{\theta} - \Pi_S \boldsymbol{\theta}||^2 / \sigma_n^2$. 那么, A 和 B 为独立的, 而且 $A \sim z + \chi_{0,d(S)}^2$, $B \sim \chi_{z,e(S)}^2$. 因此,

$$
\begin{aligned}
a(S) &= \mathbb{P}_\theta \left(A > \frac{\rho_S^2}{\sigma_n^2}, \ B < c(S) \right) \\
&= \mathbb{P}_\theta \left(z + \chi_{0,d(S)}^2 > \frac{\rho_S^2}{\sigma_n^2}, \ \chi_{z,e(S)}^2 < c(S) \right) \tag{7.62} \\
&= \left[1 - G_{0,d(S)} \left(\frac{\rho_S^2}{\sigma_n^2} - z \right) \right] G_{z,e(S)} \left(c(S) \right). \tag{7.63}
\end{aligned}
$$

由 ρ_S^2 的定义,

$$\frac{\rho_S^2}{\sigma_n^2} - z \geqslant q_{0,d(S)} \left(\frac{\alpha_S}{G_{z,e(S)} \left(c(S) \right)} \wedge 1 \right),$$

并因此,

$$
\begin{aligned}
1 - G_{0,d(S)} \left(\frac{\rho_S^2}{\sigma_n^2} - z \right) &\leqslant 1 - G_{0,d(S)} \left(q_{0,d(S)} \left(\frac{\alpha_S}{G_{z,e(S)} \left(c(S) \right)} \right) \right) \\
&= \frac{\alpha_S}{G_{z,e(S)} \left(c(S) \right)} \tag{7.64}
\end{aligned}
$$

从 (7.63) 和 (7.64) 得到 $a(S) \leqslant \alpha_S$.

对于 $d(S) = n$ 的情况, $\Pi_S \boldsymbol{Z} = \boldsymbol{Z}$ 及 $||\boldsymbol{\theta} - \Pi_S \boldsymbol{Z}||^2 = \sigma_n^2 \sum_{i=1}^n \epsilon_i^2 \overset{d}{=} \sigma_n^2 \chi_n^2$, 并因此, 由 $q_{0,n}$ 的定义,

$$a(S) = \mathbb{P}_\theta (\sigma_n^2 \chi_n^2 > q_{0,n}(\alpha_S) \sigma_n^2) = \alpha_S. \qquad \blacksquare$$

当 σ_n 是未知时, 利用在第 5 章讨论的方法之一来估计方差, 而且一般来说, 覆盖率仅仅是渐近正确. 为了看到 σ_n 的不确定性的影响, 考虑确实已知 σ_n 在区间 $I = [\sqrt{1 - \eta_n} \tau_n, \tau_n]$ 之中的理想情况 (在实践中, 将为 σ 构造一个置信区间, 并且适当地调整置信球的水平 α). 在这种情况, 半径 ρ_S 由下式定义:

$$
\rho_S^2 =
\begin{cases}
\inf\limits_{z>0} \{ \sup\limits_{\sigma_n \in I} G_{z/\sigma_n^2, n}(q_{0,n}(\gamma)\tau_n^2/\sigma_n^2) \leqslant \alpha_S \}, & d(S) = 0, \\
\sup\limits_{z>0, \sigma_n \in I} \{ z\sigma_n^2 + \sigma_n^2 q_{0,d(S)}(h_S(z, \sigma_n)) \}, & 0 < d(S) < n, \\
q_{0,n}(\alpha_S)\tau_n^2, & d(S) = n,
\end{cases}
\tag{7.65}
$$

这里,

$$h_S(z, \sigma_n) = \frac{\alpha_S}{G_{z,e(S)} \left(G_{z,e(S)} (q_{0,e(S)}(\gamma)\tau_n^2) \right)}, \tag{7.66}$$

而且 $\mathcal{A}$ 现在定义为

$$\mathcal{A} = \left\{ S \in \mathcal{S} : \ ||\boldsymbol{Z} - \Pi_S \boldsymbol{Z}||^2 \leqslant q_{0,e(S)}(\gamma)\tau_n^2 \right\}. \tag{7.67}$$

Beran-Dümbgen-Stein 枢轴方法. 现在, 讨论一个不同的方法. 它源于 Stein (1981), 并且进一步被 Li (1989), Beran and Dümbgen (1998), Genovese and Wasserman (2005) 所发展. 该方法比 Baraud-Lepski 方法简单, 但它用渐近近似. 在下一章将更详细地考虑这个方法, 这里给出其基本思想.

考虑嵌套子集 $\mathcal{S} = \{S_0, S_1, \cdots, S_n\}$, 这里,

$$S_j = \left\{ \boldsymbol{\theta} = (\theta_1, \cdots, \theta_j, 0, \cdots, 0) : \ (\theta_1, \cdots, \theta_j) \in \mathbb{R}^j \right\}.$$

令 $\widehat{\boldsymbol{\theta}}_m = (Z_1, \cdots, Z_m, 0, \cdots, 0)$ 表示在模型 S_m 下的估计. 损失函数为

$$L_m = ||\widehat{\boldsymbol{\theta}}_m - \boldsymbol{\theta}||^2.$$

定义**枢轴**(pivot)

$$V_m = \sqrt{n}(L_m - \widehat{R}_m), \tag{7.68}$$

这里, $\widehat{R}_m = m\sigma_n^2 + \sum_{j=m+1}^{n} (Z_j^2 - \sigma_n^2)$ 为 SURE. 令 $\widehat{m}$ 使 $\widehat{R}_m$ 在 m 上最小. Beran and Dümbgen (1998) 表明 $V_{\widehat{m}}/\widehat{\tau} \rightsquigarrow N(0,1)$, 这里,

$$\tau_m^2 = \mathbb{V}(V_m) = 2n\sigma_n^2 \left(n\sigma_n^2 + 2 \sum_{j=m+1}^{n} \theta_j^2 \right),$$

及

$$\widehat{\tau}^2 = 2n\sigma_n^2 \left[n\sigma_n^2 + 2 \sum_{j=\widehat{m}+1}^{n} (Z_j^2 - \sigma_n^2) \right].$$

令

$$r_n^2 = \widehat{R}_m + \frac{\widehat{\tau} z_\alpha}{\sqrt{n}},$$

并定义

$$\mathcal{B}_n = \left\{ \boldsymbol{\theta} \in \mathbb{R}^n : \ ||\boldsymbol{\theta}_m - \widehat{\boldsymbol{\theta}}||^2 \leqslant r_n^2 \right\}.$$

那么,

$$\mathbb{P}_\theta(\boldsymbol{\theta} \in \mathcal{B}_n) = P_\theta(\|\boldsymbol{\theta}_m - \widehat{\boldsymbol{\theta}}\|^2 \leqslant r_n^2) = P_\theta(L_m \leqslant r_n^2)$$

$$= P_\theta\left(L_m \leqslant \widehat{R}_m + \frac{\widehat{\tau}z_\alpha}{\sqrt{n}}\right) = P_\theta\left(\frac{V_{\widehat{m}}}{\widehat{\tau}} \leqslant z_\alpha\right)$$

$$\to 1 - \alpha.$$

这个方法的一个实际问题是 r_n^2 能够是负的. 这是由于在 $\widehat{R}$ 和 τ 中存在的项 $\sum\limits_{j=m+1}^{n}(Z_j^2 - \sigma_n^2)$. 为了对付这个问题, 用 $\max\left\{\sum\limits_{j=m+1}^{n}(Z_j^2 - \sigma_n^2), 0\right\}$ 来替换这一项. 这能导致过分覆盖, 但至少能得到有定义的半径.

7.69 例　考虑嵌套子集 $\mathcal{S} = \{S_0, S_1, \cdots, S_n\}$, 这里, $S_0 = \{0, \cdots, 0\}$ 及

$$S_j = \left\{\boldsymbol{\theta} = (\theta_1, \cdots, \theta_j, 0, \cdots, 0): (\theta_1, \cdots, \theta_j) \in \mathbb{R}^j\right\}.$$

取 $\alpha = 0.05, n = 100, \sigma_n = 1/\sqrt{n}$, 对所有的 S, $\alpha_S = \alpha/(n+1)$. 这样, 如所要求的那样有 $\sum \alpha_S = \alpha$. 图 7.2 显示了对于 $\gamma = 0.05, 0.15, 0.50, 0.90$, ρ_S 对 S 的维数的关系. 虚线为 χ^2 球的半径. 能够表明

$$\frac{\rho_0}{\rho_n} = O\left(n^{-1/4}\right). \tag{7.70}$$

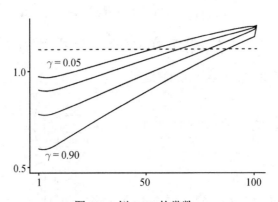

图 7.2　例 7.69 的常数 ρ_S

横轴是子模型的维数. 四条曲线显示对于 $\gamma = 0.05, 0.15, 0.50, 0.90$ 的 ρ_S. 最高的曲线相应于 $\gamma = 0.05$, 而当 γ 增加时, 曲线降低. 虚线为 χ^2 球的半径.

它表明, 对低维模型的收缩导致了较小的置信集. 这里有一个有意思的平衡. 设置大的 γ 来使得 ρ_0 变小导致了潜在的小置信球. 然而, 使得 γ 大, 则会增加集合 $\mathcal{A}$, 这又减少了选择小的 ρ 的机会. 在模型 $\boldsymbol{\theta} = (10, 10, 10, 10, 10, 0, \cdots, 0)$ 下做了模拟. 其汇总请看表 7.1. 在这个例子中, 枢轴方法看来是运作最好的. ∎

表 7.1 基于 1000 次模拟的例 7.69 的模拟结果

方法		覆盖率	半径
χ^2		0.950	1.115
	$\gamma = 0.90$	1.000	0.973
	$\gamma = 0.50$	1.000	0.904
Baraud	$\gamma = 0.15$	1.000	0.779
	$\gamma = 0.05$	0.996	0.605
枢轴		0.998	0.582

7.9 置信集的最优性

当保持着正确的覆盖率时, 能够使置信集小到什么程度呢? 这一节, 将会看到, 如果 $\mathcal{B}_n$ 是一个半径为 s_n 的置信球, 那么对**每个**θ, $\mathbb{E}_\theta(s_n) \geqslant C_1 \sigma_n n^{1/4}$, 及对**某个**$\theta$, $\mathbb{E}_\theta(s_n) \geqslant C_2 \sigma_n n^{1/2}$. 这里 C_1 和 C_2 为正常数. χ^2 球对所有的 θ 有半径 $\sigma_n n^{1/2}$. 这意味着 χ^2 球能够被继续改进. 实际上, Baradud 置信球在参数空间的某点能够达到较快的速率 $\sigma_n n^{1/4}$. 将在这一节提供某些细节. 但是, 首先把这个和点估计做比较.

由定理 7.32, 在 m 阶Sobolev空间上的一个点估计的最优收敛率为 $n^{-2m/(2m+1)}$. 按照定理 7.50, 能够在没有关于 m 的先验知识时来构造达到这个速率的估计. 这就引起了下面的问题: 能够构造适应地达到这个最优速率的置信球吗? 简短的回答是不能. Robin and van der Vaart (2005), Juditsky and Lambert-Lacroix (2003), Cai and Low (2005) 表明, 对于置信集的某种程度的改进是可能的, 但改进量是非常有限的. 从上面的评论看出, 不用任何光滑假定, 能够得到的最快的收敛率是 $\sigma_n n^{1/4}$, 意味着当 $\sigma_n = \sigma/\sqrt{n}$ 时为 $O(n^{-1/4})$ 阶的.

以下面源于 Li (1989) 的定理开始转到细节.

7.71 定理(Li, 1989)   令 $\mathcal{B}_n = \{\boldsymbol{\theta}^n \in \mathbb{R}^n : \|\widehat{\boldsymbol{\theta}}^n - \boldsymbol{\theta}^n\| \leqslant s_n\}$, 这里, $\widehat{\boldsymbol{\theta}}^n$ 为 $\boldsymbol{\theta}^n$ 的任意估计, 而且 $s_n = s_n(\boldsymbol{Z}^n)$ 为球的半径. 假定

$$\liminf_{n\to\infty} \inf_{\boldsymbol{\theta}^n \in \mathbb{R}^n} \mathbb{P}_{\boldsymbol{\theta}^n}(\boldsymbol{\theta}^n \in \mathcal{B}_n) \geqslant 1 - \alpha. \tag{7.72}$$

那么, 对于任意的序列 $\boldsymbol{\theta}^n$ 和任意的 $c_n \to 0$,

$$\limsup_{n\to\infty} \mathbb{P}_{\boldsymbol{\theta}^n}(s_n \leqslant c_n \sigma_n n^{1/4}) \leqslant \alpha. \tag{7.73}$$

Baraud (2004) 与 Cai and Low (2005) 提供了有穷样本结果. 例如, 有下面结果, 其证明在附录.

7.74 定理(Cai and Low, 2004)   假定模型 (7.1). 固定 $0 < \alpha < 1/2$. 令 $\mathcal{B}_n = \{\boldsymbol{\theta} : \|\widehat{\boldsymbol{\theta}} - \boldsymbol{\theta}\| \leqslant s_n\}$ 满足

$$\inf_{\theta \in \mathbb{R}^n} \mathbb{P}_\theta(\theta \in \mathcal{B}_n) \geqslant 1 - \alpha.$$

那么, 对每一个 $0 < \epsilon < (1/2) - \alpha$,

$$\inf_{\theta \in \mathbb{R}^n} \mathbb{E}_\theta(s_n) \geqslant \sigma_n(1 - 2\alpha - 2\epsilon)n^{1/4}[\log(1 + \epsilon^2)]^{1/4}. \tag{7.75}$$

特别地, 如果 $\sigma_n = \sigma/\sqrt{n}$, 那么,

$$\inf_{\theta \in \mathbb{R}^n} \mathbb{E}_\theta(s_n) \geqslant \frac{C}{n^{1/4}}, \tag{7.76}$$

这里, $C = \sigma(1 - 2\alpha - 2\epsilon)[\log(1 + \epsilon^2)]^{1/4}$.

正如下面定理所表明的, 上面定理的下界不能在任何地方得到.

7.77 定理(Cai and Low, 2004)   假定模型 (7.1). 固定 $0 < \alpha < 1/2$. 令 $\mathcal{B}_n = \{\theta : \|\widehat{\theta} - \theta\| \leqslant s_n\}$ 满足

$$\inf_{\theta \in \mathbb{R}^n} \mathbb{P}_\theta(\theta \in \mathcal{B}_n) \geqslant 1 - \alpha,$$

那么, 对每一个 $0 < \epsilon < (1/2) - \alpha$,

$$\sup_{\theta \in \mathbb{R}^n} \mathbb{E}_\theta(s_n) \geqslant \epsilon \sigma_n z_{\alpha + 2\epsilon} \sqrt{n} \sqrt{\frac{\epsilon}{1 - \alpha - \epsilon}}. \tag{7.78}$$

特别地, 如果 $\sigma_n = \sigma/\sqrt{n}$, 那么,

$$\sup_{\theta \in \mathbb{R}^n} \mathbb{E}_\theta(s_n) \geqslant C, \tag{7.79}$$

这里, $C = \epsilon z_{\alpha + 2\epsilon} \sqrt{\epsilon/(1 - \alpha - \epsilon)}$.

尽管有这些悲观的结果, 还是有些改进的潜力, 因为在定理 7.74 的下确界小于定理 7.77 的上确界. 例如, χ^2 球有半径 $O(\sigma_n \sqrt{n})$, 而上面定理的下界为 $O(\sigma_n n^{1/4})$, 说明能够做得比 χ^2 球好. 这就是产生 Baraud 和枢轴置信集的动机. Baraud 置信集的确有某种形式的改进: 如果 $\theta \in S$, 那么, 以高概率有 $\widehat{\rho} \leqslant \rho_S$. 这很容易从球所定义的方式得到. 把这作为一个引理.

7.80 引理   如定理 7.59 那样定义 $\mathcal{S}, \alpha, \gamma$ 和 $(\rho_S : S \in \mathcal{S})$. 对于每个 $S \in \mathcal{S}$,

$$\inf_{\theta \in S} \mathbb{P}_\theta(\widehat{\rho} \leqslant \rho_S) \geqslant 1 - \gamma. \tag{7.81}$$

Baraud 还给出了下面的结果, 表明他的构造是本质上最优的. 头一个结果给出了关于任意适应性置信球的下界. 其后面的结果表明他的置信集的半径 ρ_S 本质上达到了这个下界.

7.82 定理(Baraud, 2004)   假定 $\widehat{\theta} = \widehat{\theta}(Z)$ 及 $r = r(Z)$, 使得 $\mathcal{B}_n = \{\theta : \|\widehat{\theta} - \theta\|^2 \leqslant r^2\}$ 为一个 $1 - \alpha$ 置信球. 还假定 $2\alpha + \gamma < 1 - \mathrm{e}^{-1/36}$ 及 $d(S) \leqslant n/2$. 如果

$$\inf_{\boldsymbol{\theta} \in S} \mathbb{P}_{\boldsymbol{\theta}}(r \leqslant r_S) \geqslant 1 - \gamma, \tag{7.83}$$

那么, 对某 $C = C(\alpha, \gamma) > 0$,

$$r_S^2 \geqslant C\sigma_n^2 \max\left\{d(S), \sqrt{n}\right\}. \tag{7.84}$$

取 S 包含单独的一个点则得到定理 7.74 同样的结果, 取 $S = \mathbb{R}^n$ 则产生和定理 7.77 同样的结果.

7.85 定理(Baraud, 2004)   如定理 7.59 那样定义 $\mathcal{S}, \alpha, \gamma$ 和 $\{\rho_S : S \in \mathcal{S}\}$. 假定除了对 $S = \mathbb{R}^n$, 对每个 $S \in \mathcal{S}$, 有 $d(S) \leqslant n/2$. 那么, 存在一个普遍常数 $C > 0$, 使得

$$\rho_S^2 \leqslant C\,\sigma_n^2 \max\left\{d(S), \sqrt{n\log(1/\alpha_S)}, \log(1/\alpha_S)\right\}. \tag{7.86}$$

当仅知道 σ_n 在区间 $I = [\sqrt{1 - \eta_n}\tau_n, \tau_n]$ 中时, Baraud 表明, 下界 (7.84) 成为

$$r_S^2 \geqslant C\,\tau_n^2 \max\left\{\eta_n n/2, d(S)(1 - \eta_n), \sqrt{n - d(S)}(1 - \eta_n)\right\}. \tag{7.87}$$

它表明, 关于 σ 的信息是关键. 实际上, 能够有的最好的现实希望就是知道 σ^2 等于阶数 $\eta_n = O(n^{-1/2})$, 在这种情况, 下界的阶数为 $\max\{\sqrt{n}, d(S)\}$.

7.10   随机半径置信带

已经看到随机半径置信球能够在下面意义上被改进, 即在参数空间中的某些点, 它们小于固定的半径置信球. 对于置信带是否也是这样呢? 正如 Low (1997) 的结果表明, 回答是不能. 实际上, Low 考虑的是在一个单独点估计密度 f. 但本质上, 同样结果也适用于回归和置信带. 他表明, $f(x)$ 的任何随机半径置信区间的期望宽度应该至少和一个固定宽度的置信区间一样大. 这样, 构造置信球和构造置信带之间有质的区别.

类似的评论应用于其他范数. L_p 范数定义为

$$\|\boldsymbol{\theta}\|_p = \begin{cases} \left(\sum_i |\theta_i|^p\right)^{1/p}, & p < \infty, \\ \max_i |\theta_i|, & p = \infty. \end{cases}$$

置信带能够被考虑为 L_∞ 置信球. 能够表明, 在 L_p 范数, $2 < p < \infty$ 情况下, 置信球落在 L_2 和 L_∞ 两个极端之间, 意味着有某种改进, 但不像在 L_2 范数时那么多. 类似的评论应用于假设检验, 参见 Ingster and Suslina (2003).

7.11   惩罚、神谕和稀疏

再考虑许多正态均值问题

$$Z_i \sim \theta_i + \sigma_n \epsilon_i, \quad i = 1, \cdots, n.$$

如果选择 $\widehat{\theta}$ 来使平方和 $\sum_{i=1}^{n}(Z_i - \widehat{\theta}_i)^2$ 最小, 得到 MLE $\widehat{\theta} = \boldsymbol{Z} = (Z_1, \cdots, Z_n)$. 如果换种作法, 使惩罚平方和最小, 则得到不同的估计.

7.88 定理   令 $J: \mathbb{R}^n \to [0, \infty)$, $\lambda \geqslant 0$, 并且定义**惩罚平方和**(penalized sum of squares) 为

$$M = \sum_{i=1}^{n}(Z_i - \theta_i)^2 + \lambda J(\boldsymbol{\theta}).$$

令 $\widehat{\theta}$ 使 M 最小. 如果 $\lambda = 0$, 那么, $\widehat{\theta} = \boldsymbol{Z}$. 如果 $J(\boldsymbol{\theta}) = \sum_{i=1}^{n}\theta_i^2$, 那么 $\widehat{\theta}_i = Z_i/(1+\lambda)$, 为一个线性收缩估计. 如果 $J(\boldsymbol{\theta}) = \sum_{i=1}^{n}|\theta_i|$, 那么 $\widehat{\theta}$ 为软阈估计 (7.21). 如果 $J(\boldsymbol{\theta}) = \#\{\theta_i : \theta_i \neq 0\}$, 那么 $\widehat{\theta}$ 为硬阈估计 (7.23).

这样, 可以看到, 线性收缩估计, 软阈估计, 硬阈估计都是一个一般方法的特殊情况. L_1 惩罚 $\sum_{i=1}^{n}|\theta_i|$ 是特别有意思的. 按照定理 7.88, 使得

$$\sum_{i=1}^{n}(Z_i - \widehat{\theta}_i)^2 + \lambda \sum_{i=1}^{n}|\theta_i| \tag{7.89}$$

最小的估计是软阈估计 $\widehat{\theta}_\lambda = (\widehat{\theta}_{\lambda,1}, \cdots, \widehat{\theta}_{\lambda,n})$, 这里

$$\widehat{\theta}_{\lambda,i} = \operatorname{sign}(Z_i)(|Z_i| - \lambda)_+.$$

准则 (7.89) 在 lasso (Tibshirani, 1996) 的名字下出现在线性回归的变量选择中, 及在寻基 (basis persuit)(Chen et al., 1998) 的名字下出现在信号处理中. 在第 9 章将看到, 软阈在小波方法中也扮演着一个重要的角色.

为了得到关于软阈的更多的内涵, 考虑一个源于 Donoho and Johnstone (1994) 的结果. 考虑估计 θ_i, 并假定利用或者 Z_i 或者 0 作为一个估计. 如果认为向量 $\boldsymbol{\theta}$ 是很稀疏的, 即它有很多零, 那么这样的估计可能会是合适的. Z_i 的风险是 σ_n^2, 而 0 的风险是 θ_i^2. 想象一个知道什么时候 Z_i 有较好的风险及什么时候 0 有较好的风险的**神谕**(oracle). 那么神谕估计为 $\min\{\sigma_n^2, \theta_i^2\}$. 整个向量 $\boldsymbol{\theta}$ 的估计的风险为

$$R_{\text{oracle}} = \sum_{i=1}^{n} \min\{\sigma_n^2, \theta_i^2\}.$$

Donoho and Johnstone (1994) 表明, 软阈给出了接近神谕的一个估计.

7.90 定理(Donoho and Johnstone, 1994)　令 $\lambda = \sigma_n \sqrt{2 \log n}$. 那么, 对每个 $\boldsymbol{\theta} \in \mathbb{R}^n$,

$$\mathbb{E}_{\boldsymbol{\theta}} ||\widehat{\boldsymbol{\theta}}_\lambda - \boldsymbol{\theta}||^2 \leqslant (2 \log n + 1)(\sigma_n^2 + R_{\mathrm{oracle}}).$$

而且, 在下面的意义上, 没有估计能够更接近神谕: 当 $n \to \infty$,

$$\inf_{\widehat{\boldsymbol{\theta}}} \sup_{\boldsymbol{\theta} \in \mathbb{R}^n} \frac{\mathbb{E}_{\boldsymbol{\theta}} ||\widehat{\boldsymbol{\theta}}_\lambda - \boldsymbol{\theta}||^2}{\sigma_n^2 + R_{\mathrm{oracle}}} \sim 2 \log n. \tag{7.91}$$

现在考虑一个稀疏向量 $\boldsymbol{\theta}$, 它除了 k 个大值分量之外, 其余都是 0, 这里, $k \ll n$. 那么 $R_{\mathrm{oracle}} = k\sigma_n^2$. 在下一章将看到, 在函数估计问题中, $\sigma_n^2 = O(1/n)$, 并因此 $R_{\mathrm{oracle}} = O(k/n)$, 它在 ($k$ 小的) 稀疏空间中算是小的.

7.12　文　献　说　明

把非参数模型化简为正态均值模型 (或者在附录中的白噪声模型) 的想法可至少追述到 Ibargimov and Has'minski (1977), Efromovich and Pinsker (1982), 以及其他的一些文献. 对于这方面的最近结果的例子, 可参见 Brown and Low (1996), Nussbaum (1996a). 处理正态决策理论及其与非参数问题的关系的一个彻底方法包含在 Johnstone (2003) 中. 还有在这个框架中的关于假设检验的大量文献. 许多结果是源于 Ingster, 并且概括于 Ingster and Suslina (2003).

7.13　附　　录

白噪声模型. 回归还和**白噪声模型**(white noise model) 有关. 这里给出一个简单的描述. 回忆, 标准 Brown 运动 $W(t), 0 \leqslant t \leqslant 1$, 为一个随机函数, 满足 $W(0) = 0, W(s+t) - W(s) \sim N(0, t)$, 而且对于 $0 \leqslant u \leqslant v \leqslant s \leqslant t, W(v) - W(u)$ 独立于 $W(t) - W(s)$. 能够把 W 看成随机游走的一个连续形式. 令 $Z_i = f(i/n) + \sigma\epsilon_i$, 而且 $\epsilon_i \sim N(0, 1)$. 对于 $0 \leqslant t \leqslant 1$, 定义

$$Z_n(t) = \frac{1}{n} \sum_{i=1}^{[nt]} Z_i = \frac{1}{n} \sum_{i=1}^{[nt]} f(i/n) + \frac{\sigma}{\sqrt{n}} \frac{1}{\sqrt{n}} \sum_{i=1}^{[nt]} Z_i.$$

当 $n \to \infty$ 时, $\dfrac{1}{n} \sum\limits_{i=1}^{[nt]} f(i/n)$ 这一项收敛于 $\displaystyle\int_0^t f(s)\mathrm{d}s$. 而 $n^{-1/2} \sum\limits_{i=1}^{[nt]} Z_i$ 则收敛于标准 Brown 运动. (对于任意固定的 t, 这刚好是中心极限定理的一个应用.) 于是, 渐近地, 能够写

$$Z(t) = \int_0^t f(s)\mathrm{d}s + \frac{\sigma}{\sqrt{n}}W(t).$$

这称为**标准白噪声模型**(standard white noise model), 常常以不同的形式写为

$$\mathrm{d}Z(t) = f(t)\mathrm{d}t + \frac{\sigma}{\sqrt{n}}\mathrm{d}W(t), \tag{7.92}$$

这里, $\mathrm{d}W(t)$ 为白噪声过程[①].

令 $\phi_1, \phi_2, \cdots$ 为 $L_2(0,1)$ 上的一个标准正交基, 并且记 $f(x) = \sum_{i=1}^{\infty} \theta_i \phi_i(x)$, 这里, $\theta_i = \int f(x)\phi_i(x)\mathrm{d}x$. 用 ϕ_i 乘以 (7.92) 并且积分, 得到 $Z_i = \theta_i + (\sigma/\sqrt{n})\epsilon_i$, 这里, $Z_i = \int \phi_i(t)\mathrm{d}Z(t)$ 及 $\epsilon_i = \int \phi_i(t)\mathrm{d}W(t) \sim N(0,1)$. 回到正态均值问题. 一个更复杂的推理能够用来把密度估计和白噪声模型联系起来, 正如在 Nussbaum (1996a) 所描述的.

弱可微. 令 f 为在每个有界区间可积. 如果存在一个在每个有界区间可积的函数 f', 使得只要 $x \leqslant y$, 有

$$\int_x^y f'(s)\mathrm{d}s = f(y) - f(x),$$

那么 f 是**弱可微的**(weakly differentiable). 称 f' 为 f 的弱导数. 一个等价的条件是, 对于每个有紧支撑的及无穷可微的 ϕ,

$$\int f(s)\phi'(s)\mathrm{d}s = -\int f'(s)\phi(s)\mathrm{d}s.$$

参看 Härdle et al. (1998) 第 72 页.

Pinsker 定理 (定理 7.28) 的证明(Nussbaum, 1996b)　需要利用现在要回顾的贝叶斯估计. 令 π_n 为一个 $\boldsymbol{\theta}^n$ 的先验分布. **积分的风险**(integrated risk) 定义为 $B(\widehat{\boldsymbol{\theta}}, \pi_n) = \int R(\widehat{\boldsymbol{\theta}}^n, \boldsymbol{\theta}^n)\mathrm{d}\pi_n(\boldsymbol{\theta}^n) = \mathbb{E}_{\pi_n}\mathbb{E}_\theta L(\widehat{\boldsymbol{\theta}}, \boldsymbol{\theta})$. **贝叶斯估计**(Bayes estimator)$\widehat{\boldsymbol{\theta}}_{\pi_n}$ 使得下面贝叶斯风险最小:

$$B(\pi_n) = \inf_{\widehat{\boldsymbol{\theta}}} B(\widehat{\boldsymbol{\theta}}^n, \pi_n). \tag{7.93}$$

贝叶斯估计的一个显公式为

$$\widehat{\boldsymbol{\theta}}_{\pi_n}(y) = \operatorname*{argmin}_a \mathbb{E}(L(a, \boldsymbol{\theta})|\boldsymbol{Z}^n).$$

在平方误差损失 $L(a,\theta) = \|a - \theta\|_n^2$ 的情况, 贝叶斯估计为 $\widehat{\boldsymbol{\theta}}_{\pi_n}(y) = \mathbb{E}(\boldsymbol{\theta}|\boldsymbol{Z}^n)$.

---

① 直观上, 把 $\mathrm{d}W(t)$ 看成在非常小格子上的一些正态变量的一个向量.

令 $\Theta_n = \Theta_n(c)$,

$$R_n = \inf_{\widehat{\boldsymbol{\theta}}} \sup_{\boldsymbol{\theta} \in \Theta_n} R(\widehat{\boldsymbol{\theta}}, \boldsymbol{\theta})$$

表示最小最大风险. 将找到这个风险的一个上界和一个下界.

　　上界. 令 $\widehat{\theta}_j = c^2 Z_j / (\sigma^2 + c^2)$. 这个估计的偏倚为

$$\mathbb{E}_\theta(\widehat{\theta}_j) - \theta_j = -\frac{\sigma^2 \theta_j}{\sigma^2 + c^2},$$

方差为

$$\mathbb{V}_\theta(\widehat{\theta}_j) = \left(\frac{c^2}{c^2 + \sigma^2}\right)^2 \sigma_n^2 = \left(\frac{c^2}{c^2 + \sigma^2}\right)^2 \frac{\sigma^2}{n},$$

因此风险为

$$\mathbb{E}_\theta \|\widehat{\boldsymbol{\theta}} - \boldsymbol{\theta}\|^2 = \sum_{j=1}^n \left[\left(\frac{\sigma^2 \theta_j}{\sigma^2 + c^2}\right)^2 + \left(\frac{c^2}{c^2 + \sigma^2}\right)^2 \left(\frac{\sigma^2}{n}\right) \right]$$

$$= \left(\frac{\sigma^2}{\sigma^2 + c^2}\right)^2 \sum_{j=1}^n \theta_j^2 + \sigma^2 \left(\frac{\sigma^2}{\sigma^2 + c^2}\right)^2$$

$$\leqslant c^2 \left(\frac{\sigma^2}{\sigma^2 + c^2}\right)^2 + \sigma^2 \left(\frac{\sigma^2}{\sigma^2 + c^2}\right)^2$$

$$= \frac{\sigma^2 c^2}{\sigma^2 + c^2}.$$

因此, 对于所有的 n,

$$R_n \leqslant \frac{c^2 \sigma^2}{c^2 + \sigma^2}.$$

　　下界. 固定 $0 < \delta < 1$. 令 π_n 为一个正态先验分布, 为之, $\theta_1, \cdots, \theta_n$ 为 IID 的 $N(0, c^2\delta^2/n)$ 变量. 令 $B(\pi_n)$ 表示贝叶斯风险. 回忆: $B(\pi_n)$ 使得积分的风险 $B(\widehat{\boldsymbol{\theta}}, \pi_n)$ 在所有估计上最小. 取 $\widehat{\boldsymbol{\theta}}$ 为有分量 $\widehat{\theta}_j = c^2\delta^2 Z_j / (c^2\delta^2 + \sigma^2)$ 的后验均值可得到该最小值, 风险为

$$R(\boldsymbol{\theta}, \widehat{\boldsymbol{\theta}}) = \sum_{i=1}^n \left[\theta_i^2 \left(\frac{\sigma^2}{\frac{c^2\delta^2}{n} + \sigma^2}\right)^2 + \sigma^2 \left(\frac{\frac{c^2\delta^2}{n}}{\frac{c^2\delta^2}{n} + \sigma^2}\right)^2 \right].$$

贝叶斯风险为

$$B(\pi_n) = \int R(\boldsymbol{\theta}, \widehat{\boldsymbol{\theta}}) \mathrm{d}\pi_n(\boldsymbol{\theta}) = \frac{\sigma^2 \delta^2 c^2}{\sigma^2 + \delta^2 c^2}.$$

这样, 对任意估计 $\widehat{\boldsymbol{\theta}}$,

$$B(\pi_n) \leqslant B(\widehat{\boldsymbol{\theta}}, \pi_n)$$

$$= \int_{\Theta_n} R(\boldsymbol{\theta}, \widehat{\boldsymbol{\theta}}) \mathrm{d}\pi_n + \int_{\Theta_n^c} R(\boldsymbol{\theta}, \widehat{\boldsymbol{\theta}}) \mathrm{d}\pi_n$$

$$\leqslant \sup_{\boldsymbol{\theta} \in \Theta_n} R(\boldsymbol{\theta}, \widehat{\boldsymbol{\theta}}) + \int_{\Theta_n^c} R(\boldsymbol{\theta}, \widehat{\boldsymbol{\theta}}) \mathrm{d}\pi_n$$

$$\leqslant \sup_{\boldsymbol{\theta} \in \Theta_n} R(\boldsymbol{\theta}, \widehat{\boldsymbol{\theta}}) + \sup_{\widehat{\boldsymbol{\theta}}} \int_{\Theta_n^c} R(\boldsymbol{\theta}, \widehat{\boldsymbol{\theta}}) \mathrm{d}\pi_n.$$

对所有在 Θ_n 中取值的估计取下确界, 得到

$$B(\pi_n) \leqslant R_n + \sup_{\widehat{\boldsymbol{\theta}}} \int_{\Theta_n^c} R(\boldsymbol{\theta}, \widehat{\boldsymbol{\theta}}) \mathrm{d}\pi_n.$$

因此,

$$R_n \geqslant B(\pi_n) - \sup_{\widehat{\boldsymbol{\theta}}} \int_{\Theta_n^c} R(\boldsymbol{\theta}, \widehat{\boldsymbol{\theta}}) \mathrm{d}\pi_n$$

$$= \frac{\sigma^2 \delta^2 c^2}{\sigma^2 + \delta^2 c^2} - \sup_{\widehat{\boldsymbol{\theta}}} \int_{\Theta_n^c} R(\boldsymbol{\theta}, \widehat{\boldsymbol{\theta}}) \mathrm{d}\pi_n.$$

现在, 利用 $||a + b||^2 \leqslant 2(||a||^2 + ||b||^2)$ 的事实及 Cauchy-Schwartz 不等式, 有

$$\sup_{\widehat{\boldsymbol{\theta}}} \int_{\Theta_n^c} R(\boldsymbol{\theta}, \widehat{\boldsymbol{\theta}}) \mathrm{d}\pi_n \leqslant 2 \int_{\Theta_n^c} ||\boldsymbol{\theta}||^2 \mathrm{d}\pi_n + 2 \sup_{\widehat{\boldsymbol{\theta}}} \int_{\Theta_n^c} \mathbb{E}_{\boldsymbol{\theta}} ||\widehat{\boldsymbol{\theta}}||^2 \mathrm{d}\pi_n$$

$$\leqslant 2\sqrt{\pi_n(\Theta_n^c)} \sqrt{\mathbb{E}_{\pi_n} \left(\sum_j \theta_j^2 \right)^2} + 2c^2 \pi_n(\Theta_n^c).$$

这样,

$$R_n \geqslant \frac{\sigma^2 \delta^2 c^2}{\sigma^2 + \delta^2 c^2} - 2\sqrt{\pi_n(\Theta_n^c)} \sqrt{\mathbb{E}_{\pi_n} \left(\sum_j \theta_j^2 \right)^2} - 2c^2 \pi_n(\Theta_n^c). \tag{7.94}$$

现在局限于 (7.94) 的最后两项.

将要利用下面的大离差不等式: 如果 $Z_1, \cdots, Z_n \sim N(0, 1)$ 及 $0 < t < 1$, 那么,

$$\mathbb{P}\left(\left| \frac{1}{n} \sum_j (Z_j^2 - 1) \right| > t \right) \leqslant 2\mathrm{e}^{-nt^2/8}.$$

令 $Z_j = \sqrt{n}\theta_j/(c\delta)$, 并令 $t = (1-\delta^2)/\delta^2$. 那么,

$$\pi_n(\Theta_n^c) = \mathbb{P}\left(\sum_{j=1}^n \theta_j^2 > c^2\right) = \mathbb{P}\left(\frac{1}{n}\sum_j (Z_j^2 - 1) > t\right)$$

$$\leqslant \mathbb{P}\left(\left|\frac{1}{n}\sum_j (Z_j^2 - 1)\right| > t\right) \leqslant 2\mathrm{e}^{-nt^2/8}.$$

下面, 注意

$$\mathbb{E}_{\pi_n}\left(\sum_j \theta_j^2\right)^2 = \sum_{i=1}^n \mathbb{E}_{\pi_n}(\theta_i^4) + \sum_{i=1}^n \sum_{j\neq i}^n \mathbb{E}_{\pi_n}(\theta_i^2)\mathbb{E}_{\pi_n}(\theta_j^2)$$

$$= \frac{c^4\delta^4 \mathbb{E}(Z_1^4)}{n} + \binom{n}{2}\frac{c^4\delta^4}{n^2} = O(1).$$

因此, 由 (7.94),

$$R_n \geqslant \frac{\sigma^2\delta^2 c^2}{\sigma^2 + \delta^2 c^2} - 2\sqrt{2}\mathrm{e}^{-nt^2/16}O(1) - 2c^2\mathrm{e}^{-nt^2/8}.$$

因此,

$$\liminf_{n\to\infty} R_n \geqslant \frac{\sigma^2\delta^2 c^2}{\sigma^2 + \delta^2 c^2}.$$

让 $\delta \uparrow 1$, 得到结论.　　∎

定理 7.74 的证明　令

$$a = \frac{\sigma_n}{n^{1/4}}[\log(1+\epsilon^2)]^{1/4},$$

并定义

$$\Omega = \{\boldsymbol{\theta} = (\theta_1, \cdots, \theta_n): |\theta_i| = a, \ i = 1, \cdots, n\}.$$

注意 Ω 包含 2^n 个元素. 令 $f_{\boldsymbol{\theta}}$ 表示均值为 $\boldsymbol{\theta}$ 及协方差为 $\sigma_n^2 \boldsymbol{I}$ 的多元正态密度, 这里, $\boldsymbol{I}$ 为单位矩阵. 定义混合

$$q(y) = \frac{1}{2^n}\sum_{\boldsymbol{\theta}\in\Omega} f_{\boldsymbol{\theta}}(y).$$

令 f_0 表示均值为 $(0,\cdots,0)$ 及协方差为 $\sigma_n \boldsymbol{I}$ 的多元正态密度. 那么,

$$\int |f_0(x) - q(x)|\mathrm{d}x = \int \frac{|f_0(x) - q(x)|}{\sqrt{f_0(x)}}\sqrt{f_0(x)}\mathrm{d}x$$

$$\leqslant \sqrt{\int \frac{[f_0(x) - q(x)]^2}{f_0(x)}\mathrm{d}x}$$

$$= \sqrt{\int \frac{q^2(x)}{f_0(x)}\mathrm{d}x - 1}.$$

现在,

$$
\begin{aligned}
\int \frac{q^2(x)}{f_0(x)}\mathrm{d}x &= \int \left[\frac{q(x)}{f_0(x)}\right]^2 f_0(x)\mathrm{d}x = \mathbb{E}_0\left(\frac{q(x)}{f_0(x)}\right)^2 \\
&= \left(\frac{1}{2^n}\right)^2 \sum_{\boldsymbol{\theta},\boldsymbol{\nu}\in\Omega} \mathbb{E}_0\left(\frac{f_\theta(x)f_\nu(x)}{f_0^2(x)}\right) \\
&= \left(\frac{1}{2^n}\right)^2 \sum_{\boldsymbol{\theta},\boldsymbol{\nu}\in\Omega} \exp\left\{-\frac{1}{2\sigma_n^2}(\|\boldsymbol{\theta}\|^2+\|\boldsymbol{\nu}\|^2)\right\}\mathbb{E}_0\left(\exp\left\{\frac{\epsilon^{\mathrm{T}}(\boldsymbol{\theta}+\boldsymbol{\nu})}{\sigma_n^2}\right\}\right) \\
&= \left(\frac{1}{2^n}\right)^2 \sum_{\boldsymbol{\theta},\boldsymbol{\nu}\in\Omega} \exp\left\{-\frac{1}{2\sigma_n^2}(\|\boldsymbol{\theta}\|^2+\|\boldsymbol{\nu}\|^2)\right\}\exp\left\{\sum_{i=1}^n\frac{(\theta_i+\nu_i)^2}{2\sigma_n^2}\right\} \\
&= \left(\frac{1}{2^n}\right)^2 \sum_{\boldsymbol{\theta},\boldsymbol{\nu}\in\Omega} \exp\left\{\frac{\langle\boldsymbol{\theta},\boldsymbol{\nu}\rangle}{\sigma_n^2}\right\}.
\end{aligned}
$$

当从 Ω 随机抽取两个向量 $\boldsymbol{\theta}$ 和 $\boldsymbol{\nu}$ 时, 后者等于 $\exp(\langle\boldsymbol{\theta},\boldsymbol{\nu}\rangle/\sigma_n^2)$ 的均值. 而它等于

$$
\mathbb{E}\exp\left\{\frac{a^2\sum\limits_{i=1}^n E_i}{\sigma_n^2}\right\},
$$

这里, $E_1,\cdots,E_n$ 为独立的, 而 $\mathbb{P}(E_i=1)=\mathbb{P}(E_i=-1)=1/2$. 另外,

$$
\begin{aligned}
\mathbb{E}\exp\left\{\frac{a^2\sum\limits_{i=1}^n E_i}{\sigma_n^2}\right\} &= \prod_{i=1}^n \mathbb{E}\exp\left\{\frac{a^2 E_i}{\sigma_n^2}\right\} \\
&= \left(\mathbb{E}\exp\left\{\frac{a^2 E_1}{\sigma_n^2}\right\}\right)^n \\
&= \left[\cosh\left(\frac{a^2}{\sigma_n^2}\right)\right]^n,
\end{aligned}
$$

这里, $\cosh(y)=(\mathrm{e}^y+\mathrm{e}^{-y})/2$. 这样,

$$
\int \frac{q^2(x)}{f_0(x)}\mathrm{d}x = \left[\cosh\left(\frac{a^2}{\sigma_n^2}\right)\right]^n \leqslant \mathrm{e}^{a^4 n/\sigma_n^4},
$$

这里已经利用了 $\cosh(y)\leqslant \mathrm{e}^{y^2}$ 的事实. 于是,

$$
\int |f_0(x)-q(x)|\mathrm{d}x \leqslant \sqrt{\mathrm{e}^{a^4 n/\sigma_n^4}-1} = \epsilon.
$$

因此, 如果用 Q 表示密度为 q 的概率测度, 有, 对任意事件 A,

$$
\begin{aligned}
Q(A) &= \int_A q(x)\mathrm{d}x = \int_A f_0(x)\mathrm{d}x + \int_A [q(x) - f_0(x)]\mathrm{d}x \\
&\geqslant \mathbb{P}_0(A) - \int_A |q(x) - f_0(x)|\mathrm{d}x \geqslant \mathbb{P}_0(A) - \epsilon.
\end{aligned} \tag{7.95}
$$

定义两个事件, $A = \{(0, \cdots, 0) \in \mathcal{B}_n\}$ 及 $B = \{\Omega \bigcap \mathcal{B}_n \neq \varnothing\}$. 每一个 $\boldsymbol{\theta} \in \Omega$ 都有范数

$$
||\boldsymbol{\theta}|| = \sqrt{na^2} = \sigma_n n^{1/4}[\log(1 + \epsilon^2)]^{1/4} \equiv c_n.
$$

因此, $A \bigcap B \subset \{s_n \geqslant c_n\}$. 因为对于所有的 $\boldsymbol{\theta}$, $\mathbb{P}_{\boldsymbol{\theta}}(\boldsymbol{\theta} \in \mathcal{B}_n) \geqslant 1 - \alpha$, 因而, 对所有的 $\boldsymbol{\theta} \in \Omega$, $\mathbb{P}_{\boldsymbol{\theta}}(B) \geqslant 1 - \alpha$. 从 (7.95),

$$
\begin{aligned}
\mathbb{P}_0(s_n \geqslant c_n) &\geqslant \mathbb{P}_0\left(A \bigcap B\right) \geqslant Q\left(A \bigcap B\right) - \epsilon \\
&= Q(A) + Q(B) - Q\left(A \bigcup B\right) - \epsilon \\
&\geqslant Q(A) + Q(B) - 1 - \epsilon \\
&\geqslant Q(A) + (1 - \alpha) - 1 - \epsilon \\
&\geqslant \mathbb{P}_0(A) + (1 - \alpha) - 1 - 2\epsilon \\
&\geqslant (1 - \alpha) + (1 - \alpha) - 1 - 2\epsilon \\
&= 1 - 2\alpha - 2\epsilon.
\end{aligned}
$$

这样, $\mathbb{E}_0(s_n) \geqslant (1 - 2\alpha - 2\epsilon)c_n$. 容易看到, 同样的推理能够用于任意的 $\boldsymbol{\theta} \in \mathbb{R}^n$, 而因此, 对每个 $\boldsymbol{\theta} \in \mathbb{R}^n$, $\mathbb{E}_{\boldsymbol{\theta}}(s_n) \geqslant (1 - 2\alpha - 2\epsilon)c_n$. ∎

定理 7.77 的证明 令 $a = \sigma_n z_\alpha + 2\epsilon$, 这里 $0 < \epsilon < (1/2)(1/2 - \alpha)$, 并且定义

$$
\Omega = \{\boldsymbol{\theta} = (\theta_1, \cdots, \theta_n) : |\theta_i| = a, \ i = 1, \cdots, n\}.
$$

定义损失函数 $L = L(\widehat{\boldsymbol{\theta}}, \boldsymbol{\theta}) = \sum_{i=1}^{n} I(|\widehat{\theta}_i - \theta_i| \geqslant a)$. 令 π 为在 Ω 上的均匀先验分布. 在 Ω 上的后验概率分布函数为 $p(\boldsymbol{\theta}|y) = \prod_{i=1}^{n} p(\theta_i|y_i)$, 这里,

$$
p(\theta_i|y_i) = \frac{\mathrm{e}^{2ay_i/\sigma_n^2}}{1 + \mathrm{e}^{2ay_i/\sigma_n^2}} I(\theta_i = a) + \frac{1}{1 + \mathrm{e}^{2ay_i/\sigma_n^2}} I(\theta_i = -a).
$$

后验风险为

$$
\mathbb{E}(L(\widehat{\boldsymbol{\theta}}, \boldsymbol{\theta})|y) = \sum_{i=1}^{n} \mathbb{P}(|\widehat{\theta}_i - \theta_i| \geqslant a|y_i).
$$

如果 $y_i \geqslant 0$, 它被 $\widehat{\theta}_i = a$ 最小化, 而如果 $y_i < 0$, 它被 $\widehat{\theta}_i = -a$ 最小化. 该估计的风险为

$$\sum_{i=1}^{n} [\mathbb{P}(Y_i < 0|\theta_i = a)I(\theta_i = a) + \mathbb{P}(Y_i > 0|\theta_i = -a)I(\theta_i = -a)]$$

$$= n\Phi(-a/\sigma_n) = n(\alpha + 2\epsilon).$$

因为风险是常数, 它是最小最大风险. 因此,

$$\inf_{\widehat{\theta}} \sup_{\theta \in \mathbb{R}^n} \sum_{i=1}^{n} \mathbb{P}_\theta(|\widehat{\theta}_i - \theta_i| \geqslant a) \geqslant \inf_{\widehat{\theta}} \sup_{\theta \in \Omega} \sum_{i=1}^{n} \mathbb{P}_\theta(|\widehat{\theta}_i - \theta_i| \geqslant a)$$

$$= n(\alpha + 2\epsilon).$$

令 $\gamma = \epsilon/(1 - \alpha - \epsilon)$. 已给任何估计 $\widehat{\theta}$,

$$\gamma n \mathbb{P}_\theta(L < \gamma n) + n\mathbb{P}_\theta(L \geqslant \gamma n) \geqslant L,$$

并因此,

$$\sup_{\theta} (\gamma n \mathbb{P}_\theta(L < \gamma n) + n\mathbb{P}_\theta(L \geqslant \gamma n)) \geqslant \sup_{\theta} \mathbb{E}_\theta(L) \geqslant n(\alpha + 2\epsilon).$$

由这个不等式及 $\mathbb{P}_\theta(L < \gamma n) + \mathbb{P}_\theta(L \geqslant \gamma n) = 1$ 的事实, 得到

$$\sup_{\theta} \mathbb{P}_\theta(L \geqslant \gamma n) \geqslant \alpha + \epsilon.$$

这样,

$$\sup_{\theta} \mathbb{P}_\theta(||\widehat{\theta} - \theta||^2 \geqslant \gamma n a^2) \geqslant \sup_{\theta} \mathbb{P}_\theta(L \geqslant \gamma n) \geqslant \alpha + \epsilon.$$

因此,

$$\sup_{\theta} \mathbb{P}_\theta(s_n^2 \geqslant \gamma n a^2) \geqslant \sup_{\theta} \mathbb{P}_\theta(s_n^2 \geqslant ||\widehat{\theta} - \theta||^2 \geqslant \gamma n a^2)$$

$$= \sup_{\theta} \mathbb{P}_\theta(s_n^2 \geqslant ||\widehat{\theta} - \theta||^2) + \sup_{\theta} \mathbb{P}_\theta(||\widehat{\theta} - \theta||^2 \geqslant \gamma n a^2) - 1$$

$$\geqslant \alpha + \epsilon + 1 - \alpha - 1 = \epsilon.$$

这样, $\sup_{\theta} \mathbb{E}_\theta(s_n) \geqslant \epsilon a \sqrt{\gamma n}$. ■

7.14　练　　习

1. 对于 $i = 1, \cdots, n$, 令 $\theta_i = 1/i^2$. 取 $n = 1000$. 对于 $i = 1, \cdots, n$, 令 $Z_i \sim N(\theta_i, 1)$. 计算 MLE 的风险. 计算估计 $\widetilde{\theta} = (bZ_1, bZ_2, \cdots, bZ_n)$ 的风险. 把这个风险作为 b 的函数点作出图来. 找到最优值 b_*. 现在进行模拟. 对每一轮模拟, 找到 (修正的)James-Stein 估计 $\widehat{b}Z$, 这里

$$\widehat{b} = \left[1 - \frac{n}{\sum_i Z_i^2} \right]^+.$$

对每次模拟都将得到一个 $\widehat{b}$, 把模拟的 $\widehat{b}$ 的值和 b_* 比较. 另外, 把 MLE 和 James-Stein 估计的风险 (后者由模拟得到) 与 Pinsker 界比较.

2. 对于正态均值问题, 考虑下面的曲线软阈估计:

$$\widehat{\theta}_i = \begin{cases} -(Z_i + \lambda)^2, & Z_i < -\lambda, \\ 0, & -\lambda \leqslant Z_i \leqslant \lambda, \\ (Z_i - \lambda)^2, & Z_i > \lambda, \end{cases}$$

这里, $\lambda > 0$ 为某固定常数.

(a) 找到这个估计的风险. 提示: $R = \mathbb{E}(\text{SURE})$.

(b) 考虑问题 1. 利用从 2(a) 的估计, 这里 λ 由数据利用 SURE 选出. 把这个风险和 James-Stein 估计的风险作比较. 现在, 对于

$$\boldsymbol{\theta} = (\overbrace{10, \cdots, 10}^{10 \text{ 次}}, \overbrace{0, \cdots, 0}^{990 \text{ 次}})$$

重复这个比较.

3. 令 $J = J_n$ 满足 $J_n \to \infty$ 及 $n \to \infty$. 令

$$\widehat{\sigma}^2 = \frac{n}{J} \sum_{i=n-J+1}^{n} Z_i^2,$$

这里, $Z_i \sim N(\theta_i, \sigma^2/n)$. 表明, 如果 $\theta = (\theta_1, \theta_2, \cdots)$ 属于某 Sobolev 体, 其阶数为 $m > 1/2$, 那么 $\widehat{\sigma}^2$ 是 σ^2 在正态均值模型中的一个一致相合估计.

4. 证明 Stein 引理: 如果 $X \sim N(\mu, \sigma^2)$, 那么 $\mathbb{E}(g(X)(X - \mu)) = \sigma^2 \mathbb{E} g'(X)$.

5. 验证方程 7.22.

6. 表明, 定义在 (7.23) 中的硬阈估计不是弱可微的.

7. 对软阈估计 (7.21) 和硬阈估计 (7.23) 计算风险函数.

8. 对 $i = 1, \cdots, 100$, 生成 $Z_i \sim N(\theta_i, 1)$, 这里 $\theta_i = 1/i$. 利用下列方法计算一个 95% 置信球: (i) χ^2 置信球; (ii) Baraud 方法; (iii) 枢轴方法. 重复 1000 次, 并且比较球的半径.

9. 令 $\|a - b\|_\infty = \sup_j |a_j - b_j|$. 构造形式为 $B_n = \{\boldsymbol{\theta} \in \mathbb{R}^n : \|\boldsymbol{\theta} - \boldsymbol{Z}^n\|_\infty \leqslant c_n\}$ 的置信集 B_n, 使对于取 $\sigma_n = \sigma/\sqrt{n}$ 时的模型 (7.1) 的所有 $\boldsymbol{\theta} \in \mathbb{R}^n$, 有 $\mathbb{P}_\theta(\boldsymbol{\theta} \in B_n) \geqslant 1 - \alpha$. 求你的置信集的期望直径.

10. 考虑例 7.24. 定义

$$\delta = \max_{S \in \mathcal{S}} \sup_{\boldsymbol{\theta} \in \mathbb{R}^n} |\widehat{R}_S - R(\widehat{\boldsymbol{\theta}}_S, \boldsymbol{\theta})|.$$

试图用下面三个方法为 δ 定界: (i) $\mathcal{S}$ 包含单独一个模型 S; (ii) 嵌套模型选择; (iii) 所有子集选择.

11. 考虑例 7.24. 另一个选择模型的方法是使用惩罚似然. 特别地, 某些已知惩罚模型选择方法是 **AIC** (Akaike's information criterion)(Akaike, 1973), **Mallows 的** C_p (Mallows, 1973), **BIC** (Bayesian information criterion)(Schwarz, 1978). 在正态均值模型, 使 SURE, AIC, C_p 最小化是等价的. 但是, BIC 导致一个不同的模型选择方法. 具体地说,

$$\mathrm{BIC}_B = \ell_B - \frac{|B|}{2} \log n,$$

这里, ℓ_B 为子模型 B 在其最大似然估计处的对数似然值. 求 BIC_B 的一个显表达式. 假定用使得 BIC_B 在 $\mathcal{B}$ 最大化来选择 B. 研究这个模型选择方法的性质, 并与使 SURE最小的方法来选择模型做比较. 具体地, 比较得到的估计的风险. 再假定有一个 "真实" 子模型 (即, $\theta_i \neq 0$ 当且仅当 $i \in B$), 比较在每个方法下选择真实子模型的概率. 一般地说, 精确地估计 θ 和找到真实子模型并不一样. 见 Wasserman (2000).

12. 在例 7.69 中, 利用正态对非中心 χ^2 的近似来求对于 ρ_0 和 ρ_n 的大样本近似. 然后证明方程 (7.70).

第8章 利用正交函数的非参数推断

8.1 引 言

在这一章,利用正交函数方法来作非参数统计推断. 具体地说, 利用一个正交基来把回归和密度估计问题转换成一个正态均值问题, 然后利用第 7 章的定理构造估计量和置信集. 在回归情况, 得到的估计为线性光滑器, 因此是在 5.2 节所描述的估计量的特例. 在下一章, 基于小波来讨论关于正交函数回归的另一种方法.

8.2 非参数回归

在这里考虑的正交函数回归的特殊形式是由 Beran(2000), Beran and Dümbgen (1998) 发展的. 他们称该方法为 REACT, 意味着**在坐标变换之后的风险估计和适应**(risk estimation and adaptation after coordinate transformation). 类似的思想已经被 Efromovich (1999) 发展过. 事实上, 基本思想并不新. 例如可参见 Cenčov (1962).

假定, 观测

$$Y_i = r(x_i) + \sigma\epsilon_i, \tag{8.1}$$

这里, $\epsilon_i \sim N(0,1)$ 为 IID. 目前, 假定一个**规则设计**(regular design), 意味着 $x_i = i/n, \ i = 1, \cdots, n$.

令 $\phi_1, \phi_2, \cdots$ 是为 $[0,1]$ 的一个标准正交基. 在例子中, 将常用余弦基:

$$\phi_1(x) \equiv 1, \ \phi_j(x) = \sqrt{2}\cos((j-1)\pi x), \quad j \geqslant 2. \tag{8.2}$$

把 r 展开成

$$r(x) = \sum_{j=1}^{\infty} \theta_j \phi_j(x), \tag{8.3}$$

这里, $\theta_j = \int_0^1 \phi_j(x) r(x) \mathrm{d}x$.

首先, 用下式近似 r:

$$r_n(x) = \sum_{j=1}^{n} \theta_j \phi_j(x).$$

它是 r 到 $\{\phi_1, \cdots, \phi_n\}$ 所张空间的投影 [1]. 这引入了一个积分的平方偏倚, 其大小为

$$B_n(\theta) = \int_0^1 [r(x) - r_n(x)]^2 \mathrm{d}x = \sum_{j=n+1}^{\infty} \theta_j^2.$$

如果 r 是光滑的, 这个偏倚很小.

8.4 引理　令 $\Theta(m, c)$ 为一个 Sobolev 椭球 [2]. 那么

$$\sup_{\theta \in \Theta(m,c)} B_n(\theta) = O\left(\frac{1}{n^{2m}}\right). \tag{8.5}$$

特别地, 如果 $m > 1/2$, 那么 $\displaystyle\sup_{\theta \in \Theta(m,c)} B_n(\theta) = o(1/n)$.

因此, 这个偏倚是可忽略的, 并且本章的其余部分将忽略它. 更确切地, 将着重估计 r_n, 而不是 r. 下面的任务是估计 $\theta = (\theta_1, \cdots, \theta_n)$. 令

$$Z_j = \frac{1}{n} \sum_{i=1}^{n} Y_i \phi_j(x_i), \quad j = 1, \cdots. \tag{8.6}$$

正如在 (7.15) 所见到的,

$$Z_j \approx N\left(\theta_j, \frac{\sigma^2}{n}\right). \tag{8.7}$$

从前一章知道, MLE $\boldsymbol{Z} = (Z_1, \cdots, Z_n)$ 有大的风险. 一种改进 MLE 的可能是利用在 (7.41) 定义的 James-Stein 估计 $\widehat{\boldsymbol{\theta}}^{\mathrm{JS}}$. 可以把 James-Stein 估计看成使得在具有形式 $(bZ_1, \cdots, bZ_n)$ 的所有估计的风险最小的估计. REACT 推广了这个思想, 它使得在一个称为调节器的较大估计类中风险最小.

一个**调节器**(modulator) 是一个向量 $\boldsymbol{b} = (b_1, \cdots, b_n)$, 满足 $0 \leqslant b_j \leqslant 1$, $j = 1, \cdots, n$. 一个**调节估计**(modulation estimator) 是一个有下面形式的估计:

$$\widehat{\boldsymbol{\theta}} = \boldsymbol{b}\boldsymbol{Z} = (b_1 Z_1, b_2 Z_2, \cdots, b_n Z_n). \tag{8.8}$$

一个**常数调节器**(constant modulator) 是一个形为 $(b, \cdots, b)$ 的调节器. 一个**嵌套子集选择调节器**(nested subset selection modulator) 是一个形为

$$\boldsymbol{b} = (1, \cdots, 1, 0, \cdots, 0)$$

的调节器. 一个**单调调节器**(monotone modulator) 是一个形为

$$1 \geqslant b_1 \geqslant \cdots \geqslant b_n \geqslant 0$$

---

[1] 更一般地, 能够取 $r_n(x) = \sum_{j=1}^{p(n)} \theta_j \phi_j(x)$, 这里以适当的速率, $p(n) \to \infty$.

[2] 见定义 7.2.

的调节器. 常数调节器的集合用 $\mathcal{M}_{\mathrm{CONS}}$ 表示, 嵌套子集选择调节器的集合用 $\mathcal{M}_{\mathrm{NSS}}$ 表示, 而单调调节器的集合用 $\mathcal{M}_{\mathrm{MON}}$ 表示.

已给一个调节器 $\boldsymbol{b} = (b_1, \cdots, b_n)$, 函数估计为

$$\widehat{r}_n(x) = \sum_{j=1}^{n} \widehat{\theta}_j \phi_j(x) = \sum_{j=1}^{n} b_j Z_j \phi_j(x). \tag{8.9}$$

观测

$$\widehat{r}_n(x) = \sum_{i=1}^{n} Y_i \ell_i(x), \tag{8.10}$$

这里,

$$\ell_i(x) = \frac{1}{n} \sum_{j=1}^{n} b_j \phi_j(x) \phi_j(x_i). \tag{8.11}$$

因此, $\widehat{r}_n$ 为一个线性光滑器, 如在 5.2 节所描述的.

调节器把 Z_j 收缩到 0, 并且, 正如将会在最后一章看到的, 收缩倾向于使函数光滑. 于是, 对收缩程度的选择相应于在第 5 章所面对的对带宽的选择. 将利用 Stein 无偏风险估计 (7.4 节) 而不是交叉验证来应对这个问题.

令

$$R(b) = \mathbb{E}_\theta \left(\sum_{j=1}^{n} (b_j Z_j - \theta_j)^2 \right)$$

表示估计 $\widehat{\boldsymbol{\theta}} = (b_1 Z_1, \cdots, b_n Z_n)$ 的风险. REACT 的思想就是估计风险 $R(b)$, 并在一类调节器 $\mathcal{M}$ 上选择使得估计的风险最小的 $\widehat{b}$. 在 $\mathcal{M}_{\mathrm{CONS}}$ 上的最小化产生 James-Stein 估计, 因此, REACT 是 James-Stein 估计的一个推广.

为了继续, 需要估计 σ. 任何在第 5 章讨论的方法都可以用. 另外一个很适合目前框架的估计是

$$\widehat{\sigma}^2 = \frac{1}{n - J_n} \sum_{i=n-J_n+1}^{n} Z_i^2. \tag{8.12}$$

只要当 $n \to \infty$ 时, $J_n \to \infty$ 及 $n - J_n \to \infty$, 那么这个估计是相合的. 作为一个默认值 $J_n = n/4$ 并不是没有道理的. 直观是这样的: 如果 r 是光滑的, 那么期望对于大的 j, $\theta_j \approx 0$, 并因此 $Z_j^2 = (\theta_j^2 + \sigma\epsilon_j/\sqrt{n})^2 \approx (\sigma\epsilon_j/\sqrt{n})^2 = \sigma^2\epsilon_j^2/n$. 因此,

$$\mathbb{E}(\widehat{\sigma}^2) = \frac{1}{n - J_n} \sum_{i=n-J_n+1}^{n} \mathbb{E}(Z_i^2) \approx \frac{1}{n - J_n} \sum_{i=n-J_n+1}^{n} \frac{\sigma^2}{n} \mathbb{E}(\epsilon_i^2) = \sigma^2.$$

现在能够估计风险函数了.

8.13 定理　　一个调节器 b 的风险为

$$R(\boldsymbol{b}) = \sum_{j=1}^{n} \theta_j^2 (1-b_j)^2 + \frac{\sigma^2}{n} \sum_{j=1}^{n} b_j^2. \tag{8.14}$$

$R(\boldsymbol{b})$ 的 (修正的)[1]SURE 估计为

$$\widehat{R}(\boldsymbol{b}) = \sum_{j=1}^{n} \left(Z_j^2 - \frac{\widehat{\sigma}^2}{n} \right)_+ (1-b_j)^2 + \frac{\widehat{\sigma}^2}{n} \sum_{j=1}^{n} b_j^2, \tag{8.15}$$

这里, $\widehat{\sigma}^2$ 是 σ^2 的诸如 (8.12) 那样的一个相合估计.

8.16 定义　　令 $\mathcal{M}$ 为调节器的一个集合. $\boldsymbol{\theta}$ 的**调节估计**(modulation estimator) 为 $\widehat{\boldsymbol{\theta}} = (\widehat{b}_1 Z_1, \cdots, \widehat{b}_n Z_n)$, 这里, $\widehat{\boldsymbol{b}} = (\widehat{b}_1, \cdots, \widehat{b}_n)$ 使得 $\widehat{R}(\boldsymbol{b})$ 在 $\mathcal{M}$ 上最小. **REACT 函数估计**(REACT function estimator) 为

$$\widehat{r}_n(x) = \sum_{j=1}^{n} \widehat{\theta}_j \phi_j(x) = \sum_{j=1}^{n} \widehat{b}_j Z_j \phi_j(x).$$

对于固定的 $\boldsymbol{b}$, 期望 $\widehat{R}(\boldsymbol{b})$ 近似 $R(\boldsymbol{b})$. 但是对于 REACT, 要求得更多: 想要 $\widehat{R}(\boldsymbol{b})$ 对于 $\boldsymbol{b} \in \mathcal{M}$ 一致近似 $R(\boldsymbol{b})$. 如果这样, 那么 $\inf_{b \in \mathcal{M}} \widehat{R}(\boldsymbol{b}) \approx \inf_{b \in \mathcal{M}} R(\boldsymbol{b})$, 而且使 $\widehat{R}(\boldsymbol{b})$ 最小的 $\boldsymbol{b}$ 应该几乎和使 $R(\boldsymbol{b})$ 最小的 $\boldsymbol{b}$ 一样好. 这就是下面结果的动机.

8.17 定理 (Beran and Dümbgen, 1998)　　令 $\mathcal{M}$ 为 $\mathcal{M}_{\text{CONS}}, \mathcal{M}_{\text{NSS}}$ 或 $\mathcal{M}_{\text{MON}}$ 之一. 令 $R(\boldsymbol{b})$ 表示估计 $(b_1 Z_1, \cdots, b_n Z_n)$ 的真实风险. 令 b^* 使 $R(\boldsymbol{b})$ 在 $\mathcal{M}$ 上最小, 而令 $\widehat{b}$ 使 $\widehat{R}(\boldsymbol{b})$ 在 $\mathcal{M}$ 上最小. 那么, 当 $n \to \infty$ 时,

$$|R(\widehat{\boldsymbol{b}}) - R(\boldsymbol{b}^*)| \to 0.$$

对于 $\mathcal{M} = \mathcal{M}_{\text{CONS}}$ 或 $\mathcal{M} = \mathcal{M}_{\text{MON}}$, 估计 $\widehat{\boldsymbol{\theta}} = (\widehat{b}_1 Z_1, \cdots, \widehat{b}_n Z_n)$ 达到 Pinsker 界 (7.29).

为了实施这个方法, 需要找到 $\widehat{b}$ 来使 $\widehat{R}(\boldsymbol{b})$ 最小. $\widehat{R}(\boldsymbol{b})$ 在 $\mathcal{M}_{\text{CONS}}$ 上的最小值是 James-Stein 估计. 为了在 $\mathcal{M}_{\text{NSS}}$ 上使得 $\widehat{R}(\boldsymbol{b})$ 最小, 对于每个形式为 $(1, 1, \cdots, 1, 0, \cdots, 0)$ 的调节器计算 $\widehat{R}(\boldsymbol{b})$, 然后找到最小值. 换言之, 寻求使得

$$\widehat{R}(J) = \frac{J \widehat{\sigma}^2}{n} + \sum_{j=J+1}^{n} \left(Z_j^2 - \frac{\widehat{\sigma}^2}{n} \right)_+ \tag{8.18}$$

---

[1] 称之为修正的风险估计是因为已经插入了 σ 的估计 $\widehat{\sigma}$, 而且用 $(Z_j^2 - \widehat{\sigma}/n)_+$ 替换了 $(Z_j^2 - \widehat{\sigma}^2/n)$, 这通常改进了风险估计.

最小的 $\widehat{J}$, 并且设 $\widehat{r}_n(x) = \sum_{j=1}^{\widehat{J}} Z_j \phi_j(x)$. 最好在图上画出作为 J 的函数的被估计风险. 为了在 $\mathcal{M}_{\text{MON}}$ 上使得 $\widehat{R}(b)$ 最小, 注意, $\widehat{R}(b)$ 能够被写成

$$\widehat{R}(b) = \sum_{i=1}^{n} (b_i - g_i)^2 Z_i^2 + \frac{\widehat{\sigma}^2}{n} \sum_{i=1}^{n} g_i, \tag{8.19}$$

这里, $g_i = (Z_i^2 - \widehat{\sigma}^2/n)/Z_i^2$. 这样, 只要在 $b_1 \geqslant \cdots \geqslant b_n$ 的约束下使

$$\sum_{i=1}^{n} (b_i - g_i)^2 Z_i^2$$

最小即可. 这恰好是一个在单调性约束下的加权最小二乘问题. 有一个称为集中邻近违犯者 (pooled adjacent violators, PAV) 算法的著名方法来实施这个最小化. 参见 Robertson et al.(1988).

通常, 单调调节器导致接近 NSS 调节器的估计, 而后者容易实施. 因此, 作为一个常规方法, NSS 方法是有道理的. 现在, 能够概括 REACT 方法.

REACT 的概括

(1) 对 $j = 1, \cdots, n$, 令 $Z_j = n^{-1} \sum_{i=1}^{n} Y_i \phi_j(x_i)$.

(2) 求由 (8.18) 给出的使得风险估计 $\widehat{R}(J)$ 最小的 $\widehat{J}$.

(3) 令

$$\widehat{r}_n(x) = \sum_{j=1}^{\widehat{J}} Z_j \phi_j(x).$$

8.20 例(Doppler 函数) 回忆例 5.63 的 Doppler 函数

$$r(x) = \sqrt{x(1-x)} \sin\left(\frac{2.1\pi}{x + 0.05}\right).$$

图 8.1 的左上小图显示了真实函数. 右上小图表示了 1000 个数据点. 数据是从模型 $Y_i = r(i/n) + \sigma\epsilon_i$ 模拟出来的, 这里 $\sigma = 0.1$ 及 $\epsilon_i \sim N(0,1)$. 下左小图表明了对于 NSS 调节器的被估计的风险, 它是拟合项个数的函数. 该风险是用下面调节器最小化的:

$$b = (\underbrace{1, \cdots, 1}_{187}, \underbrace{0, \cdots, 0}_{813}).$$

下右小图显示了 REACT 拟合. 请和图 5.6 作比较. ■

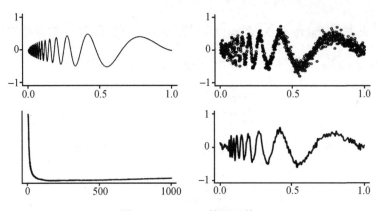

图 8.1   Doppler 检测函数

上左: 真实函数. 上右: 1000 个数据点. 下左: 作为拟合项数目的函数的被估计的风险. 下右: 最终的
REACT 拟合.

8.21 例(CMB 数据)   对于例 4.4 的 CMB 数据比较 REACT 和局部光滑. 用
$J = 6$ 个基函数使 (对 NSS) 估计的风险最小. 图 8.2 显示了该拟合, 它类似于第 5
章的拟合 (不理会方差不是常数的事实). 风险的点图揭示了在 $J = 40$ 附近有另一
个局部最小值. 下右小图利用了 40 个基函数的拟合. 该拟合看上去欠光滑.   ■

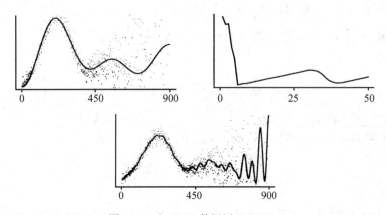

图 8.2   对 CMB 数据用 REACT

上左: 利用 $J = 6$ 个基函数的 NSS 拟合. 上右: 估计的风险. 下左: NSS 拟合, 用了 $J = 40$ 个基函数.

有几种为 r 构造置信集的方式. 从置信球开始. 首先, 利用 7.8 节的任何方法,
为 $\boldsymbol{\theta} = (\theta_1, \cdots, \theta_n)$ 构造一个置信球 $\mathcal{B}_n$. 然后定义

$$\mathcal{C}_n = \left\{ r = \sum_{j=1}^{n} \theta_j \phi_j : (\theta_1, \cdots, \theta_n) \in \mathcal{B}_n \right\}, \tag{8.22}$$

得到 C_n 是 r_n 的一个置信球. 如果利用 7.8 节的枢轴方法, 得到下面定理.

8.23 定理 (Beran and Dümbgen, 1998)　令 $\widehat{\boldsymbol{\theta}}$ 为 MON 或 NSS 估计, 并令 $\widehat{\sigma}^2$ 为定义在 (8.12) 的 σ^2 的估计. 令

$$\mathcal{B}_n = \left\{ \boldsymbol{\theta} = (\theta_1, \cdots, \theta_n) : \sum_{j=1}^{n} (\theta_j - \widehat{\theta}_j)^2 \leqslant s_n^2 \right\}, \tag{8.24}$$

这里,

$$s_n^2 = \widehat{R}(\widehat{\boldsymbol{b}}) + \frac{\widehat{\tau} z_\alpha}{\sqrt{n}},$$

$$\widehat{\tau}^2 = \frac{2\widehat{\sigma}^4}{n} \sum_j \left[(2\widehat{b}_j - 1)(1 - c_j) \right]^2$$

$$+ 4\widehat{\sigma}^2 \sum_j \left(Z_j^2 - \frac{\widehat{\sigma}^2}{n} \right) \left[(1 - \widehat{b}_j) + (2\widehat{b}_j - 1)c_j \right]^2,$$

及

$$c_j = \begin{cases} 0, & i \leqslant n - J, \\ 1/J, & i > n - J. \end{cases}$$

那么, 对于任意 $c > 0$ 及 $m > 1/2$,

$$\lim_{n \to \infty} \sup_{\boldsymbol{\theta} \in \Theta(m,c)} |\mathbb{P}_{\boldsymbol{\theta}}(\boldsymbol{\theta} \in \mathcal{B}_n) - (1 - \alpha)| = 0.$$

为了构造置信带, 利用 $\widehat{r}_n$ 为线性光滑器的事实, 因而能够用 5.7 节的方法. 置信带由 (5.99) 给出, 即

$$I(x) = (\widehat{r}_n(x) - c\widehat{\sigma}||\ell(x)||, \ \widehat{r}_n(x) + c\widehat{\sigma}||\ell(x)||), \tag{8.25}$$

这里,

$$||\ell(x)||^2 \approx \frac{1}{n} \sum_{j=1}^{n} b_j^2 \phi_j^2(x), \tag{8.26}$$

而 c 来自方程 (5.102).

8.3　不规则设计

到目前为止假定的是规则设计 $x_i = i/n$. 现在放松这个假定来应对**不规则设计**(irregular design). 有几种方式来处理这个情况. 最简单的是利用基 $\{\phi_1, \cdots, \phi_n\}$; 它是关于设计点 $x_1, \cdots, x_n$ 正交的, 即为 $L_2(P_n)$ 选择一个基, 这里 $P_n = n^{-1} \sum_{i=1}^{n} \delta_i$, 而 δ_i 是在 x_i 上的点概率. 这要求

$$||\phi_j^2|| = 1, \quad j = 1, \cdots, n$$

和

$$\langle \phi_j, \phi_k \rangle = 0, \quad 1 \leqslant j < k \leqslant n,$$

这里,

$$\langle f, g \rangle = \int f(x)g(x)\mathrm{d}P_n(x) = \frac{1}{n}\sum_{i=1}^n f(x_i)g(x_i)$$

及

$$||f||^2 = \int f^2(x)\mathrm{d}P_n(x) = \frac{1}{n}\sum_{i=1}^n f^2(x_i).$$

能够按照 Gram-Schmidt 正交化方法构造这样一个基. 具体如下:

令 $g_1, \cdots, g_n$ 为任意方便的对于 $\mathbb{R}^n$ 的正交基, 令

$$\phi_1(x) = \frac{\psi_1(x)}{||\psi_1||}, \quad \psi_1(x) = g_1(x),$$

而且, 对于 $2 \leqslant r \leqslant n$, 定义

$$\phi_r(x) = \frac{\psi_r(x)}{||\psi_r||}, \quad \psi_r(x) = g_r(x) - \sum_{j=1}^{r-1} a_{r,j}\phi_j(x),$$

及

$$a_{r,j} = \langle g_r, \phi_j \rangle.$$

那么, $\phi_1, \cdots, \phi_n$ 形成一个关于 P_n 的标准正交基.

像以前一样, 现在定义

$$Z_i = \frac{1}{n}\sum_{i=1}^n Y_i\phi_j(x_i), \quad j = 1, \cdots, n, \tag{8.27}$$

得到

$$Z_j \approx N\left(\theta_j, \frac{\sigma^2}{n}\right).$$

因而能够利用在这一章发展的方法.

8.4 密度估计

正交函数方法还可以用于密度估计. 令 $X_1, \cdots, X_n$ 为来自具有密度 f 并且在 $(0,1)$ 上有支撑的分布 F 的 IID 样本. 假定 $f \in L_2(0,1)$, 这样能够把 f 展开成

$$f(x) = \sum_{j=1}^\infty \theta_j\phi_j(x),$$

这里, 正如以前一样, $\phi_1, \phi_2, \cdots$ 为一个正交基. 令

$$Z_j = \frac{1}{n} \sum_{i=1}^{n} \phi_j(X_i), \quad j = 1, \cdots, n, \tag{8.28}$$

那么

$$\mathbb{E}(Z_j) = \int \phi_j(x) f(x) \mathrm{d}x = \theta_j,$$

及

$$\mathbb{V}(Z_j) = \frac{1}{n} \left[\int \phi_j^2(x) f(x) \mathrm{d}x - \theta_j^2 \right] \equiv \sigma_j^2.$$

正如在回归情况那样, 对于 $j > n$, 取 $\widehat{\theta}_j = 0$, 并且用调节估计 $\widehat{\boldsymbol{\theta}} = \boldsymbol{b}\boldsymbol{Z} = (b_1 Z_1, \cdots, b_n Z_n)$ 来估计 $\boldsymbol{\theta} = (\theta_1, \cdots, \theta_n)$. 该估计的风险为

$$R(\boldsymbol{b}) = \sum_{j=1}^{n} b_j^2 \sigma_j^2 + \sum_{j=1}^{n} (1 - b_j)^2 \theta_j^2. \tag{8.29}$$

用

$$\widehat{\sigma}_j^2 = \frac{1}{n^2} \sum_{i=1}^{n} [\phi_j(X_i) - Z_j]^2$$

来估计 σ_j^2, 并用 $Z_j^2 - \widehat{\sigma}_j^2$ 来估计 θ_j^2; 那么能够用下式来估计风险:

$$\widehat{R}(\boldsymbol{b}) = \sum_{j=1}^{n} b_j^2 \widehat{\sigma}_j^2 + \sum_{j=1}^{n} (1 - b_j)^2 (Z_j^2 - \widehat{\sigma}_j^2)_+ \tag{8.30}$$

最后, 在某调节器集合 $\mathcal{M}$ 上, 用使得 $\widehat{R}(\boldsymbol{b})$ 最小来选择 $\widehat{\boldsymbol{b}}$. 密度估计会为负的. 能够用割补术来弥补这一点: 把密度的负部分去掉, 然后重新正则化, 使积分为 1. Glad et al.(2003) 讨论了更好的割补办法.

8.5　方法的比较

至今为非参数回归引入的方法是局部回归 (5.4 节), 光滑样条 (5.5 节) 和正交函数光滑. 在许多情况下, 这些方法非常类似. 所有这些都包含了一个偏倚 – 方差平衡, 所有这些都要求选择一个光滑参数. 局部多项式光滑器有能够自动纠正边界偏倚的优点. 有可能改进正交函数估计来稍微减轻边界偏倚, 参见 Efromovich (1999). 正交函数光滑的一个优点为它把非参数回归转换成许多正态均值问题, 它要简单些, 至少为了理论目的是如此. 这些方法之间几乎没有巨大的区别, 特别在用置信带的宽度来评价它们的区别时更是如此. 每个方法都有其拥护者和批评者.

聪明的做法是对每个问题都利用所有可行的方法. 如果它们都一致, 那么应该基于方便和感觉来选择, 如果它们不同, 那么就值得探讨它们为什么不同.

最后指出, 在这些方法中有一个形式上的关系. 例如, 正交函数能够被看成为具有一个特殊核的核光滑, 反之也一样. 细节请看 Härdle et al.(1998).

8.6　张量积模型

虽然以前提及的维数诅咒在这里仍然适用, 这一章的方法完全可以扩展到高维.

假定 $r(x_1, x_2)$ 为两个变量的函数. 为简单计, 假定 $0 \leqslant x_1, x_2 \leqslant 1$. 如果 $\phi_0, \phi_1, \cdots$ 为关于 $L_2(0,1)$ 的一个标准正交基, 那么函数

$$\{\phi_{j,k}(x_1, x_2) = \phi_j(x_1)\phi_k(x_2) : j, k = 0, 1, \cdots\}$$

形成对 $L_2([0,1] \times [0,1])$ 的一个标准正交基, 称为**张量积基**(tensor product basis). 这个基可用显然的方式扩展到 d 维空间.

假定 $\phi_0 = 1$, 那么, 一个函数 $r \in L_2([0,1] \times [0,1])$ 能够在张量积基展开成

$$r(x_1, x_2) = \sum_{j,k=0}^{n} \beta_{j,k}\phi_j(x_1)\phi_k(x_2)$$

$$= \beta_0 + \sum_{j=1}^{\infty} \beta_{j,0}\phi_j(x_1) + \sum_{j=1}^{\infty} \beta_{0,j}\phi_j(x_2) + \sum_{j,k=1}^{\infty} \beta_{j,k}\phi_j(x_1)\phi_k(x_2).$$

这个展开有一个包含均值, 主效应和交互效应的类似于 ANOVA 的结构, 这个结构暗示了得到更好结果的一种方法. 能够在高阶交互效应上作出更强的光滑性假定以得到更好的收敛率 (以更多的假定为代价). 参见 Lin (2000), Wahba et al. (1995), Gao et al. (2001) 及 Lin et al. (2000).

8.7　文 献 说 明

REACT 方法是由 Beran (2000), Beran and Dümbgen (1998) 发展的. Efrmovich (1999) 讨论了利用正交函数的一个不同的方法. REACT 置信集被 Genovese et al. (2004) 扩展到非常数方差, 被 Genovese and Wasserman (2005) 扩展到小波, 并被 Jang et al. (2004) 扩展到密度估计.

8.8　练　　习

1. 证明引理 8.4.

2. 证明定理 8.13.

3. 证明方程 (8.19).

4. 证明方程 (8.26).

5. 表明估计 (8.12) 是相合的.

6. 表明估计 (8.12) 在 Sobolev 椭球上是一致相合的.

7. 从本书网站得到在法律工作中收集的玻璃碎片数据. 令 Y 为折射指数, 并令 x 为铝成分 (第 4 个变量). 实行非参数回归来拟合模型 $Y = r(x) + \epsilon$. 利用 REACT, 并比较局部线性光滑. 估计方差, 为估计构造 95% 置信带.

8. 从本书网站得到摩托车数据. 协变量为时间 (ms), 而响应变量为撞击时的加速度. 利用 REACT 来拟合数据. 计算一个 95% 置信带. 计算一个 95% 置信球. 能想出一个创造性的方法 来展示置信球吗?

9. 从模型 $Y_i = r(x_i) + \sigma\epsilon_i$ 产生 1000 个观测值, 这里 $x_i = i/n, \epsilon_i \sim N(0,1)$, 而 r 为 Doppler 函数. 相应于 $\sigma = 0.1, \sigma = 1, \sigma = 3$, 产生三个数据集. 利用局部线性回归和 REACT 来估计该函数. 在每种情况, 计算一个 95% 置信带, 比较拟合和置信带.

10. 重复前面的练习, 但利用 Cauchy 误差而不是正态误差. 怎么能改变方法使得估计更加 稳健?

11. 从 $(1/2)N(0,1) + (1/2)N(\mu,1)$ 产生 1000 个数据点. 比较核密度估计和 REACT 密度估计. 试 $\mu = 0, 1, 2, 3, 4, 5$.

12. 回忆一个调节器是形状为 $\boldsymbol{b} = (b_1, \cdots, b_n)$ 的任意一个向量, 满足 $0 \leqslant b_j \leqslant 1$, $j = 1, \cdots, n$. **贪婪调节器** (greedy modulator) 是在所有调节器上使得风险 $R(\boldsymbol{b})$ 最小的调节器 $\boldsymbol{b}^* = (b_1^*, \cdots, b_n^*)$.

(a) 求 $\boldsymbol{b}^*$.

(b) 如果试图从数据来估计 $\boldsymbol{b}^*$, 会发生什么? 特别地, 考虑取使得估计的风险 $\widehat{R}$ 最小的 $\widehat{\boldsymbol{b}}^*$. 为什么这个不那么好用? (问题是, 试图在一个非常大的类来使 $\widehat{R}$ 最小, 而且 $\widehat{R}$ 在这一大类中 并不是一致近似 R.)

13. 令
$$Y_i = r(x_{1i}, x_{2i}) + \epsilon_i,$$
这里, $\epsilon_i \sim N(0,1)$, $x_{1i} = x_{2i} = i/n$ 及 $r(x_1, x_2) = x_1 + \cos x_2$. 产生 1000 个观测值. 拟合一个 张量积模型; 对 x_1 用 J_1 基元素, 而对 x_2 用 J_2 基元素. 利用 SURE(Stein 无偏风险估计) 来 选择 J_1 和 J_2.

14. 从本书网站下载空气质量数据集. 在模型中把臭氧作为阳光, 风和温度的一个函数. 利 用一个张量积基.

第9章　小波和其他适应性方法

本章涉及的估计函数是**空间非齐次**(spatially inhomogeneous) 函数 $r(x)$, 其光滑程度随着 x 而有本质性地改变. 例如, 图 9.1 显示了在例 9.39 定义的 "区组 (block)" 函数. 该函数除了在几个突然的跳跃之外非常光滑. 上右小图显示了按照模型 $Y_i = r(x_i) + \epsilon_i$ 抽取的 100 个数据点, 这里, $\epsilon_i \sim N(0,1)$, 而 x_i 是等距的.

利用至今已经讨论过的方法来估计 r 是困难的. 如果以大的带宽进行局部回归, 那么会把跳跃光滑掉. 而如果利用小的带宽, 那么将找到跳跃, 但将使其余曲线很波动. 如果利用正交函数, 并只用低阶项, 将会失去这些跳跃, 如果允许高阶项, 那么能够找到跳跃, 但使得其余曲线非常波动. 图 9.1 的函数估计说明了这个问题. 另一个非齐次函数的例子是在例 5.63 的 Doppler 函数.

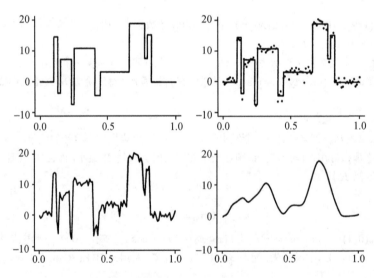

图 9.1　区组函数 (上左图) 是非齐次的

100 个数据点显示在上右图. 一个有小带宽的局部线性光滑器找出了跳跃 (下左图), 但添加了许多波动. 一个有大带宽的局部线性光滑器很光滑 (下右图), 但失去了跳跃.

为了估计这样函数而设计的估计量称为**空间适应的**(spatially adaptive) 或**局部适应的**(locally adaptive). 一个密切相关的思想是发现全局的适应估计, 它们是在很大的函数空间类上运作很好的函数估计. 在这一章, 探索适应估计, 重点在**小波**

方法(wavelet method). 在 9.9 节, 简略地考虑某些其他的适应方法.

后果自付(caveat emptor)! 在继续进行之前, 已经准备了一个警告. 适应性估计是困难的. 除非信噪比很大, 否则不能期望适应得很好. 引用 Loader (1999b):

> 局部适应方法在有大量数据、明显的结构和低噪声的例子中运行得很好. 但是 …… 没有困难的问题 …… 实际的挑战 …… 出现在结构不明显, 而且怀疑数据集的哪些特征是真实的时候. 在这种情况, 相对较简单的方法 …… 是最有用的; 而局部适应方法很少有利.

力劝读者在继续进行时记住这一点. 参见 9.10 节为此所作的更多讨论. 尽管这个警告, 在这章的方法是重要的, 因为它们在高信噪比的情况表现很好, 而且更重要的是, 在该方法背后的思想本身是重要的.

本章讨论的小波方法说明了在统计和机器学习中日益重要的一个概念, 即**稀疏**(sparseness)的概念. 称函数 $f = \sum_j \beta_j \phi_j$ 在一个基 $\phi_1, \phi_2, \cdots$ 上是**稀疏的**(sparse), 如果多数 β_j 是零 (或接近零). 下面将看到, 即使某些稍微复杂的函数, 在小波基上展开时, 也是稀疏的. 稀疏性概括了光滑性: 光滑函数是稀疏的, 但还有某些不光滑函数也是稀疏的. 令人感兴趣的是, 注意到稀疏不能被 L_2 范数捕捉, 但可以很好地被 L_1 范数捕捉. 例如, 考虑 n 维向量 $\boldsymbol{a} = (1, 0, \cdots, 0)$ 及 $\boldsymbol{b} = (1/\sqrt{n}, \cdots, 1/\sqrt{n})$. 那么两者都有同样的 L_2 范数: $||\boldsymbol{a}||_2 = ||\boldsymbol{b}||_2 = 1$. 然而, L_1 范数则为 $||\boldsymbol{a}||_1 = \sum_i |a_i| = 1$ 及 $||\boldsymbol{b}||_1 = \sum_i |b_i| = \sqrt{n}$. L_1 范数反映了 a 的稀疏性.

记号 在整个这一章, $\mathbb{Z}$ 表示整数集合, 而 $\mathbb{Z}_+$ 表示正整数集合. 一个函数 f 的**Fourier 变换**(Fourier transform)f^* 为

$$f^*(t) = \int_{-\infty}^{\infty} \mathrm{e}^{-\mathrm{i}xt} f(x) \mathrm{d}x, \tag{9.1}$$

这里, $\mathrm{i} = \sqrt{-1}$. 如果 f^* 为绝对可积的, 那么 f 能够在几乎所有的 x 被**逆 Fourier 变换**(inverse Fourier transform)

$$f(x) = \frac{1}{2\pi} \int_{-\infty}^{\infty} \mathrm{e}^{\mathrm{i}xt} f^*(t) \mathrm{d}t \tag{9.2}$$

所恢复. 对给定函数 f 和整数 j 和 k, 定义

$$f_{jk}(x) = 2^{j/2} f(2^j x - k). \tag{9.3}$$

9.1 Haar 小波

从称为 Haar 小波的简单小波开始. **Haar 父小波**(Haar father wavelet) 或**Haar 刻度函数**(Haar scaling function) 定义为

$$\phi(x) = \begin{cases} 1, & 0 \leqslant x < 1, \\ 0, & \text{其他}. \end{cases} \tag{9.4}$$

母 Haar 小波(mother Haar wavelet) 定义为

$$\psi(x) = \begin{cases} -1, & 0 \leqslant x \leqslant \dfrac{1}{2}, \\ 1, & \dfrac{1}{2} < x \leqslant 1. \end{cases} \tag{9.5}$$

对于任何的整数 j 和 k, 如 (9.3) 那样定义 $\phi_{jk}(x)$ 及 $\psi_{jk}(x)$. 函数 ψ_{jk} 有和 ψ 一样的形状, 但是它以因子 $2^{j/2}$ 重新作了尺度化, 还被移动了一个因子 k. 参见图 9.2 关于 Haar 小波的某些例子.

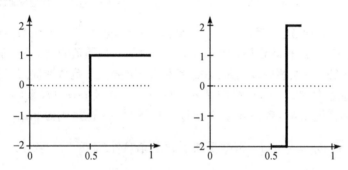

图 9.2　某些 Haar 小波

左: 母小波 $\psi(x)$; 右: $\psi_{2,2}(x)$.

令

$$W_j = \{\psi_{jk}, \ k = 0, 1, \cdots, 2^j - 1\}$$

是在分辨率 j 的被重新尺度化和被移动了的母小波.

9.6 定理　函数集

$$\{\phi, W_0, W_1, W_2, \cdots\}$$

为一个 $L_2(0,1)$ 的标准正交基.

根据这个定理, 能够在这个基展开任何函数 $f \in L_2(0,1)$. 因为每个 W_j 本身是一个函数集, 把这个展开写成双重和:

$$f(x) = \alpha\phi(x) + \sum_{j=0}^{\infty} \sum_{k=0}^{2^j-1} \beta_{jk}\psi_{jk}(x), \tag{9.7}$$

这里,

$$\alpha = \int_0^1 f(x)\phi(x)\mathrm{d}x, \quad \beta_{jk} = \int_0^1 f(x)\psi_{jk}(x)\mathrm{d}x.$$

称 α 为**刻度系数**(scaling coefficient), 称 β_{jk} 为**细节系数**(detail coefficient). 称有穷和

$$f_J(x) = \alpha\phi(x) + \sum_{j=0}^{J-1}\sum_{k=0}^{2^j-1}\beta_{jk}\psi_{jk}(x) \tag{9.8}$$

为对 f 的**分辨率**(resolution)J 近似. 在这个和中, 所有项的数目为

$$1 + \sum_{j=0}^{J-1} 2^j = 1 + 2^J - 1 = 2^J.$$

9.9 例　图 9.3 显示了 Doppler 信号 (例 5.63) 及其解析度 J 近似, 这里, $J = 3, 5, 8$. ∎

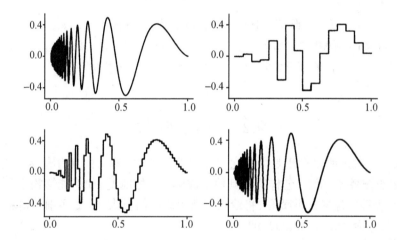

图 9.3　基于 $J = 3$(右上), $J = 5$(左下), $J = 8$(右下) 的 Doppler 信号 (上左) 及其重建
$$f_J(x) = \alpha\phi(x) + \sum_{j=0}^{J-1}\sum_k \beta_{jk}\psi_{jk}(x)$$

当 j 大的时候, ψ_{jk} 是一个非常局部化的函数. 这使得有可能在某点加上一小点于函数, 而不造成其他地方的波动. 这就使得小波基成为为非齐次函数建模的一个好工具.

图 9.4 显示了区组函数及函数在 Haar 基上的展开系数. 注意, 展开是稀疏的 (多数系数为零), 此因非零系数主要在跳跃处需要.

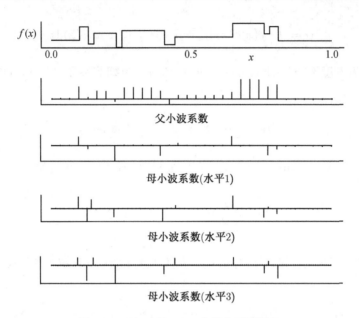

图 9.4　区组函数 $f(x)$ 在最上面图显示

第二图显示了父小波的系数. 第三图显示了第二水平的母小波系数. 余下的图显示了在高水平的母小波系数. 尽管函数不光滑, 函数还是稀疏的: 多数系数为零.

9.2　构　造　小　波

Haar 小波之所以有用是因为它们是局部化了的, 即它们具有有界的支撑. 但是 Haar 小波并不光滑. 怎样构造其他小波呢? 具体地说, 如何能够构造局部化的光滑的小波呢? 答案并不简单. 将给出主要思想的简要大纲. 更多细节请看 Härdle et al. (1998) 及 Daubechies (1992).

已给任意函数 ϕ, 定义

$$V_0 = \left\{ f: \ f(x) = \sum_{k \in \mathbb{Z}} c_k \phi(x - k), \ \sum_{k \in \mathbb{Z}} c_k^2 < \infty \right\},$$

$$V_1 = \left\{ f(x) = g(2x): \ g \in V_0 \right\},$$

$$V_2 = \left\{ f(x) = g(2x): \ g \in V_1 \right\},$$

$$\vdots$$

(9.10)

9.11 定义 给定一个函数 ϕ, 如 (9.10) 那样定义 $V_0, V_1, \cdots$. 如果

$$V_j \subset V_{j+1}, \quad j \geqslant 0, \tag{9.12}$$

及

$$\bigcup_{j \geqslant 0} V_j \text{ 在 } L_2(\mathbb{R}) \text{ 中稠密}, \tag{9.13}$$

说 ϕ 产生了 $\mathbb{R}$ 的一个**多分辨率分析**(multiresolution analysis, MRA). 称 ϕ 为**父小波**或**刻度函数**.

方程 (9.13) 意味着, 对于任意函数 $f \in L_2(\mathbb{R})$, 存在一个函数序列 $f_1, f_2, \cdots$, 使得当 $r \to \infty$ 时, 每个 $f_r \in \bigcup_{j \geqslant 0} V_j$ 及 $\|f_r - f\| \to 0$.

9.14 引理 如果 $V_0, V_1, \cdots$ 为一个由 ϕ 产生的 MRA, 那么 $\{\phi_{jk}, k \in \mathbb{Z}\}$ 为 V_j 的一个标准正交基.

9.15 例 如果 ϕ 是父 Haar 小波, 那么 V_j 是函数 $f \in L_2(\mathbb{R})$ 的集合; 对于 $k \in \mathbb{Z}$, 它在 $[k2^{-j}, (k+1)2^{-j})$ 是逐段常数. 容易验证, $V_0, V_1, \cdots$ 形成一个 MRA. ∎

假定有一个 MRA. 因为 $\phi \in V_0$ 及 $V_0 \subset V_1$, 还有 $\phi \in V_1$. 因为 $\{\phi_{1k}, k \in \mathbb{Z}\}$ 为一个 V_1 的标准正交基, 能把 ϕ 写成 V_1 中函数的线性组合:

$$\phi(x) = \sum_k \ell_k \phi_{1k}(x), \tag{9.16}$$

这里, $\ell_k = \int \phi(x)\phi_{1k}(x)\mathrm{d}x$ 及 $\sum_k \ell_k^2 < \infty$. 方程 (9.16) 称为**两刻度关系**(two-scale relationship) 或**扩张方程**(dilation equation). 对于 Haar 小波, $\ell_0 = \ell_1 = 2^{-1/2}$ 及对 $k \neq 0, 1$, $\ell_k = 0$. 系数 $\{\ell_k\}$ 称为**刻度系数**. 两刻度关系暗含着

$$\phi^*(t) = m_0(t/2)\phi^*(t/2), \tag{9.17}$$

这里 $m_0(t) = \sum_k \ell_k \mathrm{e}^{-itk}/\sqrt{2}$. 递归地应用上面公式, 可以看到 $\phi^*(t) = m_0(t/2)$ $\cdot \prod_{k=1}^{\infty} m_0(t/2^k)\phi^*(0)$. 这意味着, 仅给出刻度系数, 就能计算 $\phi^*(t)$, 然后取逆 Fourier 变换来求 $\phi(x)$. 下面定理给出了如何从一组刻度系数来构造一个父小波.

9.18 定理 已给系数 $\{\ell_k, k \in \mathbb{Z}\}$, 定义一个函数

$$m_0(t) = \frac{1}{\sqrt{2}} \sum_k \ell_k \mathrm{e}^{-itk}. \tag{9.19}$$

令

$$\phi^*(t) = \prod_{j=1}^{\infty} m_0 \left(\frac{t}{2^j} \right),\tag{9.20}$$

并且令 ϕ 为 ϕ^* 的逆 Fourier 变换. 假定对于某 $N_0 < N_1$,

$$\frac{1}{\sqrt{2}} \sum_{k=N_0}^{N_1} \ell_k = 1,\tag{9.21}$$

$$|m_0(t)|^2 + |m_0(t+\pi)|^2 = 1,$$

对于 $|t| \leqslant \pi/2$, $m_0(t) \neq 0$ 及存在一个有界非增函数 Φ, 满足 $\int \Phi(|u|)\mathrm{d}u < \infty$ 及对几乎所有 x,

$$|\phi(x)| \leqslant \Phi(|x|),$$

那么 ϕ 是一个有紧支撑的父小波, 而且 ϕ 在区间 $[N_0, N_1]$ 之外为零.

下面定义 W_k 为在 V_{k+1} 中的 V_k 的正交分量. 换句话说, 每个 $f \in V_{k+1}$ 都能够写成为和 $f = v_k + w_k$, 这里, $v_k \in V_k$, $w_k \in W_k$, 而且 v_k 和 w_k 是正交的. 记

$$V_{k+1} = V_k \bigoplus W_k.$$

这样,

$$L_2(\mathbb{R}) = \overline{\bigcup_k V_k} = V_0 \bigoplus W_0 \bigoplus W_1 \bigoplus \cdots.$$

定义**母小波**为

$$\psi(x) = \sqrt{2} \sum_k (-1)^{k+1} \ell_{1-k} \phi(2x - k).$$

9.22 定理   函数 $\{\psi_{jk}, k \in \mathbb{Z}\}$ 形成一个 W_j 的基. 函数

$$\{\phi_k, \psi_{jk},\ k \in \mathbb{Z},\ j \in \mathbb{Z}_+\}\tag{9.23}$$

为 $L_2(\mathbb{R})$ 的一个标准正交基. 因此, 任何 $f \in L_2$ 能写成

$$f(x) = \sum_k \alpha_{0k} \phi_{0k}(x) + \sum_{j=0}^{\infty} \sum_k \beta_{jk} \psi_{jk}(x),\tag{9.24}$$

这里,

$$\alpha_{0k} = \int f(x) \phi_{0k}(x) \mathrm{d}x \quad \text{和} \quad \beta_{jk} = \int f(x) \psi_{jk}(x) \mathrm{d}x.$$

一直用 V_0 表示了在 MRA 中的第一个子空间. 这仅仅是一个常规. 同样能够用 V_{j_0} 来表示它, 这里, j_0 为某整数. 在这种情况下, 记

$$f(x) = \sum_k \alpha_{j_0 k} \phi_{j_0 k}(x) + \sum_{j=j_0}^{\infty} \sum_k \beta_{jk} \psi_{jk}(x).$$

当然, 还没有解释如何选择刻度系数来产生一个有用的小波基. 这里不讨论细节, 但聪明地选择刻度系数能导致具有所希望性质的小波. 例如, 在 1992 年, Ingrid Daubechies 构造了一个光滑的, 紧支撑的 "几乎" 对称的[①]小波, 称为**symmlet.** 实际上, 这是一个小波族. 一个 N 阶的父 symmlet 有支撑 $[0, 2N-1]$, 而母 symmlet 有支撑 $[-N+1, N]$. 母 symmlet 有 N 个零矩 (从第 0 矩开始). N 越高, 小波越光滑. 对于这个小波 (或大多数小波) 没有封闭的形式, 但是它能够被快速计算. 图 9.5 显示了将用于例子的 symmlet 8 母小波. 刻度系数为

```
0.0018899503  -0.0003029205  -0.0149522583   0.0038087520
0.0491371797  -0.0272190299  -0.0519458381   0.3644418948
0.7771857517   0.4813596513  -0.0612733591  -0.1432942384
0.0076074873   0.0316950878  -0.0005421323  -0.0033824160
```

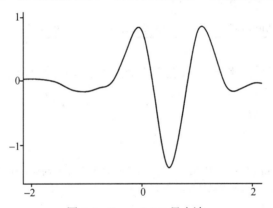

图 9.5 Symmlet 8 母小波

9.3 小波回归

考虑回归问题

$$Y_i = r(x_i) + \sigma \epsilon_i, \tag{9.25}$$

这里, $\epsilon_i \sim N(0, 1)$ 而且 $x_i = i/n$. 进一步假定, 对某个 J, $n = 2^J$. 将需要对于接近 0 或 1 的 x 作某种边界纠正, 先推后讨论这个问题.

---

① 不存在光滑、对称、紧支撑的小波.

为了利用小波估计 r, 如下进行: 首先, 用有 n 项的展开来近似 r:

$$r(x) \approx r_n(x) = \sum_{k=0}^{2^{j_0}-1} \alpha_{j_0,k}(x)\phi_{j_0,k}(x) + \sum_{j=J_0}^{J} \sum_{k=0}^{2^j-1} \beta_{jk}\psi_{jk}(x), \qquad (9.26)$$

这里, $\alpha_{j_0,k} = \int r(x)\phi_{j_0,k}(x)\mathrm{d}x$ 及 $\beta_{jk} = \int r(x)\psi_{jk}(x)\mathrm{d}x$. 称 $\{\beta_{jk},\ k=0,1,\cdots\}$ 为水平 j 系数. 形成系数的预估计[①]:

$$S_k = \frac{1}{n} \sum_i \phi_{j_0,k}(x_i)Y_i \ \ \text{和} \ \ D_{jk} = \frac{1}{n} \sum_i \psi_{jk}(x_i)Y_i, \qquad (9.27)$$

它被称为**经验刻度系数**(empirical scaling coefficient) 和**经验细节系数**(empirical detail coefficient). 如前一章的推理, 有

$$S_k \approx N\left(\alpha_{j_0,k}, \frac{\sigma^2}{n}\right) \ \ \text{和} \ \ D_{jk} \approx N\left(\beta_{jk}, \frac{\sigma^2}{n}\right).$$

现在利用下面关于 σ 的稳健估计:

$$\widehat{\sigma} = \sqrt{n} \times \frac{\mathrm{median}(|D_{J-1,k} - \mathrm{median}(D_{J-1,k})| : k = 0, \cdots, 2^{J-1}-1)}{0.6745}.$$

非齐次函数即使在最高水平 J 可能有几个大的小波系数, 而这个稳健估计应该对这种系数相对不敏感.

对于刻度系数, 取

$$\widehat{\alpha}_{j_0,k} = S_k.$$

[①] 在实践中, 不利用 (9.27) 计算 S_k 和 D_{jk}. 实际上如下进行. 最高水平的系数 $\alpha_{J-1,k}$ 用 Y_k 来近似. 这是有道理的, 因为 $\phi_{J-1,k}$ 是高度局部化的, 并因此

$$\mathbb{E}(Y_k) = f(k/n) \approx \int f(x)\phi_{J-1,k}(x)\mathrm{d}x = \alpha_{J-1,k}.$$

然后, 应用层叠算法 (cascade algorithm) 来得到其余的系数; 细节参见附录. 某些作者定义

$$S_k = \frac{1}{\sqrt{n}} \sum_i \phi_{j_0,k}(x_i)Y_i \ \ \text{和} \ \ D_{jk} = \frac{1}{\sqrt{n}} \sum_i \psi_{jk}(x_i)Y_i$$

而不是利用 (9.27). 这意味着 $S_k \approx N(\sqrt{n}\alpha_{j_0,k}, \sigma^2)$ 及 $D_{jk} \approx N(\sqrt{n}\beta_{jk}, \sigma^2)$. 因此, 估计应该除以 $\sqrt{n}$. 另外, 方差的估计应该改为

$$\widehat{\sigma} = \frac{\mathrm{median}(|D_{J-1,k} - \mathrm{median}(D_{J-1,k})| : k = 0, \cdots, 2^{J-1}-1)}{0.6745}.$$

为了估计母小波的系数 β_{jk}, 在 D_{jk} 利用一个特别形式的称为阈(thresholding) 的收缩; 将对其在下一节作更详细的描述. 最后, 把估计代入 (9.26):

$$\widehat{r}_n(x) = \sum_{k=0}^{2^{j_0}-1} \widehat{\alpha}_{j_0,k}\phi_{j_0,k}(x) + \sum_{j=j_0}^{J}\sum_{k=0}^{2^j-1} \widehat{\beta}_{jk}\psi_{jk}(x).$$

9.4 小 波 阈

小波回归方法除了两处改变之外, 和在第 8 章所用的方法一样. 除了小波基不一样之外, 它还利用不同形式的收缩, 称为阈. 在这里, 如果 D_{jk} 小, 则 $\widehat{\beta}_{jk}$ 设为 0. 阈在函数中找出跳跃方面比线性收缩更好. 为了看其理由, 考虑除了在几个地方有跳跃之外其他地方都光滑的一个函数. 如果在小波基上展开这个函数, 系数将是稀疏的. 也就是说, 除了相应于几处跳跃的系数之外, 大多数系数都很小. 这直观上提示: 除了几个非常大的之外, 应该把大多数估计的系数设为零. 这也刚好是阈规则所做的. 在下一节更正式的叙述中, 将看到阈收缩在大的函数空间中产生了最小最大估计. 下面是一些细节.

父小波的系数估计 $\alpha_{j_0,k}$ 等于经验系数 S_k, 不应用收缩. 母小波的系数估计基于收缩那些 D_{jk}. 具体如下, 回忆

$$D_{jk} \approx \beta_{jk} + \frac{\sigma}{\sqrt{n}}\epsilon_{jk}. \tag{9.28}$$

在第 7 章和第 8 章所用的线性收缩有下面形式: 对于某 $0 \leqslant c \leqslant 1$, $\widehat{\beta}_{jk} = cD_{jk}$. 对于小波, 利用非线性收缩, 称为阈, 它分为两种: **硬阈和软阈**. 硬阈估计为

$$\widehat{\beta}_{jk} = \begin{cases} 0, & |D_{jk}| < \lambda, \\ D_{jk}, & |D_{jk}| \geqslant \lambda. \end{cases} \tag{9.29}$$

软阈估计为

$$\widehat{\beta}_{jk} = \begin{cases} D_{jk} + \lambda, & D_{jk} < -\lambda, \\ 0, & -\lambda \leqslant D_{jk} < \lambda, \\ D_{jk} - \lambda, & D_{jk} > \lambda. \end{cases} \tag{9.30}$$

它能够写成下面更简略的形式:

$$\widehat{\beta}_{jk} = \text{sign}(D_{jk})(|D_{jk}| - \lambda)_+. \tag{9.31}$$

参见图 9.6. 在每种情况下, 效果都是保持大的系数, 而把其他的设为 0.

将着重考虑软阈, 还需要选择阈值 λ. 有几种方法选择 λ. 最简单的规则为**普遍阈值**(universal threshold), 定义为

$$\lambda = \widehat{\sigma}\sqrt{\frac{2\log n}{n}}. \tag{9.32}$$

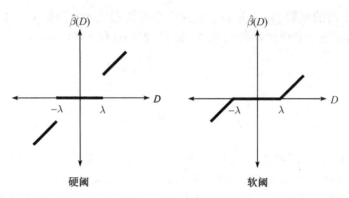

图 9.6　硬阈和软阈

为了理解该规则后面的直观意义, 考虑在没有信号时什么将会发生, 即对所有的 j 和 k, $\beta_{jk} = 0$ 的情况. 这时希望所有的 $\widehat{\beta}_{jk}$ 都以高的概率为 0.

9.33 定理　假定对于所有的 j 和 k, $\beta_{jk} = 0$, 并令 $\widehat{\beta}_{jk}$ 为具有普遍阈值 (9.32) 的软阈估计. 那么当 $n \to \infty$ 时,

$$\mathbb{P}(\widehat{\beta}_{jk} = 0,\ \text{对于所有的} j, k \text{成立}) \to 1.$$

证明　为了简化证明, 假定 σ 为已知的. 现在, $D_{jk} \approx N(0, \sigma^2/n)$. 回忆 Mill 不等式: 如果 $Z \sim N(0,1)$, 那么 $\mathbb{P}(|Z| > t) \leqslant (c/t)\mathrm{e}^{-t^2/2}$, 这里 $c = \sqrt{2/\pi}$ 为一个常数. 这样,

$$\mathbb{P}(\max |D_{jk}| > \lambda) \leqslant \sum_{j,k} \mathbb{P}(|D_{jk}| > \lambda) \leqslant \sum_{j,k} \mathbb{P}\left(\frac{\sqrt{n}|D_{jk}|}{\sigma} > \frac{\sqrt{n}\lambda}{\sigma} \right)$$

$$= \sum_{j,k} \frac{c\sigma}{\lambda\sqrt{n}} \exp\left\{ -\frac{1}{2}\frac{n\lambda^2}{\sigma^2} \right\} = \frac{c}{\sqrt{2\log n}} \to 0. \qquad \blacksquare$$

下面的理论对阈规则给了更多的支持. 它表明, 软阈做的几乎和选择最好阈的 "神谕" 一样好.

9.34 定理(Donoho and Johnstone, 1994)　令

$$Y_i = \theta_i + \frac{\sigma}{\sqrt{n}}\epsilon_i, \quad i = 1, \cdots, n,$$

这里, $\epsilon_i \sim N(0,1)$. 对于每个 $S \subset \{1, \cdots, n\}$, 定义**或灭或存统计量**(kill it or keep it estimator)

$$\widehat{\boldsymbol{\theta}}_S = (X_1 I(1 \in S), \cdots, X_n I(n \in S)).$$

定义**神谕风险**(oracle risk)

$$R_n^* = \min_S R(\widehat{\boldsymbol{\theta}}_S, \boldsymbol{\theta}), \qquad (9.35)$$

这里的最小值是关于所有或灭或存统计量所取的, 即 S 在所有 $\{1, \cdots, n\}$ 的子集上变化. 那么

$$R_n^* = \sum_{i=1}^n \left(\theta_i^2 \wedge \frac{\sigma^2}{n} \right). \tag{9.36}$$

再者, 如果

$$\widehat{\boldsymbol{\theta}} = (t(X_1), \cdots, t(X_n)),$$

这里, $t(x) = \text{sign}(x)(|x| - \lambda_n)_+$ 及 $\lambda_n = \sigma\sqrt{2\log n/n}$, 那么, 对每个 $\boldsymbol{\theta} \in \mathbb{R}^n$,

$$R_n^* \leqslant R(\widehat{\boldsymbol{\theta}}, \boldsymbol{\theta}) \leqslant (2\log n + 1) \left(\frac{\sigma^2}{n} + R_n^* \right). \tag{9.37}$$

Donoho and Johnstone 称具有普遍阈值的小波估计为**VisuShrink**. 另一种称为**SureShrink**的估计是对每个水平用不同的阈值 λ_j 得到的. 阈值 λ_j 是使得 SURE(见 7.4 节) 最小化得到的, 在这种情况为

$$S(\lambda_j) = \sum_{k=1}^{n_j} \left[\frac{\widehat{\sigma}^2}{n} - 2\frac{\widehat{\sigma}^2}{n} I(|\widetilde{\beta}_{jk}| \leqslant \lambda_j) + \min(\widetilde{\beta}_{jk}^2, \lambda_j^2) \right], \tag{9.38}$$

这里, $n_j = 2^{j-1}$ 为在水平 j 的参数个数. 最小化是在 $0 \leqslant \lambda_j \leqslant (\widehat{\sigma}/\sqrt{n_j})\sqrt{2\log n_j}$ 进行的[①].

9.39 例 由 Donoho and Johnstone (1995) 引进的 "区组" 函数定义为 $r(x) = 3.655606 \times \sum_{j=1}^{11} h_j K(x - t_j)$, 这里,

$$\boldsymbol{t} = (0.10, 0.13, 0.15, 0.23, 0.25, 0.40, 0.44, 0.65, 0.76, 0.78, 0.81),$$

$$\boldsymbol{h} = (4, -5.3, -4.5, -4.2, 2.1, 4.3, -3.1, 2.1, -4.2).$$

图 9.7 的上左小图显示了 $r(x)$. 上右小图显示了从 $Y_i = r(i/n) + \epsilon_i$ 生成的 2048 个数据点, 这里, $\epsilon_i \sim N(0, 1)$. 下左小图是利用有普遍阈值的软阈所得的小波估计. 用了一个 symmlet 8 小波. 下右小图显示了一个局部线性拟合; 其带宽是用交叉验证选的. 小波估计稍微好些, 此因局部线性拟合有某些额外的的波动. 然而区别并不很夸张. 这种小区别在诸如信号处理等一些情况下可能重要. 但在通常的非参数回归问题中, 在这些估计量之间没有多大实际差别. 事实上, 如果对这些点图加上置信带, 它们将无疑会比这些估计的差别要宽得多.

---

① 实践中, SureShrink 有时作增加一个步骤的修正. 如果在水平 j 的系数稀疏, 那么就用普遍阈值. 见 Donoho and Johnstone (1995).

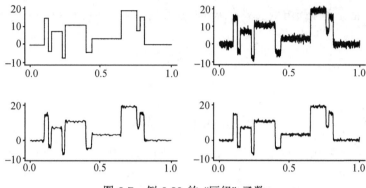

图 9.7　例 9.39 的 "区组" 函数

上左: 函数 $r(x)$. 上右: 2048 个数据点. 下左: $\hat{r}_n$, 利用小波. 下右: $\hat{r}_n$, 利用局部线性回归, 带宽用交叉验证选取.

　　这是一个容易的例子, 这是因为噪声水平低而使得曲线的基本形状从数据图看来是明显的. 考虑该例的有更多噪声的形式. 把 σ 增加到 3, 并且把样本量减少到 256. 结果在图 9.8 之中. 这里很难说哪个统计量要好些. 没有一个做得特别好. ■

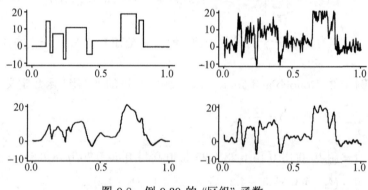

图 9.8　例 9.39 的 "区组" 函数

上左: 函数 $r(x)$. 上右: 256 个数据点. 下左: $\hat{r}_n$, 利用小波. 下右: $\hat{r}_n$, 利用局部线性回归, 带宽用交叉验证选取.

9.5　Besov 空间

　　小波阈回归估计在马上定义的**Besov 空间**有好的**最优**性质. 令

$$\Delta_h^{(r)} f(x) = \sum_{k=1}^{r} \binom{r}{k} (-1)^k f(x + kh).$$

这样, $\Delta_h^{(0)} f(x) = f(x)$ 及

$$\Delta_h^{(r)} f(x) = \Delta_h^{(r-1)} f(x+h) - \Delta_h^{(r-1)} f(x).$$

下面定义

$$w_{r,p}(f;t) = \sup_{|h| \leqslant t} ||\Delta_h^{(r)} f||_p,$$

这里, $||g||_p = \left\{ \int |g(x)|^p \mathrm{d}x \right\}^{1/p}$. 给定 (p, q, ς), 令 r 满足 $r - 1 \leqslant \varsigma \leqslant r$. **Besov 半范数**(Besov seminorm) 定义为

$$|f|_{p,q}^\varsigma = \left\{ \int_0^\infty [h^{-\varsigma} w_{r,p}(f;h)]^q \frac{\mathrm{d}h}{h} \right\}^{1/q}.$$

对于 $q = \infty$, 定义

$$|f|_{p,\infty}^\varsigma = \sup_{0 < h < 1} \frac{w_{r,p}(f;h)}{h^\varsigma}.$$

Besov 空间(Besov space)$B_{p,q}^\varsigma(c)$ 定义为把 $[0,1]$ 投影到 $\mathbb{R}$ 的函数 f 的集合, 满足 $\int |f|^p < \infty$ 及 $|f|_{p,q}^\varsigma \leqslant c$.

这个定义不易理解, 但是有些特例. Sobolev 空间 $W(m)$(见定义 7.8) 相应于 Besov 球 $B_{2,2}^m$. 广义 Sobolev 空间 $W_p(m)$ 在 m 阶导数利用 L_p 范数, 它几乎是一个 Besov 空间, 即 $B_{p,1}^m \subset W_p(m) \subset B_{p,\infty}^m$. 对某整数 m 和某 $\delta \in (0,1)$, 令 $s = m + \delta$. **Hölder 空间**(Hölder space) 是具有有界 m 阶导数的有界函数的集合, 对于所有的 u, t, 满足 $|f^m(u) - f^m(t)| \leqslant |u - t|^\delta$. 这个空间等价于 $B_{\infty,\infty}^{m+\delta}$. 集合 T 包含有界变差的函数, 满足 $B_{1,1}^1 \subset T \subset B_{1,\infty}^1$. 这样, Besov 空间包括了很多熟悉的函数空间.

利用小波展开系则很容易理解 Besov 空间. 如果小波充分光滑, 那么函数 $f \in B_{p,q}^\varsigma(c)$ 的小波系数 β 满足 $||\beta||_{p,q}^\varsigma \leqslant c$, 这里,

$$||\beta||_{p,q}^\varsigma = \left\{ \sum_{j=j_0}^\infty \left[2^{j(\varsigma+1/2-1/p)} \left(\sum_k |\beta_{jk}|^p \right)^{1/p} \right]^q \right\}^{1/q}. \tag{9.40}$$

在下面的定理中, 用记号 $a_n \asymp b_n$ 表示 a_n 和 b_n 以同样速率趋于 0. 形式上,

$$0 < \liminf_{n \to \infty} \left| \frac{a_n}{b_n} \right| \leqslant \limsup_{n \to \infty} \left| \frac{a_n}{b_n} \right| < \infty.$$

9.41 定理(Donoho and Johnstone, 1995)　令 $\hat{r}_n$ 为 SureShrink 估计. 令 ψ 有 r 个零矩及 r 阶连续导数, 这里 $r > \max\{1, \varsigma\}$. 令 $R_n(p, q, \varsigma, C)$ 表示在 Besov 球

$B^{\varsigma}_{p,q}(C)$ 上的最小最大风险. 那么,

$$\sup_{r \in B^{\varsigma}_{p,q}(C)} \frac{1}{n} \mathbb{E}\left(\sum_i [\widehat{r}_n(x_i) - r(x_i)]^2 \right) \asymp R_n(p, q, \varsigma, C),$$

对于所有的 $1 \leqslant p, q \leqslant \infty, C \in (0, \infty)$ 及 $\varsigma_0 < \varsigma < r$ 成立, 这里,

$$\varsigma_0 = \max\left\{ \frac{1}{p}, 2\left(\frac{1}{p} - \frac{1}{2} \right)^+ \right\}.$$

在这个空间范围内, 没有线性估计达到这个最优率. 除了一个 $\log n$ 的因子, 该普遍收缩规还达到最小最大率.

该定理说, 基于阈规则的小波估计在很大的 Besov 空间集合同时达到最小最大率. 其他估计, 如有常数带宽的局部回归估计, 则没有这个性质.

9.6   置 信 集

在写本书时, 还没有为小波估计的实用联立置信带. Picard and Tribouley (2000) 给出了一个渐近的逐点方法. Genovese and Wasserman (2005) 给出了置信球.

对于 Besov 空间 $B^{\varsigma}_{p,q}$, 令

$$\gamma = \begin{cases} \varsigma, & p \geqslant 2, \\ \varsigma + \dfrac{1}{2} - \dfrac{1}{p}, & 1 \leqslant p < 2. \end{cases} \tag{9.42}$$

令 $B(p, q, \gamma)$ 为相应于 Besov 空间的函数的小波系数集合. 假定, 父母小波为有界的, 有紧支撑, 并且有有穷 L_2 范数的导数. 令 $\boldsymbol{\mu}^n = (\mu_1, \cdots, \mu_n)$ 为头 n 个突出作为单独向量的小波系数.

9.43 定理(Genovese and Wasserman, 2004)   令 $\widehat{\mu}$ 为利用普遍软阈 $\lambda = \widehat{\sigma}\sqrt{\log n/n}$ 估计的小波系数. 定义

$$D_n = \left\{ \boldsymbol{\mu}^n : \sum_{\ell=1}^n (\mu_\ell - \widehat{\mu}_\ell)^2 \mathrm{d}x \leqslant s_n^2 \right\}, \tag{9.44}$$

这里,

$$s_n^2 = \sqrt{2}\sigma^2 \frac{z_\alpha}{\sqrt{n}} + S_n(\lambda), \tag{9.45}$$

$$S_n(\lambda) = \frac{\widehat{\sigma}^2}{n} 2^{j_0} + \sum_{j=j_0}^J S(\lambda_j), \tag{9.46}$$

及

$$S_j(\lambda_j) = \sum_{k=1}^{n_j} \left[\frac{\sigma^2}{n} - 2\frac{\sigma^2}{n} I(|\widetilde{\beta}_{jk}| \leqslant \lambda_j) + \min(\widetilde{\beta}_{jk}^2, \lambda_j^2) \right].$$

那么, 对于任意 $\delta > 0$,

$$\lim_{n\to\infty} \sup_{\mu\in\Delta(\delta)} |\mathbb{P}(\mu^n \in D_n) - (1-\alpha)| = 0, \tag{9.47}$$

这里,

$$\Delta(\delta) = \bigcup \{ B(p,q,\gamma) : p \geqslant 1, \ q \geqslant 1, \ \gamma > (1/2) + \delta \}.$$

9.7 边界修正和不等距数据

如果数据限于区间, 而小波基却是在 $\mathbb{R}$ 上的, 那么需要进行修正, 因为限制于期间的小波通常并不正交. 最简单的方法是对数据做**镜像**(mirror). 在端点附近, 数据以相反的次序重复. 那么前面讨论的方法就适用了.

当数据不等距或者 n 不是 2 的指数幂, 能够把数据放入等空间的箱中, 并且在各箱中平均数据. 只要箱里面有数据, 而且对某整数 k, 箱的数目 m 有形式 $m = 2^k$, 选择尽可能小的箱.

关于这些问题的其他方法, 参见 Härdle et al.(1998) 及其索引.

9.8 过完全字典

虽然小波基非常灵活, 但有时可能需要更加丰富的基. 例如, 可能想把几个基合并起来. 这导致了**字典**(dictionary) 的思想.

令 $\boldsymbol{Y} = (Y_1, \cdots, Y_n)^{\mathrm{T}}$ 为观测值的一个向量, 这里, $Y_i = r(x_i) + \epsilon_i$. 令 $\boldsymbol{D}$ 为一个 $n \times m$ 矩阵, $m > n$. 考虑利用 $\boldsymbol{D}\boldsymbol{\beta}$ 来估计 r, 这里, $\boldsymbol{\beta} = (\beta_1, \cdots, \beta_m)^{\mathrm{T}}$. 如果 m 等于 n, 而且 $\boldsymbol{D}$ 的列为正交的, 则回到了本章和上一章的正交基回归的情况. 但是, 当 $m > n$ 时, 列不再是正交的了, 则说字典是**过完全的**(overcomplete). 例如, 可能想取有 $m = 2n$ 列的 $\boldsymbol{D}$: 头 n 列为一个余弦基的基元素, 而后 n 列为一个 "尖峰(spike)" 基的基元素. 这使得能够估计一个 "光滑加上尖峰" 的函数.

有逐渐明显的理论和实践证据表明, 这个被 Chen et al. (1998) 称为**基寻踪**(basis pursuit) 的方法导致好的估计. 在这个方法中, 人们选择 $\widehat{\beta}$ 来使下式最小:

$$||\boldsymbol{Y} - \boldsymbol{D}\boldsymbol{\beta}||_2^2 + \lambda||\boldsymbol{\beta}||_1,$$

这里, $\|\cdot\|_2$ 表示 L_2 范数, $\|\cdot\|_1$ 表示 L_1 范数, $\lambda > 0$ 为一个常数. 基寻踪和称为**lasso** (Tibshirani, 1996) 和**LARS**(Efron et al., 2004) 的回归变量选择方法有关.

9.9　其他适应性方法

除了小波之外, 还有许多空间适应性方法. 这些方法包括可变带宽核方法 (Lepski et al., 1997; Müller and Stadtmller, 1987), 局部多项式 (Loader, 1999a; Fan and Gijbels, 1996), 可变结点样条 (Mammen and van de Geer, 1997) 等. 这里略述源于 Goldenshluger and Nemirovski (1997) 的一个特别简单的别致方法, 称为相交置信区间 (intersecting confidence intervals, ICI).

考虑在一个点 x 估计回归函数 $r(x)$, 并令 $Y_i = r(x_i) + \epsilon_i$, 这里, $\epsilon_i \sim N(0, \sigma^2)$. 为简化讨论, 将假定 σ 已知. 其思想是利用一个递增带宽 h 的序列来为 $r(x)$ 构造一个置信区间. 将选择使得那些区间没有交集的第一个带宽. 参见图 9.9.

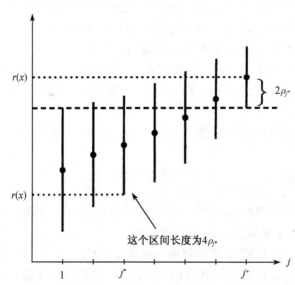

图 9.9　Goldenshluger 和 Nemirovski ICI 方法

所有的区间 $\{D_j : j \leqslant j^*\}$ 包含真实值 $r(x)$. 所有的区间 $\{D_j : j \leqslant j^+\}$ 有交集. 估计量 $\widehat{r}(x)$ 距离 $r(x)$ 不超过 $2\rho_{j^+} + 4\rho_{j^*} \leqslant 6\rho_{j^*}$.

令

$$\widehat{r}_h(x) = \sum_{i=1}^n Y_i \ell_i(x, h)$$

为依赖于带宽 h 的一个线性估计. 令带宽 h 在一个有限集 $h_1 < \cdots < h_n$ 变化, 并

令 $\widehat{r}_j = \widehat{r}_{h_j}(x)$. 例如, 为在 $[0,1]$ 上等距, 则取 $h_j = j/n$. 能够写

$$\widehat{r}_j = \sum_{i=1}^{n} r(x_i)\ell_i(x, h_j) + \xi_j,$$

这里,

$$\xi_j = \sum_{i=1}^{n} \epsilon_i\ell_i(x, h_j) \sim N(0, s_j^2), \quad s_j = \sigma\sqrt{\sum_{i=1}^{n} \ell_i^2(x, h_j)}.$$

令 $\rho_j = \kappa s_j$, 这里 $\kappa > \sqrt{2\log n}$. 那么, 当 $n \to \infty$ 时,

$$\mathbb{P}(\max_j |\xi_j| > \rho_j, \text{ 对某个} j \text{成立}) \leqslant n\mathbb{P}(|N(0,1)| > \kappa) \to 0.$$

这样, 除了一个趋于 0 的概率集合之外, 对所有的 j, $|\xi_j| \leqslant \rho_j$. 对剩下的推理, 假定对于所有的 j, $|\xi_j| \leqslant \rho_j$.

形成 n 个区间

$$D_j = [\widehat{r}_j(x) - 2\rho_j, \widehat{r}_j(x) + 2\rho_j], \quad j = 1, \cdots, n.$$

适应性估计定义为

$$\widehat{r}(x) = \widehat{r}_{j^+}(x), \tag{9.48}$$

这里, j^+ 为使得这些区间有交集的最大整数:

$$j^+ = \max\left\{k : \bigcap_{j=1}^{k} D_j \neq \varnothing\right\}. \tag{9.49}$$

现在略述为什么 $\widehat{r}(x)$ 是适应性的.

令 $\overline{r}_j = \mathbb{E}(\widehat{r}_j)$, 并注意

$$|\widehat{r}_j - r(x)| \leqslant |\widehat{r}_j - \overline{r}_j| + |\overline{r}_j - r(x)| = b_j + |\xi_j|,$$

这里, $b_j = |\widehat{r}_j - \overline{r}_j|$ 为偏倚. 正如对大多数光滑器那样, 假定当 j 增加时, b_j 随递减, 而 $s_j^2 = \mathbb{V}(\xi_j)$ 递增. 令

$$j^* = \max\{j : b_j \leqslant \rho_j\}.$$

带宽 h_{j^*} 平衡偏倚和方差. 使用带宽 h_{j^*} 的估计的风险为 ρ_{j^*}. 因此, ρ_{j^*} 为知道最好带宽的神谕估计的风险. 将称 ρ_{j^*} 为神谕风险.

对于 $j \leqslant j^*$, $|\widehat{r}_j - r(x)| \leqslant b_j + \rho_j \leqslant 2\rho_j$. 因此, 对于所有的 $j \leqslant j^*$, $r(x) \in D_j$. 特别地, 所有的 D_j $(j \leqslant j^*)$ 至少有一个共同点, 即 $r(x)$. 根据 j^+ 的定义得到 $j^* \leqslant j^+$.

另外, D_{j^*} 中的每一点到 $r(x)$ 的距离最多是 $4\rho_{j^*}$. 最后, $D_{j+} \bigcap D_{j^*} \neq \varnothing$ (根据 j^* 的定义), 而且 D_{j+} 有一半的长度 $2\rho_{j+}$. 这样,

$$|\widehat{r}(x) - r(x)| \leqslant |\widehat{r}(x) - \widehat{r}_{j^*}| + |\widehat{r}_{j^*} - r(x)| \leqslant 2\rho_{j+} + 4\rho_{j^*} \leqslant 6\rho_{j^*}.$$

结论是, 以概率趋于 1, 有 $|\widehat{r}(x) - r(x)| \leqslant 6\rho_{j^*}$.

下面是这个思想的一个特别的实践. 在包含了点 $x \in (0,1)$ 的一个区间 $\varDelta$ 上拟合一个 m 阶多项式. 对于权重 $\alpha_\varDelta(x_i, x)$, 得到的估计为

$$\widehat{r}_\varDelta(x) = \sum_i \alpha_\varDelta(x_i, x) Y_i.$$

这里的权重能够写成为

$$\alpha_\varDelta(x, u) = \sum_{j=0}^m q_\varDelta^{(j)}(x) \left(\frac{u - a}{b - a} \right)^j,$$

这里, $a = \min\{x_i : x_i \in \varDelta\}$ 及 $b = \max\{x_i : x_i \in \varDelta\}$. 能够表明

$$|\alpha_\varDelta(x_i)| \leqslant \frac{c_m}{N_\varDelta},$$

这里, $N_\varDelta$ 为在 $\varDelta$ 中的点数, 而 c_m 为仅仅依赖于 m 的常数. 还能够表明, 量

$$\tau_m \equiv \frac{N_\varDelta}{\theta_m} \max_{i,j} |q_\varDelta^{(j)}(x_i)|$$

仅依赖于 m. 令

$$D_\varDelta = [\widehat{r}_\varDelta - 2\kappa s_\varDelta, \ \widehat{r}_\varDelta + 2\kappa s_\varDelta],$$

这里,

$$s_\varDelta = \left[\sum_i \alpha_\varDelta^2(x_i) \right]^{1/2},$$

及

$$\kappa_n = 2\sigma \sqrt{(m+2) \log n} \, 2^m (m+1) c_m^2 \tau_m.$$

现在, 令 $\widehat{\varDelta}$ 为 $\varDelta$ 包含 x 的并满足

$$\bigcap_{\substack{\delta \in \mathcal{D} \\ \delta \subset \varDelta}} D_\delta \neq \varnothing$$

的最大区间, 这里, $\mathcal{D}$ 表示所有包含 x 的区间. 最后, 令 $\widehat{r}(x) = \widehat{r}_{\widehat{\varDelta}}(x)$.

现在, 假定在区间 $\Delta_0 = [x - \delta_0, \ x + \delta_0] \subset [0, 1]$ 上, 对于某个 $\ell \geqslant 1$, r 为 ℓ 次可微的. 仍然假定, 对于某 $L > 0$ 及 $p \geqslant 1$,

$$\left[\int_{\Delta_0} |r^{(\ell)}(t)|^p \mathrm{d}t \right]^{1/p} \leqslant L,$$

这里,

$$\ell \leqslant m + 1, \quad p\ell > 1.$$

那么有[①] 下面定理:

9.50 定理(Goldenshluger and Nemirovski, 1997)   在上面的条件下, 对于某个仅依赖于 m 的 $C > 0$,

$$\left[\mathbb{E}|\hat{r}(x) - r(x)|^2 \right]^{1/2} \leqslant C B_n, \tag{9.51}$$

这里,

$$B_n = \left[\left(\frac{\log n}{n} \right)^{(p\ell-1)/(2p\ell+p-2)} L^{p/(2p\ell+p-2)} + \sqrt{\frac{\log n}{n\delta_0}} \right]. \tag{9.52}$$

(9.51) 的右边除了对数因子之外是最好可能的风险. 由 Lepskii (1991) 的结果, 该对数因子是不可避免的. 由于估计不用光滑参数 p, ℓ, L, 这意味着估计适应于未知的光滑性.

简单描述 Lepski et al. (1997) 方法 (的一个版本). 令 $\mathcal{H} = \{h_0, h_1, \cdots, h_m\}$ 为带宽的一个集合, 这里, $h_j = a^{-j}$, 而 $a > 1$(他们用 $a = 1.02$), 而 m 满足 $h_m \approx \sigma^2/n$. 令 $\hat{r}_h(x)$ 为基于带宽 h 与核 K 的核估计. 对每个带宽 h, 检验下面假设: 进一步减少 h 不会显著改进拟合. 取 $\hat{h}$ 为使检验不拒绝的最大带宽. 具体地,

$$\hat{h} = \max\{h \in \mathcal{H} : |\hat{r}_h(x) - \hat{r}_\eta(x)| \leqslant \psi(h, \eta), \text{对所有的}\eta < h, \eta \in \mathcal{H}\text{成立}\},$$

这里,

$$\psi(h, \eta) = \frac{D\sigma}{n\eta} \sqrt{1 + \log\left(\frac{1}{\eta}\right)}$$

及 $D > 2(1 + ||K||\sqrt{14})$. 他们表明, 这个带宽选择方法产生了一个适用于一个宽范围的 Besov 空间的估计.

9.10   适应性方法管用吗

跟随着 Donoho and Johnstone (1994) 的某些思想, 仔细看看空间适应的想法. 令 $A_1, \cdots, A_L$ 为划分 $[0, 1]$ 的区间:

$$A_1 = [a_0, a_1), \quad A_2 = [a_1, a_2), \quad \cdots, \quad A_l = [a_{L-1}, a_L],$$

[①] 我以非常特殊的形式叙述这个结果. 原先的结果比这个更一般.

这里, $a_0 = 0$ 及 $a_L = 1$. 假定 r 为一个逐段多项式, 使得 $r(x) = \sum_{\ell=1}^{L} p_\ell(x) I(x \in A_\ell)$, 这里 p_ℓ 为在集合 A_ℓ 上的一个 D 阶多项式. 如果已知分割点 $a = (a_1, \cdots, a_L)$ 和阶数 D, 那么能够利用最小二乘法在每个 A_ℓ 拟合一个 D 阶多项式. 这是一个参数问题, 而风险为 $O(1/n)$ 阶. 如果不知道分割点 a, 并且拟合一个核回归, 那么可以表明, 由于在分割点可能的不连续性, 风险一般不会好于 $O(1/\sqrt{n})$ 阶. 作为对照, Donoho and Johnstone 表明, 小波方法有 $O(\log n/n)$ 阶的风险. 这是一个印象深的理论成就.

另一方面, 像已经见到的例子所暗示的那样, 实际的好处常常是不那么大的. 从推断的角度 (它在估计中的特征是真的吗?), 第 7 章的结果表明, 小波置信球不能以快于 $n^{-1/4}$ 的速率收敛. 为了看到这一点, 再一次考虑逐段多项式的例子. 即使知道 r 是个逐段多项式, 仍然得出向量 $(r(x_1), \cdots, r(x_n))$ 能够取 $\mathbb{R}^n$ 中的任意值. 然后从定理 7.71 得到, 没有置信球能够收缩得比 $n^{-1/4}$ 更快. 这样, 就处于一个特别的状况, 即函数估计可能收敛得快, 但置信集收敛得慢.

这样, 适应性方法有没有用? 如果需要一个精确的函数估计, 而且噪声水平低, 那么答案就是: 适应性函数估计是非常有效的. 但是, 如果面对一个标准的非参数回归问题, 而且感兴趣于置信集, 那么适应性方法不比诸如固定带宽的局部回归那样的其他方法显著地好.

9.11   文 献 说 明

对小波的一个好的引论是 Ogden (1997). 更加先进的一个处理可在 Härdle et al. (1998) 找到. 利用小波的统计估计理论已经被许多作者发展, 特别是 David Donoho and Iain Johnstone. 主要思想是在下面一系列出色的文章中: Donoho and Johnstone (1994, 1995, 1998), Donoho et al. (1995). 关于置信集的材料来源于 Genovese and Wasserman(2005).

9.12   附   录

小波的局部化. 小波比正弦和余弦更加局部化的思想能够精确地表述出来. 已给一个函数 f, 定义其半径为

$$\Delta_f = \frac{1}{\|f\|} \left[\int (x - \overline{x})^2 |f(x)|^2 \mathrm{d}x \right]^{1/2},$$

这里,

$$\overline{x} = \frac{1}{\|f\|^2} \int x|f(x)|^2 \mathrm{d}x.$$

想象, 在平面上画边长为 Δ_f 及 Δ_{f^*} 的一个矩形. 对于一个像余弦那样的函数, 这是一个在 y 轴是 0 宽度, 在 x 轴是无穷宽度的矩形. 余弦在频率上局部化, 但在空间上非局部化. 作为对照, 小波具有在两个维度上边长都有限的矩形. 因此, 小波在频率和空间上都局部化了. 能够多么好地在频率和空间同时局部化是有限度的.

9.53 定理(Heisenberg 不确定关系)　有

$$\Delta_f \Delta_{f^*} \geqslant \frac{1}{2}, \tag{9.54}$$

这里, 当 f 为正态密度时, 等式成立.

这个不等式称为**Heisenberg 不确定原理**(Heisenberg uncertainty principle), 这是因为当 Heisenberg 正在发展量子力学时它首先出现在物理文献中的.

小波的快速计算. 刻度系数使得计算小波系数简单了. 回忆

$$\alpha_{jk} = \int f(x)\phi_{jk}(x)\mathrm{d}x \quad \text{及} \quad \beta_{jk} = \int f(x)\psi_{jk}(x)\mathrm{d}x.$$

根据定义, $\phi_{jk}(x) = 2^{j/2}\phi(2^j x - k)$, 而根据 (9.16), $\phi(2^j x - k) = \sum_r \ell_r \phi_{1,r}(2^j x - k)$. 因此,

$$\phi_{jk}(x) = \sum_r \ell_r 2^{j/2}\phi_{1,r}(2^j x - k) = \sum_r \ell_r 2^{(j+1)/2}\phi(2^{j+1}x - 2k - r)$$

$$= \sum_r \ell_r \phi_{j+1,\ell+2k}(x) = \sum_r \ell_{r-2k}\phi_{j+1,r}(x).$$

这样,

$$\alpha_{jk} = \int f(x)\phi_{jk}(x)\mathrm{d}x = \int f(x)\sum_r \ell_{r-2k}\phi_{j+1,r}(x)\mathrm{d}x$$

$$= \sum_r \ell_{r-2k}\int f(x)\phi_{j+1,r}(x)\mathrm{d}x = \sum_r \ell_{r-2k}\alpha_{j+1,r}.$$

类似的计算可以得到 $\beta_{jk} = \sum_r (-1)^{r+1}\ell_{-r+2k+1}\alpha_{j+1,r}$. 概括起来, 得到下面的**层叠等式**(cascade equality):

层叠等式

$$\alpha_{jk} = \sum_r \ell_{r-2k}\alpha_{j+1,r}, \tag{9.55}$$

$$\beta_{jk} = \sum_r (-1)^{r+1}\ell_{-r+2k+1}\alpha_{j+1,r}. \tag{9.56}$$

　　一旦对某个 J 有了刻度系数 $\{\alpha_{jk}\}$, 可以利用层叠方程 (9.55) 和 (9.56) 对所有 $j < J$ 确定 $\{\alpha_{jk}\}$ 和 $\{\beta_{jk}\}$. 这个计算系数的方法称为**金字塔算法**(pyramid algorithm) 或**层叠算法**(cascade algorithm).

　　在回归问题, 将利用数据 $Y_1, \cdots, Y_n$ 来近似刻度系数到某高水平 J. 从金字塔算法再得到其他系数. 这个过程称为**离散小波变换**(discrete wavelet transformation). 它对于 n 个数据点仅要求 $O(n)$ 个运算操作.

　　这些思想能够以信号和滤波器的语言表示. 一个**信号**(signal) 定义为一个序列 $\{f_k\}_{k \in \mathbb{Z}}$, 满足 $\sum_k f_k^2 < \infty$. 一个**滤波器**(filter) 是运作在信号上的一个函数. 一个滤波器 A 可以由某些系数 $\{a_k\}_{k \in \mathbb{Z}}$ 来表示, 而 A 在信号 f 上的称为**离散卷积**(discrete convolution) 的操作产生一个用 Af 表示的新的信号, 其第 k 个系数为

$$(Af)_k = \sum_r a_{r-2k} f_r. \tag{9.57}$$

令 $\alpha_j, = \{\alpha_{jk}\}_{k \in \mathbb{Z}}$ 为在水平 j 的刻度系数. 令 L 为具有系数 $\{\ell_k\}$ 的滤波器. L 称为一个**低通滤波器**(low-pass filter). 由方程 (9.55) 得到

$$\alpha_{j-1}, = L\alpha_j, \quad \text{及} \quad \alpha_{j-m}, = L^m \alpha_j, \tag{9.58}$$

这里, L^m 意味着: 应用 m 次滤波器. 令 H 为具有系数 $h_k = (-1)^{k+1}\ell_{1-k}$ 的滤波器. 那么 (9.56) 暗含着

$$\beta_{j-1}, = H\alpha_j, \quad \text{及} \quad \beta_{j-m}, = HL^{m-1}\alpha_j, \tag{9.59}$$

H 称为一个**高通滤波器**(high-pass filter). 图 9.10 为关于这个算法的示意性表示.

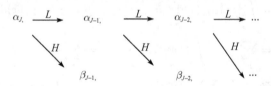

图 9.10　层叠算法

9.13　练　　习

1. 表明, 对于 Haar 小波, $\ell_0 = \ell_1 = 2^{-1/2}$, 及对于 $k \neq 0, 1$, 有 $\ell_k = 0$.
2. 证明定理 9.6.
3. 证明 Haar 小波形成一个 MRA(见例 9.15).
4. 证明方程 (9.17).

5. 生成数据

$$Y_i = r(i/n) + \sigma \epsilon_i,$$

这里, r 为 Doppler 函数, $n = 1024$, 而 $\epsilon_i \sim N(0,1)$.

(a) 利用小波拟合曲线. 试下面的收缩方法: (i) 把 James-Stein 应用到每个解析度水平; (ii) 普遍收缩; (iii) SureShrink. 试 $\sigma = 0.01, \sigma = 0.1, \sigma = 1$. 把该函数估计与 REACT 方法及局部线性回归比较.

(b) 重复 (a), 但是在 ϵ_i 加上如下产生的离群点:

$$\epsilon_i \sim 0.95\, N(0,1) + 0.05\, N(0,4).$$

这如何影响你的结果?

6. 令 $X_1, \cdots, X_n \sim f$, 这里, f 为在 $[0,1]$ 上的某个密度. 考虑构造一个小波直方图. 令 ϕ 和 ψ 为 Haar 父小波和母小波. 记

$$f(x) \approx \phi(x) + \sum_{j=0}^{J} \sum_{k=0}^{2^j-1} \beta_{jk} \psi_{jk}(x),$$

这里, $J \approx \mathrm{lb}(n+1)$. 小波系数总数大约为 n. 现在,

$$\beta_{jk} = \int_0^1 \psi_{jk}(x) f(x) \mathrm{d}x = \mathbb{E}_f(\psi_{jk}(X)).$$

一个 β_{jk} 的无偏估计为

$$\widetilde{\beta}_{jk} = \frac{1}{n} \sum_{i=1}^n \psi_{jk}(X_i).$$

(a) 对于 $x < y$ 定义

$$N_{x,y} = \sum_{i=1}^n I(x \leqslant X_i < y).$$

表明

$$\widetilde{\beta}_{jk} = \frac{2^{j/2}}{n} [N_{2k/(2^{j+1}),(2k+1)/(2^{j+1})} - N_{(2k+1)/(2^{j+1}),(2k+2)/(2^{j+1})}].$$

(b) 表明

$$\widetilde{\beta}_{jk} \approx N(\beta_{jk}, \sigma_{jk}^2).$$

找到 σ_{jk} 的一个表达式.

(c) 考虑收缩估计 $\widehat{\beta}_{jk} = a_j \widetilde{\beta}_{jk}$ (在每个小波水平有同样的收缩系数). 把 σ_{jk} 看成已知的, 找到使得 Stein 无偏风险估计最小的 a_j.

(d) 现在, 找出 σ_{jk} 的一个估计. 把这个估计代入关于 a_j 的公式. 现在有一个估计密度的方法. 最后的估计为

$$\widehat{f}(x) = \phi(x) + \sum_j \sum_k \widehat{\beta}_{jk} \psi_{jk}(x).$$

对从本书网站得来的间歇温泉持续时间的数据试这个方法. 把它与使用交叉验证选择箱宽而得的直方图比较.

(e) 注意, $\widetilde{\beta}_{jk}$ 为 $2^{j/2}$ 倍于两个样本比例的差. 而且, $\beta_{jk} = 0$ 相应于两个总体二项分布参数相等. 因此, 能够如下形成一个硬阈估计: 检验 (在某水平 α) 是否每个 $\beta_{jk} = 0$, 并且仅仅保留那些被拒绝了的. 把这个用于 (d) 中的数据. 试不同的 α 值.

7. 令 R_n^* 为定义在 (9.35) 中的神谕风险.

(a) 表明

$$R_n^* = \sum_{i=1}^{n} \left(\frac{\sigma^2}{n} \wedge \theta_i^2 \right),$$

这里, $a \wedge b = \min\{a, b\}$.

(b) 把 R_n^* 与在定理 7.28 中的 Pinsker 界做比较. 对于哪些向量 $\boldsymbol{\theta} \in \mathbb{R}^n$, R_n^* 比 Pinsker 界小?

8. 找到关于硬阈规则及软阈观测的风险的精确表示 (把 σ 看成已知的).

9. 生成数据

$$Y_i = r(i/n) + \sigma \epsilon_i,$$

这里, r 为 Doppler 函数, $n = 1024$, 而 $\epsilon_i \sim N(0, 1)$, $\sigma = 0.1$. 应用 9.9 节的 ICI 方法来估计 r. 利用一个核估计, 并取带宽的格子点为 $\{1/n, \cdots, 1\}$. 首先, 把 σ 看成已知的. 然后利用 5.6 节的方法之一来估计 σ. 再应用 5.6 节的 Lipski et al. (1997) 的方法.

第 10 章 其 他 问 题

在这一章, 提及关于非参数推断的某些其他问题, 包括测量误差、逆问题、非参数贝叶斯推断、半参数推断、相关的误差、分类、筛、限制形状推断、检验和计算.

10.1 测 量 误 差

假定感兴趣于把输出 Y 向协变量 X 上作回归, 但是不能直接观测 X. 然而能够观测 X 加上误差 U. 观测数据为 $(X_1^\bullet, Y_1), \cdots, (X_n^\bullet, Y_n)$, 这里,

$$Y_i = r(X_i) + \epsilon_i,$$
$$X_i^\bullet = X_i + U_i, \quad \mathbb{E}(U_i) = 0.$$

这称为一个**测量误差**(measurement error) 问题或者**变量中的误差**(errors-in-variables) 问题. 本节紧跟的 Carroll et al. (1995) 是一个好的参考文献.

图 10.1 中的有向图描述了该模型. 忽略误差而直接把 Y 向 $X^\bullet$ 回归是有诱惑的, 但这导致 $r(x)$ 的不相合估计.

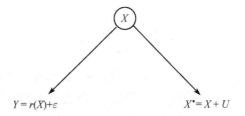

图 10.1 有测量误差的回归

被圈出的 X 显示它是不能观测的. $X^\bullet$ 是 X 的噪声版本. 如果你把 Y 往 $X^\bullet$ 回归, 将得到 $r(x)$ 的不相合估计.

在讨论非参数问题之前, 首先考虑这个问题的线性回归版本. 模型为

$$Y_i = \beta_0 + \beta_1 X_i + \epsilon_i,$$
$$X_i^\bullet = X_i + U_i.$$

令 $\sigma_x^2 = \mathbb{V}(X)$, 并假定 ϵ_i 独立于 X, 有均值 0 和方差 σ_ϵ^2. 还假定 U 独立于 X, 有均值 0 和方差 σ_u^2. 令 $\widehat{\beta}_1$ 为 Y_i 向 $X_i^\bullet$ 回归所得的 β_1 的最小二乘估计. 能够表明

(见练习 2)

$$\widehat{\beta} \xrightarrow{\text{a.s.}} \lambda\beta_1, \tag{10.1}$$

这里,

$$\lambda = \frac{\sigma_x^2}{\sigma_x^2 + \sigma_u^2} < 1. \tag{10.2}$$

这样, 测量的效果把估计的斜率偏向 0. 这样的一个效果通常称为**衰减偏倚**(attenuation bias). Staudenmayer and Ruppert (2004) 表明一个类似的结果对非参数回归成立. 如果利用局部多项式回归 (以奇数阶的多项式) 而且不考虑测量误差, 估计量 $\widehat{r}_n(x)$ 渐近地有大小为

$$\sigma_u^2 \left[\frac{f'(x)}{f(x)} r'(x) + \frac{r''(x)}{2} \right] \tag{10.3}$$

的过渡偏倚, 这里, f 为 X 的密度.

回到线性情况, 如果对于每个 X 有几个 $X^\bullet$ 的观测值, 那么 σ_u^2 能够被估计出来. 否则, σ_u^2 应该被诸如了解噪声机制的背景知识等外部手段来估计. 为了目的, 将假定 σ_u^2 是已知的. 因为 $\sigma_\bullet^2 = \sigma_x^2 + \sigma_u^2$, 能够通过

$$\widehat{\sigma}_x^2 = \widehat{\sigma}_\bullet^2 - \widehat{\sigma}_u^2, \tag{10.4}$$

来估计 σ_x^2, 这里, $\widehat{\sigma}_\bullet^2$ 为 $X_i^\bullet$ 的样本方差. 把这些估计代入 (10.2), 得到 λ 的一个估计 $\widehat{\lambda} = (\widehat{\sigma}_\bullet^2 - \widehat{\sigma}_u^2)/\widehat{\sigma}_\bullet^2$. β_1 的一个估计为

$$\widetilde{\beta}_1 = \frac{\widehat{\beta}_1}{\widehat{\lambda}} = \frac{\widehat{\sigma}_\bullet^2}{\widehat{\sigma}_\bullet^2 - \widehat{\sigma}_u^2} \widehat{\beta}_1, \tag{10.5}$$

这称为**矩估计方法**(method of moments estimator). 细节见 Fuller (1987).

另外一个纠正衰减偏倚的方法为 SIMEX, 其含义为**模拟外推**(simulation extrapolation), 源于 Cook and Stefanski (1994), Stefanski and Cook (1995). 回忆, 最小二乘估计 $\widehat{\beta}_1$ 是

$$\frac{\beta_1 \sigma_x^2}{\sigma_x^2 + \sigma_u^2}$$

的相合估计. 生成新的随机变量

$$\widetilde{X}_i = X_i^\bullet + \sqrt{\rho}\, U_i,$$

这里, $U_i \sim N(0,1)$. 由 Y_i 向 $\widetilde{X}_i$ 回归所得的最小二乘估计是

$$\Omega(\rho) = \frac{\beta_1 \sigma_x^2}{\sigma_x^2 + (1+\rho)\sigma_u^2} \tag{10.6}$$

的相合估计. 重复这个过程 B 次 (这里 B 很大), 并用 $\widehat{\beta}_{1,1}(\rho), \cdots, \widehat{\beta}_{1,B}(\rho)$ 表示得到的估计. 然后定义

$$\widehat{\Omega}(\rho) = \frac{1}{B} \sum_{b=1}^{B} \widehat{\beta}_{1,b}(\rho).$$

下面就是聪明的技巧了. 在 (10.6) 中设 $\rho = -1$, 看到 $\Omega(-1) = \beta_1$; 它是想估计的量. 思想就是对于大范围的 ρ 的值, 如 0, 0.5, 1.0, 1.5, 2.0 等, 计算 $\widehat{\Omega}(\rho)$. 然后向后外推曲线 $\widehat{\Omega}(\rho)$ 到 $\rho = -1$, 见图 10.2. 为了作此外推, 利用标准非线性回归拟合 $\widehat{\Omega}(\rho)$ 的值到曲线

$$G(\rho; \gamma_1, \gamma_2, \gamma_3) = \gamma_1 + \frac{\gamma_2}{\gamma_3 + \rho}. \tag{10.7}$$

一旦估计了那些 γ, 取

$$\widetilde{\beta}_1 = G(-1; \widehat{\gamma}_1, \widehat{\gamma}_2, \widehat{\gamma}_3) \tag{10.8}$$

作为 β_1 的纠正的估计. 拟合 (10.7) 是不方便的; 经常只用二次函数近似 $G(\rho)$. 这样, 拟合 $\widehat{\Omega}(\rho)$ 的值到曲线

$$Q(\rho; \gamma_1, \gamma_2, \gamma_3) = \gamma_1 + \gamma_2 \rho + \gamma_3 \rho^2,$$

而纠正的 β_1 的估计为

$$\widetilde{\beta}_1 = Q(-1; \widehat{\gamma}_1, \widehat{\gamma}_2, \widehat{\gamma}_3) = \widehat{\gamma}_1 - \widehat{\gamma}_2 + \widehat{\gamma}_3.$$

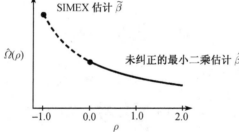

图 10.2 在 SIMEX 方法, 把 $\widehat{\Omega}(\rho)$ 向后外推到 $\rho = -1$

SIMEX 的一个优点为它很容易推广到非参数回归. 令 $\widehat{r}_n(x)$ 为 $r(x)$ 的一个未纠正的估计, 来自于 Y_i 到 $X_i^\bullet$ 的在下面非参数问题的回归:

$$Y_i = r(X_i) + \epsilon_i,$$
$$X_i^\bullet = X_i + U_i.$$

现在实行 SIMEX 算法以得到 $\widehat{r}_n(x, \rho)$, 并且定义纠正的估计 $\widetilde{r}_n(x) = \widehat{r}_n(x, -1)$. 剩下的问题是选择光滑参数. 这是一个活跃的研究领域. 例如, 可参见 Staudenmayer and Ruppert (2004).

　　一个更直接的处理测量误差的方法是由 Fan and Trung (1993) 建议的. 他们提出了核估计

$$\widehat{r}_n(x) = \frac{\displaystyle\sum_{i=1}^{n} K_n\left(\frac{x - X_i^\bullet}{h_n}\right) Y_i}{\displaystyle\sum_{i=1}^{n} K_n\left(\frac{x - X_i^\bullet}{h_n}\right)}, \tag{10.9}$$

这里,

$$K_n(x) = \frac{1}{2\pi} \int e^{-itx} \frac{\phi_K(t)}{\phi_U(t/h_n)} dt,$$

这里, ϕ_K 为核 K 的 Fourier 变换系数, 而 ϕ_U 为 U 的特征函数. 除了将在本节后面 ((10.21) 之后) 提及的核 K_n 有些不寻常之外, 这是一个标准的核估计.

　　而另一种对付测量误差的方法源于 Stefanski (1985), 其想法基于当 n 增加时, 考虑使 $\sigma_u \to 0$ 的渐近线, 而不是保持 σ_u 固定. 应用 Stefanski 的 "小 σ_u" 方法于非参数回归问题. 记未纠正的估计为

$$\widehat{r}_n(x) = \sum_{i=1}^{n} Y_i \ell_i(x_i, X_i^\bullet), \tag{10.10}$$

这里, 把权重写成 $\ell_i(x, X_i^\bullet)$, 以强调对 $X_i^\bullet$ 的依赖性. 如果那些 X_i 已经被观测了, r 的估计应为

$$r_n^*(x) = \sum_{i=1}^{n} Y_i \ell_i(x, X_i).$$

在 X_i 附近展开 $\ell_i(x, X_i^\bullet)$, 有

$$\widehat{r}_n(x) \approx r_n^*(x) + \sum_{i=1}^{n} Y_i (X_i^\bullet - X_i) \ell'(x, X_i)$$

$$+ \frac{1}{2} \sum_{i=1}^{n} Y_i (X_i^\bullet - X_i)^2 \ell''(x, X_i). \tag{10.11}$$

取期望, 可以看到, 由于测量误差的过度偏倚 (以那些 X_i 为条件) 为

$$b(x) = \frac{\sigma_u^2}{2} \sum_{i=1}^{n} r(X_i) \ell''(x, X_i). \tag{10.12}$$

能够用

$$\widehat{b}(x) = \frac{\sigma_u^2}{2} \sum_{i=1}^{n} \widehat{r}(X_i^\bullet) \ell''(x, X_i^\bullet) \tag{10.13}$$

来估计 $b(x)$. 这产生了 r 的纠正了偏倚的一个估计, 即

$$\widetilde{r}_n(x) = \widehat{r}_n(x) - \widehat{b}(x) = \widehat{r}_n(x) - \frac{\sigma_u^2}{2} \sum_{i=1}^{n} \widehat{r}(X_i^{\bullet}) \ell''(x, X_i^{\bullet}). \tag{10.14}$$

这个估计仍然有源于 $b(x)$ 的估计的测量误差, 但是对于小的 σ_u^2, 它比 $\widehat{r}_n$ 的偏倚要小.

现在考虑密度估计. 假定

$$X_1, \cdots, X_n \sim F,$$
$$X_i^{\bullet} = X_i + U_i, \quad i = 1, \cdots, n,$$

这里如以前一样, X_i 是不可观测的. 想要估计密度 $f(x) = F'(x)$. $X^{\bullet}$ 的密度为

$$f^{\bullet}(x) = \int f(s) f_U(x - s) \mathrm{d}s, \tag{10.15}$$

这里, f_U 为 U 的密度估计. 因为 $f^{\bullet}$ 是 f 和 f_U 的卷积, 估计 f 的问题则称为**拆卷积**(deconvolution).

一种估计 f 的方法为利用 Fourier 反演. 令 $\psi(t) = \int \mathrm{e}^{\mathrm{i}tx} f(x) \mathrm{d}x$ 表示 X 的 Fourier 变换 (特征函数), 并且类似地定义 $\psi^{\bullet}$ 和 ψ_U. 因为 $X^{\bullet} = X + U$, 得到 $\psi^{\bullet}(t) = \psi(t)\psi_U(t)$, 因此

$$\psi(t) = \frac{\psi^{\bullet}(t)}{\psi_U(t)}. \tag{10.16}$$

如果 $\widehat{f}^{\bullet}$ 为 $f^{\bullet}$ 的一个估计, 那么

$$\widehat{\psi}^{\bullet}(t) = \int \mathrm{e}^{\mathrm{i}tx} \widehat{f}^{\bullet}(x) \mathrm{d}x \tag{10.17}$$

为 $\psi^{\bullet}$ 的一个估计. 由 Fourier 反演及方程 (10.16),

$$f(x) = \frac{1}{2\pi} \int \mathrm{e}^{-\mathrm{i}tx} \psi(t) \mathrm{d}t = \frac{1}{2\pi} \int \mathrm{e}^{-\mathrm{i}tx} \frac{\psi^{\bullet}(t)}{\psi_U(t)} \mathrm{d}t. \tag{10.18}$$

它意味着估计

$$\widehat{f}(x) = \frac{1}{2\pi} \int \mathrm{e}^{-\mathrm{i}tx} \frac{\widehat{\psi}^{\bullet}(t)}{\psi_U(t)} \mathrm{d}t. \tag{10.19}$$

特别地, 如果 $\widehat{f}^{\bullet}$ 为一个核估计,

$$\widehat{f}^{\bullet}(x) = \frac{1}{nh} \sum_{j=1}^{n} K\left(\frac{x - X_j^{\bullet}}{h}\right),$$

那么 $\widehat{f}(x)$ 能够写为

$$\widehat{f}(x) = \frac{1}{nh} \sum_{j=1}^{n} K_* \left(\frac{x - X_j^\bullet}{h}, h \right), \tag{10.20}$$

这里,

$$K_*(t, h) = \frac{1}{2\pi} \int \mathrm{e}^{itu} \frac{\psi_K(u)}{\psi_U(u/h)} \mathrm{d}u, \tag{10.21}$$

而且 ψ_K 为核 K 的 Fourier 变换. 方程 (10.20) 和 (10.21) 为核回归估计 (10.9) 的动机.

(10.20) 的风险为

$$\mathbb{E}(\widehat{f}_Y(y) - f(y))^2 \approx ch^4 + \frac{1}{2\pi nh} \int \left[\frac{\psi_K(t)}{|\psi_U(t/h)|} \right]^2 \mathrm{d}t, \tag{10.22}$$

这里,

$$c = \frac{1}{4} \int y^2 K(y) \mathrm{d}y \int [f''(y)]^2 \mathrm{d}y. \tag{10.23}$$

注意, $\psi_U(t/h)$ 出现在 (10.22) 的分母. 这样, 如果 $\psi_U(t/h)$ 有薄尾, 风险将会大. 现在当 f_U 为光滑时, $\psi_U(t/h)$ 有薄尾. 这意味着, 如果 f_U 光滑, 收敛率则慢. 具体来说, 如果 f_U 为正态的, 能够表明最好的收敛率为 $O(1/\log n)^2$, 这是非常慢. Stefanski (1990) 给出了出乎意料的结果: 在相当一般的条件下, 不依赖于 f 的最优带宽为 $h = \sigma_u / \sqrt{\log n}$.

在这些渐近计算中, n 在增加, 而 $\sigma_u^2 = \mathbb{V}(U)$ 保持固定. 正如早先提到的, 一个更加现实的渐近计算可能有 σ_u^2 趋于 0. 这种方法下的收敛率要不那么令人失望. 小 σ_u 方法提出纠正的估计为

$$\widehat{f}_n(x) - \frac{\sigma_u^2}{2nh} \sum_{i=1}^{n} K'' \left(\frac{x - X_j^\bullet}{h} \right),$$

这里, $\widehat{f}_n$ 为利用那些 $X_i^\bullet$ 的, 天真的未纠正核估计.

10.2 逆 问 题

一类非常类似于测量误差的问题为**逆问题**(inverse problem). 一般来说, 在仅给定一个客体的部分信息的条件下重建该客体特征的问题称为逆问题. 一个例子是, 在已给一个对象的两维切片的性质时, 试图估计其三维结构. 这在某些类型的医学诊断上很常见. 另一个例子是重建一个模糊的图象. 按照 O'Sullivan (1986) 给出一个概要.

在回归的框架上, 逆问题有形式

$$Y_i = T_i(r) + \epsilon_i, \quad i = 1, \cdots, n, \tag{10.24}$$

这里, r 为感兴趣的回归函数, 而 T_i 为某个作用在 r 上的算子. 本节将要始终利用的一个具体的例子为 $T_i(r) = \int K_i(s)r(s)\mathrm{d}s$, 这里, K_i 为某个诸如 $K_i(s) = \mathrm{e}^{-(s-x_i)/2}$ 的光滑函数. 模型成为

$$Y_i = \int K_i(s)r(s)\mathrm{d}s + \epsilon_i. \tag{10.25}$$

如果 K_i 为在 x_i 的一个 delta 函数, 那么 (10.25) 成为通常的非参数回归模型 $Y_i = r(x_i) + \epsilon_i$. 把 $\int K_i(s)r(s)\mathrm{d}s$ 看成 r 的模糊版本. 有两种类型的信息损失: 噪声 ϵ_i 与模糊因素.

假定用如 5.2 节所定义的那样一个线性光滑器估计 r:

$$\widehat{r}_n(x) = \sum_{i=1}^n Y_i \ell_i(x). \tag{10.26}$$

方差和未弄污时一样, 即 $\mathbb{V}(\widehat{r}_n(x)) = \sigma^2 \sum_{i=1}^n \ell_i^2(x)$, 但均值有不同的形式:

$$\mathbb{E}(\widehat{r}_n(x)) = \sum_{i=1}^n \ell_i(x) \int K_i(s)r(s)\mathrm{d}s = \int A(x,s)\mathrm{d}s,$$

这里,

$$A(x,s) = \sum_{i=1}^n \ell_i(x)K_i(s) \tag{10.27}$$

称为**Backus-Gilbert 平均核**(Backus-Gilbert averaging kernel).

假定 r 能够被作为在某个基 $\phi_1, \cdots, \phi_k$ 上的一个展开来近似 (见第 8 章), 即 $r(x) = \sum_{j=1}^k \theta_j \phi_j(x)$. 那么,

$$\int K_i(s)r(s)\mathrm{d}s = \int K_i(s) \sum_{j=1}^k \theta_j \phi_j(s)\mathrm{d}s = \boldsymbol{Z}_i^{\mathrm{T}} \boldsymbol{\theta},$$

这里, $\boldsymbol{\theta} = (\theta_1, \cdots, \theta_k)^{\mathrm{T}}$ 及

$$\boldsymbol{Z}_i = \begin{pmatrix} \int K_i(s)\phi_1(s)\mathrm{d}s \\ \int K_i(s)\phi_2(s)\mathrm{d}s \\ \vdots \\ \int K_i(s)\phi_k(s)\mathrm{d}s \end{pmatrix},$$

则模型 (10.25) 可以写成

$$Y = Z\theta + \epsilon, \tag{10.28}$$

这里, Z 为第 i 行等于 Z_i^{T} 的 $n \times k$ 矩阵, $Y = (Y_1, \cdots, Y_n)^{\mathrm{T}}$, 及 $\epsilon = (\epsilon_1, \cdots, \epsilon_n)^{\mathrm{T}}$. 用最小二乘估计 $(Z^{\mathrm{T}}Z)^{-1}Z^{\mathrm{T}}Y$ 来估计 θ 是有诱惑力的. 但这可能失败, 这是因为, $Z^{\mathrm{T}}Z$ 一般是不可逆的. 这时, 问题称为**显示病态的** (ill-posed). 实际上, 这是逆问题的一个特点, 它相应于即使在没有噪声的情况下函数 r 也不能被恢复的事实. 这是因为由污染而造成了信息损失. 因而, 通常利用一个规范化的估计, 如 $\hat{\theta} = LY$, 这里

$$L = (Z^{\mathrm{T}}Z + \lambda I)^{-1}Z^{\mathrm{T}},$$

这里, I 是单位矩阵, $\lambda > 0$ 为一个可以被交叉验证选择的光滑参数. 应该注意到, 交叉验证是估计预测误差 $n^{-1} \sum_{i=1}^{n} \left[\int K_i(s)r(s)\mathrm{d}s - \int K_i(s)\hat{r}(s)\mathrm{d}s \right]^2$, 而不是 $\int [r(s) - \hat{r}(s)]^2\mathrm{d}s$. 在第 5 章, 注意到这两种损失函数本质上是相同的. 但在目前的环境下这不再是对的. 理论上, 仍然有可能对损失 $\int [r(s) - \hat{r}(s)]^2\mathrm{d}s$ 设计一个交叉验证估计, 但这个估计可能很不稳定.

10.3   非参数贝叶斯

在整本书, 用频率派的方法来作推断. 仍然可能用贝叶斯方法[1]. 实际上, 贝叶斯非参数推断是统计及机器学习中的一个兴旺的事业. 好的参考文献包括 Ghosh and Ramamoorthi (2003), Dey et al. (1998), Walker (2004) 及其文献索引. 然而, 这个领域太大, 而且发展太快, 以至于无法在这里讨论.

除了已经提到的之外, 有关文献的一个小样本包括 Schwartz (1965), Diaconis and Freedman (1986), Barron et al. (1999b), Ghosal et al. (1999), Walker and Hjort (2001), Hjort (2003), Ghosal et al. (2000), Shen and Wasserman (2001), Zhao (2000), Huang (2004), Cox (1993), Freedman (1999), McAuliffe et al. (2004), Teh et al. (2004), Blei et al. (2004), Blei and Jordan (2004) 及 Wasserman (1998).

10.4   半参数推断

正如名字所暗示的, **半参数模型**(semiparametric models) 是部分为参数, 部分

---

[1] 见 Wasserman (2004) 第 11 章关于贝叶斯推断优缺点的一般性讨论.

为非参数的模型. 一个例子是有下面形式的部分线性回归模型:

$$Y = \beta X + r(Z) + \epsilon, \tag{10.29}$$

这里, r 为某光滑函数. 这样模型的理论能够非常复杂. 例如, 考虑估计 (10.29) 中的 β. 一个策略为在 X_i 上回归 $Y_i - \hat{r}(Z_i)$, 这里 $\hat{r}_n$ 为 r 的一个估计. 在适当的条件下, 如果认真选择 $\hat{r}_n$, 这将导致关于 β 的好估计. 细节请看 Bickel et al. (1993) 和 van der Vaart (1998) 第 25 章.

10.5　相关的误差

如果在模型 $Y_i = r(x_i) + \epsilon_i$ 中的误差 ϵ_i 是相关的, 那么通常的方法会失败. 具体来说, 正的相关能够使得诸如交叉验证那样的方法选择非常小的带宽. 有几种方法对付相关. 在**修正的交叉验证**(modified cross-validation) 中, 不除去单独观测值, 而是去掉观测值的组. 在**分划交叉验证**(partitioned cross-validation) 中, 划分数据, 并在每个划分区利用一个观测值来构造交叉验证. 对用这种方式得到的估计值再进行平均. Chu and Marron (1991) 中讨论了这些方法的性质. 关于具有相关观测值的非参数回归方法的综述能够在 Opsomer et al. (2001) 中找到.

10.6　分　　类

在**分类问题**(classification problem) 中, 有数据 $(X_1, Y_1), \cdots, (X_n, Y_n)$, 这里, Y_i 为离散的. 想要发现一个函数 h, 使得给定一个新的 X, 能够用 $\hat{h}(X)$ 来预测 Y. 除了两点之外这就像是回归: (i) 输出是离散的; (ii) 不需要很好地估计在 X 和 Y 之间的关系, 而是要很好地预测.

在这本书较早的稿子, 有很长的一章是关于分类的. 整个题目如此之大, 它本身可以自成体统; 决定删去了它. 在分类上有许多好书, 如 Hastie et al. (2001). 在这里将仅仅作几个简要的评论.

假定 $Y_i \in \{0, 1\}$ 为二分的. 一个分类器是一个函数 h, 它把每个 x 投影到 $\{0, 1\}$ 之中. 对于分类常用的风险函数是 $L(h) = \mathbb{P}(Y \neq h(X))$. 能够表明, 称为**贝叶斯规则**(Bayes rule)[1] 的最优分类规则为

$$h(x) = \begin{cases} 1, & r(x) \geqslant 1/2, \\ 0, & r(x) < 1/2, \end{cases}$$

---

[1] 这是一个不那么好的术语选择. 贝叶斯规则和贝叶斯推断没有关系. 实际上, 频率派或贝叶斯派都能用贝叶斯规则 h 来估计.

这里, $r(x) = \mathbb{E}(Y|X = x)$. 这建议了一个自然的 (不是不寻常的) 分类方法. 基于 $r(x)$ 的一个估计 $\widehat{r}_n(x)$, 用

$$\widehat{h}(x) = \begin{cases} 1, & \widehat{r}(x) \geqslant 1/2, \\ 0, & \widehat{r}(x) < 1/2 \end{cases}$$

来估计 h. 现在, 如果 $\widehat{r}_n$ 是 r 的一个不好的估计, $\widehat{h}$ 还可能是一个好的分类器. 例如, 如果 $r(x) = 0.6$, 而 $\widehat{r}_n(x) = 0.9$, 仍然有 $h(x) = \widehat{h}(x) = 1$.

10.7 筛

筛(sieve) 是一个模型序列, 用样本量 n 来编号, 当 $n \to \infty$ 时, 复杂性增加. 一个简单的例子是多项式回归, 那里多项式 $p(n)$ 的最大阶数随着 n 增加. 选择 $p(n)$ 就如选择带宽: 在偏倚和方差之间有通常的平衡.

总是在下面的意义上非正式地用筛: 当有更多的数据时, 常常拟合更复杂的模型. Grenander (1981), Geman and Hwang (1982) 把筛的思想形式化. 从此产生了大量的文献. 参见 Shen et al. (1999), Wong and Shen (1995), Shen and Wong (1994), Barron et al. (1999a), van de Geer (1995), Genovese and Wasserman (2000) 及 van de Geer (2000).

10.8 限制形状的推断

在有形状限制时, 对一个曲线有可能做出相合的非参数推断, 而不要强加光滑性的约束. 一个典型的例子是当 r 是单调时估计一个回归函数 r. 一个标准的参考文献是 Robertson et al. (1988).

假定

$$Y_i = r(x_i) + \epsilon_i, \quad i = 1, \cdots, n,$$

这里, $x_1 < \cdots < x_n$, $\mathbb{E}(\epsilon_i) = 0$ 及 $\sigma^2 = \mathbb{E}(\epsilon_i^2)$. 再假定 r 是非增的. (这个假定能够如在 10.9 节描述的那样来检验.) 最小二乘估计 $\widehat{r}_n$ 是由解下面的带约束的最小化问题来得到的:

$$\widehat{r}_n = \arg \min_{r \in \mathcal{F}_\uparrow} \sum_{i=1}^{n} [Y_i - r(x_i)]^2$$

这里 $\mathcal{F}_\uparrow$ 为非增函数. 得到的估计 $\widehat{r}_n$ 称为**保序回归估计**(isotonic regression estimator).

可以如下描述解 $\widehat{r}_n$. 令 $P_0 = (0,0)$ 及 $P_j = \left(j, \sum_{i=1}^{j} Y_i\right)$. 令 $G(t)$ 为**最大凸弱函**

数(greatest convex minorant), 这意味着 $G(t)$ 为在点 $P_0, \cdots, P_n$ 之下的所有凸函数的上确界, 那么 $\widehat{r}_n$ 为 G 的左导数.

凸弱函数 G 能够利用集中邻近违犯者 (pooled adjacent violators, PAV) 算法迅速找到. 开始时, 用线段连接所有的点 $P_0, P_1, \cdots$. 如果在 P_0 和 P_1 之间的斜率大于 P_1 和 P_2 之间的斜率, 那么把这两个线段用 P_0 和 P_2 之间的一个线段代替. 如果在 P_0 和 P_2 之间的斜率大于 P_2 和 P_3 之间的斜率, 那么把这两个线段用 P_0 和 P_3 之间的一个线段代替. 继续这个过程, 结果得到 $G(t)$. 细节参见 Robertson et al. (1988)8~10 页.

关于得到的估计有一些结果. 例如, Zhang (2002) 给出下面结果. 如果

$$R_{n,p}(r) = \left[\frac{1}{n} \sum_{i=1}^{n} \mathbb{E}|\widehat{r}_n(x_i) - r(x_i)|^p \right]^{1/p},$$

这里, $1 \leqslant p \leqslant 3$, 那么,

$$0.64 + o(1) \leqslant \frac{n^{1/3}}{\sigma^{2/3} V^{1/3}} \sup_{V(r) \leqslant V} R_{n,p}(r) \leqslant M_p + o(1), \tag{10.30}$$

这里, $V(r)$ 为 r 的总变差, 而 M_p 为常数.

Dümbgen (2003), Dümbgen and Johns (2004) 得到最优置信带. Hengartner and Stark (1995) 得到单调密度的置信带.

10.9 检 验

本书集中在估计和置信集. 还有大量的文献是关于检验的. 许多结果能够在 Ingster and Suslina (2003) 的专论中找到. 其他的文献包括: Ingster (2002), Ingster (2001), Ingster and Suslina (2000), Ingster (1998), Ingster (1993a), Ingster (1993b), Ingster (1993c), Lepski and Spokoiny (1999) 及 Baraud (2002).

例如, 令 $Y_i = \theta_i + \epsilon_i$, 这里, $\epsilon_i \sim N(0,1)$, $i = 1, \cdots, n$ 及 $\boldsymbol{\theta} = (\theta_1, \cdots, \theta_n)$ 为未知. 考虑检验

$$H_0 : \boldsymbol{\theta} = (0, \cdots, 0) \text{ 对 } H_1 : \boldsymbol{\theta} \in V_n = \{\boldsymbol{\theta} \in \mathbb{R}^n : ||\boldsymbol{\theta}||_p \geqslant R_n\},$$

这里, 对于 $0 < p < \infty$,

$$||\boldsymbol{\theta}||_p = \left(\sum_{i=1}^{n} |\theta_i|^p \right)^{1/p}.$$

一个检验 ψ 的第一和第二类错误为

$$\alpha_n(\psi) = \mathbb{E}_0(\psi), \quad \beta_n(\psi, \theta) = \mathbb{E}_\theta(1 - \psi).$$

令

$$\gamma_n = \inf_\psi \left(\alpha_n(\psi) + \sup_{\theta \in V_n} \beta_n(\psi, \theta) \right)$$

为在所有检验中, 第一类错误和第二类错误的最大值的最小可能之和. Ingster 表明

$$\gamma_n \to 0 \quad \Longleftrightarrow \quad \frac{R_n}{R_n^*} \to \infty \quad \text{及} \quad \gamma_n \to 1 \quad \Longleftrightarrow \quad \frac{R_n}{R_n^*} \to 0,$$

这里,

$$R_n^* = \begin{cases} n^{(1/p)-(1/4)}, & p \leqslant 2, \\ n^{1/(2p)}, & p > 2. \end{cases}$$

这样, R_n^* 为一个确定什么时候备选假设为可识别的临界率. 像这样的结果和在第 7 章的置信集的结果有着密切的关系.

对于定性假设的结果有不同的性质. 像这类假设有: f 是单调的, f 是正的, f 是凸的等等. 这类假设的确定特征为它们对加法封闭. 例如, 如果 f 和 g 为单调非增函数, 那么 $f + g$ 还是单调非增函数. 参考文献包括: Dümbgen and Spokoiny (2001), Baraud et al. (2003a), Baraud et al. (2003b) 及 Juditsky and Nemirovski (2002). 考虑检验零假设: 回归函数 r 是非增的. 进一步假定

$$r \in \left\{ f : [0,1] \to \mathbb{R} : |r(x) - r(y)| \leqslant L|x - y|^s, \text{ 对所有的 } x, y \in [0,1] \right\},$$

这里, $L > 0$ 及 $0 < s \leqslant 1$. 那么, 对于每个距离零假设至少 $L^{1/(1+2s)} n^{-s/(1+2s)}$ 阶的函数, 存在有一致大势的检验.

10.10 计 算 问 题

本书完全略去了关于有效率计算的问题. 非参数方法对于大数据集表现最好, 但施行有大数据集的非参数方法要求有效率的计算.

装箱 (binning) 方法对于快速计算很流行. 可参见 Hall and Wand (1996), Fan and Marron (1994), Wand (1994), Holmström (2000), Sain (2002) 及 Scott (1992). Loader (1999b) 的第 12 章包含了很好的关于计算的讨论. 具体来说, 那里对**k-d tree** 有很好的描述, 它很聪明地选择加快计算的数据划分. 利用 k-d tree 于统计的一些文献可以在 `http://www.autonlab.org` 找到. 有用的 R 代码能够在 `http://cran.r-project.org` 找到. Catherine Loader 开发的 `locfit` 关于局部似然和局部回归程序能够在 `http://www.locfit.info` 找到.

10.11 练 习

1. 考虑 "误差在 Y" 的模型:

$$Y_i = r(X_i) + \epsilon_i,$$

$$Y_i^\bullet = Y_i + U_i, \quad \mathbb{E}(U_i) = 0,$$

而且观测数据为 $(X_1, Y_1^\bullet), \cdots, (X_n, Y_n^\bullet)$. 观测值 $Y_i^\bullet$ 而不是 Y_i 如何影响估计 $\hat{r}(x)$?

2. 证明 (10.1).

3. 证明方程 (10.20).

4. 对于 $n = 100$, 抽取 $X_1, \cdots, X_n \sim N(0, 1)$.

(a) 利用核估计来估计密度.

(b) 令 $W_i = X_i + \sigma_u U_i$, 这里 $U_i \sim N(0, 1)$. 从那些 W_i 计算相关的和不相关的密度估计, 并且比较结果. 试用不同的 σ_u 的值.

(c) 重复 (b), 但令 U_i 有一个 Cauchy 分布.

5. 从下面模型生成 1000 个观测值:

$$Y_i = r(X_i) + \sigma_\epsilon \epsilon_i,$$

$$W_i = X_i + \sigma_u U_i,$$

这里, $r(x) = x + 3\exp(-16x^2)$, $\epsilon_i \sim N(0, 1)$, $U_i \sim N(0, 1)$, $X_i \sim \mathrm{Unif}(-2, 2)$, $\sigma_\epsilon = 0.5$ 及 $\sigma_u = 0.1$.

(a) 利用核回归从 $(X_1, Y_1), \cdots, (X_n, Y_n)$ 来估计 r. 利用交叉验证找到带宽 h. 称结果估计为 r_n^*. 在本题总是利用带宽 h.

(b) 利用核回归从 $(W_1, Y_1), \cdots, (W_n, Y_n)$ 来估计 r. 表示结果估计为 $\hat{r}_n$.

(c) 计算由 (10.14) 给出的纠正的估计 $\tilde{r}_n$.

(d) 比较 $r, r_n^*, \hat{r}_n, \tilde{r}_n$.

(e) 想出只用那些 Y_i 和 W_i 来找出好的带宽的一种方法. 实施你的方法, 并把得到的估计和先前的估计作比较.

6. 从下面模型生成 1000 个观测值:

$$Y_i = \int K_i(s)\mathrm{d}s + \sigma\epsilon_i,$$

这里, $r(x) = x + 3\exp(-16x^2)$, $\epsilon_i \sim N(0, 1)$, $\sigma = 0.5$, $K_i(s) = \mathrm{e}^{-(s-x_i)^2/b^2}$, 及 $x_i = 4(i/n) - 2$. 试 $b = 0.01, 0.1$ 和 1.

(a) 对于几个 x 值画出 Backus-Gilbert 平均核的图. 作出解释.

(b) 利用本章描述的方法估计 r. 对结果作出评论.

7. 考虑第 7 章的无穷维正态均值模型:

$$Y_i = \theta_i + \frac{1}{\sqrt{n}}\epsilon_i, \quad i = 1, 2, \cdots.$$

假定 $\boldsymbol{\theta} = (\theta_1, \theta_2, \cdots)$ 在 Sobolev 椭球 $\Theta = \{\boldsymbol{\theta} : \sum_{j=1}^{\infty} \theta_j^2 j^2 \leqslant c^2\}$ 中, 这里, $c > 0$. 令先验分布为: θ_i 独立, 而且对于 $\tau_i > 0$, $\theta_i \sim N(0, \tau_i^2)$.

(a) 找到 θ_i 的后验分布. 特别地找到后验均值 $\widehat{\boldsymbol{\theta}}$.

(b) 找到在 τ_i^2 上的条件, 使得在下面意义上后验分布相合: 对于任意 ϵ, 当 $n \to \infty$ 时,

$$\mathbb{P}_{\theta}(||\boldsymbol{\theta} - \widehat{\boldsymbol{\theta}}|| > \epsilon) \to 0.$$

(c) 令 $\theta_j = 1/j^4$. 从该模型 (取 $n = 100$) 模拟数据, 找到后验分布, 并找到满足 $\mathbb{P}(||\widehat{\boldsymbol{\theta}} - \boldsymbol{\theta}|| \leqslant b_n | 数据) = 0.95$ 的 b_n. 设 $B_n = \{\boldsymbol{\theta} \in \Theta : ||\widehat{\boldsymbol{\theta}} - \boldsymbol{\theta}|| \leqslant b_n\}$. 重复整个过程许多次, 并且利用 $\boldsymbol{\theta} \in B_n$ 的频率来估计 B_n 的频率派的覆盖率 (对于这个特殊的 $\boldsymbol{\theta}$). 报告你的发现.

(d) 对 $\boldsymbol{\theta} = (0, 0, \cdots)$, 重复 (c).

参 考 文 献

AKAIKE, H. (1973). Information theory and an extension of the maximum likelihood principle. *Second International Symposium on Information Theory* 267–281.

BARAUD, Y. (2002). Nonasymptotic minimax rates of testing in signal detection. *Bernoulli* **8** 577–606.

BARAUD, Y. (2004). Confidence balls in Gaussian regression. *The Annals of Statistics* **32** 528–551.

BARAUD, Y., HUET, S. and LAURENT, B. (2003a). Adaptive tests of linear hypotheses by model selection. *The Annals of Statistics* **31** 225–251.

BARAUD, Y., HUET, S. and LAURENT, B. (2003b). Adaptive tests of qualitative hypotheses. *ESAIM P&S: Probability and Statistics* **7** 147–159.

BARRON, A., BIRGE, L. and MASSART, P. (1999a). Risk bounds for model selection via penalization. *Probability Theory and Related Fields* **113** 301–413.

BARRON, A., SCHERVISH, M. J. and WASSERMAN, L. (1999b). The consistency of posterior distributions in nonparametric problems. *The Annals of Statistics* **27** 536–561.

BELLMAN, R. (1961). *Adaptive Control Processes*. Princeton University Press. Princeton, NJ.

BERAN, R. (2000). REACT scatterplot smoothers: Superefficiency through basis economy. *Journal of the American Statistical Association* **95** 155–171.

BERAN, R. and DÜMBGEN, L. (1998). Modulation of estimators and confidence sets. *The Annals of Statistics* **26** 1826–1856.

BICKEL, P. J. and FREEDMAN, D. A. (1981). Some asymptotic theory for the bootstrap. *The Annals of Statistics* **9** 1196–1217.

BICKEL, P. J., KLAASSEN, C. A. J., RITOV, Y. and WELLNER, J. A. (1993). *Efficient and adaptive estimation for semiparametric models.* Johns Hopkins University Press. Baltimore, MD.

BLEI, D., GRIFFITHS, T., JORDAN, M. and TENEBAUM, J. (2004). Hierarchical topic models and the nested Chinese restaurant process. *In S. Thrun, L. Saul, and B. Schoelkopf (Eds.), Advances in Neural Information Processing Systems (NIPS) 16, 2004.* .

BLEI, D. and JORDAN, M. (2004). Variational methods for the dirichlet process. In *Proceedings of the 21st International Conference on Machine Learning (ICML).* Omnipress.

BREIMAN, L., FRIEDMAN, J. H., OLSHEN, R. A. and STONE, C. J. (1984). *Classification and regression trees.* New York: Wadsworth. NY.

BROWN, L., CAI, T. and ZHOU, H. (2005). A root-unroot transform and wavelet block thresholding approach to adaptive density estimation. *unpublished* .

BROWN, L. D. and LOW, M. G. (1996). Asymptotic equivalence of nonparametric regression and white noise. *The Annals of Statistics* **24** 2384–2398.

CAI, T. and LOW, M. (2005). Adaptive confidence balls. *To appear: The Annals of Statistics* .

CAI, T., LOW, M. and ZHAO, L. (2000). Sharp adaptive estimation by a blockwise method. *Technical report, Wharton School, University of Pennsylvania, Philadelphia* .

CARROLL, R., RUPPERT, D. and STEFANSKI, L. (1995). *Measurement Error in Nonlinear Models.* New York: Chapman and Hall. NY.

CASELLA, G. and BERGER, R. L. (2002). *Statistical Inference.* New York: Duxbury Press. NY.

CENČOV, N. (1962). Evaluation of an unknown distribution density from observations. *Doklady* **3** 1559–1562.

CHAUDHURI, P. and MARRON, J. S. (1999). Sizer for exploration of structures in curves. *Journal of the American Statistical Association* **94** 807–823.

CHAUDHURI, P. and MARRON, J. S. (2000). Scale space view of curve estimation. *The Annals of Statistics* **28** 408–428.

CHEN, S. S., DONOHO, D. L. and SAUNDERS, M. A. (1998). Atomic decomposition by basis pursuit. *SIAM Journal on Scientific Computing* **20** 33–61.

CHEN, S. X. and QIN, Y. S. (2000). Empirical likelihood confidence intervals for local linear smoothers. *Biometrika* **87** 946–953.

CHEN, S. X. and QIN, Y. S. (2002). Confidence intervals based on local linear smoother. *Scandinavian Journal of Statistics* **29** 89–99.

CHU, C.-K. and MARRON, J. S. (1991). Comparison of two bandwidth selectors with dependent errors. *The Annals of Statistics* **19** 1906–1918.

CLAESKENS, G. and HJORT, N. (2004). Goodness-of-fit via nonparametric likelihood ratios. *Scandinavian Journal of Statistics* **31** 487–513.

COOK, J. R. and STEFANSKI, L. A. (1994). Simulation-extrapolation estimation in parametric measurement error models. *Journal of the American Statistical Association* **89** 1314–1328.

COX, D. and LEWIS, P. (1966). *The Statistical Analysis of Series of Events*. New York: Chapman and Hall. NY.

COX, D. D. (1993). An analysis of Bayesian inference for nonparametric regression. *The Annals of Statistics* **21** 903–923.

CUMMINS, D. J., FILLOON, T. G. and NYCHKA, D. (2001). Confidence intervals for nonparametric curve estimates: Toward more uniform pointwise coverage. *Journal of the American Statistical Association* **96** 233–246.

DAUBECHIES, I. (1992). *Ten Lectures on Wavelets*. SIAM. New York, NY.

DAVISON, A. C. and HINKLEY, D. V. (1997). *Bootstrap Methods and Their Application*. Cambridge University Press. Cambridge.

DEVROYE, L., GYÖRFI, L. and LUGOSI, G. (1996). *A Probabilistic Theory of Pattern Recognition*. Springer-Verlag. New York, NY.

DEY, D., MULLER, P. and SINHA, D. (1998). *Practical Nonparametric and Semiparametric Bayesian Statistics*. Springer-Verlag. New York, NY.

DIACONIS, P. and FREEDMAN, D. (1986). On inconsistent Bayes estimates of location. *The Annals of Statistics* **14** 68–87.

DONOHO, D. L. and JOHNSTONE, I. M. (1994). Ideal spatial adaptation by wavelet shrinkage. *Biometrika* **81** 425–455.

DONOHO, D. L. and JOHNSTONE, I. M. (1995). Adapting to unknown smoothness via wavelet shrinkage. *Journal of the American Statistical Association* **90** 1200–1224.

DONOHO, D. L. and JOHNSTONE, I. M. (1998). Minimax estimation via wavelet shrinkage. *The Annals of Statistics* **26** 879–921.

DONOHO, D. L., JOHNSTONE, I. M., KERKYACHARIAN, G. and PICARD, D. (1995). Wavelet shrinkage: Asymptopia? *Journal of the Royal Statistical Society, Series B, Methodological* **57** 301–337.

DÜMBGEN, L. (2003). Optimal confidence bands for shape-restricted curves. *Bernoulli* **9** 423–449.

DÜMBGEN, L. and JOHNS, R. (2004). Confidence bands for isotonic median curves using sign-tests. *Journal of Computational and Graphical Statistics* **13** 519–533.

DÜMBGEN, L. and SPOKOINY, V. G. (2001). Multiscale testing of qualitative hypotheses. *The Annals of Statistics* **29** 124–152.

EFROMOVICH, S. (1999). *Nonparametric Curve Estimation: Methods, Theory and Applications.* Springer-Verlag. New York, NY.

EFROMOVICH, S. Y. and PINSKER, M. S. (1982). Estimation of square-integrable probability density of a random variable. *Problems of Information Transmission, (Transl of Problemy Peredachi Informatsii)* **18** 175–189.

EFROMOVICH, S. Y. and PINSKER, M. S. (1984). A learning algorithm for nonparametric filtering. *Automat. i Telemekh* **11** 58–65.

EFRON, B. (1979). Bootstrap methods: Another look at the jackknife. *The Annals of Statistics* **7** 1–26.

EFRON, B., HASTIE, T., JOHNSTONE, I. and TIBSHIRANI, R. (2004). Least angle regression. *The Annals of Statistics* **32** 407–499.

EFRON, B. and TIBSHIRANI, R. J. (1993). *An Introduction to the Bootstrap.* Chapman and Hall. New York, NY.

FAN, J. (1992). Design-adaptive nonparametric regression. *Journal of the*

American Statistical Association **87** 998–1004.

FAN, J. and GIJBELS, I. (1995). Data-driven bandwidth selection in local polynomial fitting: Variable bandwidth and spatial adaptation. *Journal of the Royal Statistical Society, Series B, Methodological* **57** 371–394.

FAN, J. and GIJBELS, I. (1996). *Local Polynomial Modelling and Its Applications.* Chapman and Hall. New York, NY.

FAN, J. and MARRON, J. S. (1994). Fast implementations of nonparametric curve estimators. *Journal of Computational and Graphical Statistics* **3** 35–56.

FAN, J. and TRUONG, Y. K. (1993). Nonparametric regression with errors in variables. *The Annals of Statistics* **21** 1900–1925.

FARAWAY, J. J. (1990). Bootstrap selection of bandwidth and confidence bands for nonparametric regression. *Journal of Statistical Computation and Simulation* **37** 37–44.

FARAWAY, J. J. and SUN, J. (1995). Simultaneous confidence bands for linear regression with heteroscedastic errors. *Journal of the American Statistical Association* **90** 1094–1098.

FERNHOLZ, L. T. (1983). *Von Mises' Calculus for Statistical Functionals.* Springer-Verlag. New York, NY.

FREEDMAN, D. (1999). Wald lecture: On the Bernstein–von Mises theorem with infinite-dimensional parameters. *The Annals of Statistics* **27** 1119–1141.

FRIEDMAN, J. H. (1991). Multivariate adaptive regression splines. *The Annals of Statistics* **19** 1–67.

FRIEDMAN, J. H. and STUETZLE, W. (1981). Projection pursuit regression. *Journal of the American Statistical Association* **76** 817–823.

FULLER, W. A. (1987). *Measurement Error Models.* John Wiley. New York, NY.

GAO, F., WAHBA, G., KLEIN, R. and KLEIN, B. (2001). Smoothing spline ANOVA for multivariate Bernoulli observations with application to ophthalmology data. *Journal of the American Statistical Association* **96** 127–160.

GASSER, T., SROKA, L. and JENNEN-STEINMETZ, C. (1986). Residual variance and residual pattern in nonlinear regression. *Biometrika* **73** 625–633.

GEMAN, S. and HWANG, C.-R. (1982). Nonparametric maximum likelihood estimation by the method of sieves. *The Annals of Statistics* **10** 401–414.

GENOVESE, C., MILLER, C., NICHOL, R., ARJUNWADKAR, M. and WASSERMAN, L. (2004). Nonparametric inference for the cosmic microwave background. *Statistical Science* **19** 308–321.

GENOVESE, C. and WASSERMAN, L. (2005). Nonparametric confidence sets for wavelet regression. *Annals of Statistics* **33** 698–729.

GENOVESE, C. R. and WASSERMAN, L. (2000). Rates of convergence for the Gaussian mixture sieve. *The Annals of Statistics* **28** 1105–1127.

GHOSAL, S., GHOSH, J. K. and RAMAMOORTHI, R. V. (1999). Posterior consistency of Dirichlet mixtures in density estimation. *The Annals of Statistics* **27** 143–158.

GHOSAL, S., GHOSH, J. K. and VAN DER VAART, A. W. (2000). Convergence rates of posterior distributions. *The Annals of Statistics* **28** 500–531.

GHOSH, J. and RAMAMOORTHI, R. (2003). *Bayesian Nonparametrics*. Springer-Verlag. New York, NY.

GLAD, I., HJORT, N. and USHAKOV, N. (2003). Correction of density estimators that are not densities. *Scandinavian Journal of Statististics* **30** 415–427.

GOLDENSHLUGER, A. and NEMIROVSKI, A. (1997). On spatially adaptive estimation of nonparametric regression. *Mathematical Methods of Statistics* **6** 135–170.

GREEN, P. J. and SILVERMAN, B. W. (1994). *Nonparametric regression and generalized linear models: a roughness penalty approach*. Chapman and Hall. New York, NY.

GRENANDER, U. (1981). *Abstract Inference*. John Wiley. New York, NY.

HALL, P. (1987). On Kullback–Leibler loss and density estimation. *The Annals of Statistics* **15** 1491–1519.

HALL, P. (1992a). *The Bootstrap and Edgeworth Expansion*. Springer-Verlag.

New York, NY.

HALL, P. (1992b). On bootstrap confidence intervals in nonparametric regression. *The Annals of Statistics* **20** 695–711.

HALL, P. (1993). On Edgeworth expansion and bootstrap confidence bands in nonparametric curve estimation. *Journal of the Royal Statistical Society, Series B, Methodological* **55** 291–304.

HALL, P. and WAND, M. P. (1996). On the accuracy of binned kernel density estimators. *Journal of Multivariate Analysis* **56** 165–184.

HÄRDLE, W. (1990). *Applied Nonparametric Regression.* Cambridge University Press. Cambridge.

HÄRDLE, W. and BOWMAN, A. W. (1988). Bootstrapping in nonparametric regression: Local adaptive smoothing and confidence bands. *Journal of the American Statistical Association* **83** 102–110.

HÄRDLE, W., HALL, P. and MARRON, J. S. (1988). How far are automatically chosen regression smoothing parameters from their optimum? *Journal of the American Statistical Association* **83** 86–95.

HÄRDLE, W., KERKYACHARIAN, G., PICARD, D. and TSYBAKOV, A. (1998). *Wavelets, Approximation, and Statistical Applications.* Springer-Verlag. New York, NY.

HÄRDLE, W. and MAMMEN, E. (1993). Comparing nonparametric versus parametric regression fits. *The Annals of Statistics* **21** 1926–1947.

HÄRDLE, W. and MARRON, J. S. (1991). Bootstrap simultaneous error bars for nonparametric regression. *The Annals of Statistics* **19** 778–796.

HASTIE, T. and LOADER, C. (1993). Local regression: Automatic kernel carpentry. *Statistical Science* **8** 120–129.

HASTIE, T. and TIBSHIRANI, R. (1999). *Generalized Additive Models.* Chapman and Hall. New York, NY.

HASTIE, T., TIBSHIRANI, R. and FRIEDMAN, J. H. (2001). *The Elements of Statistical Learning: Data Mining, Inference, and Prediction.* Springer-Verlag. New York, NY.

HENGARTNER, N. W. and STARK, P. B. (1995). Finite-sample confidence envelopes for shape-restricted densities. *The Annals of Statistics* **23** 525–

550.

HJORT, N. (1999). Towards semiparametric bandwidth selectors for kernel density estimation. *Statistical Research Report.* Department of Mathematics, University of Oslo .

HJORT, N. (2003). Topics in nonparametric Bayesian statistics. In *Highly Structured Stochastic Systems. P. Green, N.L. Hjort, S. Richardson (Eds.).* Oxford University Press. Oxford.

HJORT, N. L. and JONES, M. C. (1996). Locally parametric nonparametric density estimation. *The Annals of Statistics* **24** 1619–1647.

HOLMSTRÖM, L. (2000). The accuracy and the computational complexity of a multivariate binned kernel density estimator. *Journal of Multivariate Analysis* **72** 264–309.

HOTELLING, H. (1939). Tubes and spheres in n-spaces, and a class of statistical problems. *American Journal of Mathematics* **61** 440–460.

HUANG, T.-M. (2004). Convergence rates for posterior distributions and adaptive estimation. *The Annals of Statistics* **32** 1556–1593.

IBRAGIMOV, I. A. and HAS'MINSKII, R. Z. (1977). On the estimation of an infinite-dimensional parameter in Gaussian white noise. *Soviet Math. Dokl.* **236** 1053–1055.

INGSTER, Y. and SUSLINA, I. (2003). *Nonparametric Goodness-of-Fit Testing Under Gaussian Models.* Springer-Verlag. New York, NY.

INGSTER, Y. I. (1993a). Asymptotically minimax hypothesis testing for nonparametric alternatives. I. *Mathematical Methods of Statistics* **2** 85–114.

INGSTER, Y. I. (1993b). Asymptotically minimax hypothesis testing for nonparametric alternatives. II. *Mathematical Methods of Statistics* **2** 171–189.

INGSTER, Y. I. (1993c). Asymptotically minimax hypothesis testing for nonparametric alternatives, III. *Mathematical Methods of Statistics* **2** 249–268.

INGSTER, Y. I. (1998). Minimax detection of a signal for l^n-balls. *Mathematical Methods of Statistics* **7** 401–428.

INGSTER, Y. I. (2001). Adaptive detection of a signal of growing dimension. I. *Mathematical Methods of Statistics* **10** 395–421.

INGSTER, Y. I. (2002). Adaptive detection of a signal of growing dimension. II. *Mathematical Methods of Statistics* **11** 37–68.

INGSTER, Y. I. and SUSLINA, I. A. (2000). Minimax nonparametric hypothesis testing for ellipsoids and Besov bodies. *ESAIM P&S: Probability and Statistics* **4** 53–135.

JANG, W., GENOVESE, C. and WASSERMAN, L. (2004). Nonparametric confidence sets for densities. *Technical Report,* Carnegie Mellon University, Pittsburgh.

JOHNSTONE, I. (2003). *Function Estimation in Gaussian Noise: Sequence Models.* Unpublished manuscript.

JUDITSKY, A. and LAMBERT-LACROIX, S. (2003). Nonparametric confidence set estimation. *Mathematical Methods of Statistics* **19** 410–428.

JUDITSKY, A. and NEMIROVSKI, A. (2002). On nonparametric tests of positivity/monotonicity/convexity. *The Annals of Statistics* **30** 498–527.

LEPSKI, O. (1999). How to improve the accuracy of estimation. *Mathematical Methods in Statistics* **8** 441–486.

LEPSKI, O. V., MAMMEN, E. and SPOKOINY, V. G. (1997). Optimal spatial adaptation to inhomogeneous smoothness: An approach based on kernel estimates with variable bandwidth selectors. *The Annals of Statistics* **25** 929–947.

LEPSKI, O. V. and SPOKOINY, V. G. (1999). Minimax nonparametric hypothesis testing: The case of an inhomogeneous alternative. *Bernoulli* **5** 333–358.

LEPSKII, O. V. (1991). On a problem of adaptive estimation in Gaussian white noise. *Theory of Probability and Its Applications (Transl of Teorija Verojatnostei i ee Primenenija)* **35** 454–466.

LI, K.-C. (1989). Honest confidence regions for nonparametric regression. *The Annals of Statistics* **17** 1001–1008.

LIN, X., WAHBA, G., XIANG, D., GAO, F., KLEIN, R. and KLEIN, B. (2000). Smoothing spline ANOVA models for large data sets with Bernoulli observations and the randomized GACV. *The Annals of Statistics* **28** 1570–1600.

LIN, Y. (2000). Tensor product space ANOVA models. *The Annals of Statistics* **28** 734–755.

LOADER, C. (1999a). *Local Regression and Likelihood.* Springer-Verlag. New York, NY.

LOADER, C. R. (1999b). Bandwidth selection: classical or plug-in? *The Annals of Statistics* **27** 415–438.

LOW, M. G. (1997). On nonparametric confidence intervals. *The Annals of Statistics* **25** 2547–2554.

MALLOWS, C. L. (1973). Some comments on C_p. *Technometrics* **15** 661–675.

MAMMEN, E. and VAN DE GEER, S. (1997). Locally adaptive regression splines. *The Annals of Statistics* **25** 387–413.

MARRON, J. S. and WAND, M. P. (1992). Exact mean integrated squared error. *The Annals of Statistics* **20** 712–736.

McAULIFFE, J., BLEI, D. and JORDAN, M. (2004). *Variational inference for Dirichlet process mixtures.* Department of Statistics, University of California, Berkeley.

McCULLAGH, P. and NELDER, J. A. (1999). *Generalized linear models.* Chapman and Hall. New York, NY.

MORGAN, J. N. and SONQUIST, J. A. (1963). Problems in the analysis of survey data, and a proposal. *Journal of the American Statistical Association* **58** 415–434.

MÜLLER, H.-G. and STADTMLLER, U. (1987). Variable bandwidth kernel estimators of regression curves. *The Annals of Statistics* **15** 182–201.

NAIMAN, D. Q. (1990). Volumes of tubular neighborhoods of spherical polyhedra and statistical inference. *The Annals of Statistics* **18** 685–716.

NEUMANN, M. H. (1995). Automatic bandwidth choice and confidence intervals in nonparametric regression. *The Annals of Statistics* **23** 1937–1959.

NEUMANN, M. H. and POLZEHL, J. (1998). Simultaneous bootstrap confidence bands in nonparametric regression. *Journal of Nonparametric Statistics* **9** 307–333.

NUSSBAUM, M. (1985). Spline smoothing in regression models and asymptotic efficiency in L_2. *The Annals of Statistics* **13** 984–997.

NUSSBAUM, M. (1996a). Asymptotic equivalence of density estimation and Gaussian white noise. *The Annals of Statistics* **24** 2399–2430.

NUSSBAUM, M. (1996b). The Pinsker bound: A review. In *Encyclopedia of Statistical Sciences (S. Kotz, Ed)*. Wiley. New York, NY.

NYCHKA, D. (1988). Bayesian confidence intervals for smoothing splines. *Journal of the American Statistical Association* **83** 1134–1143.

OGDEN, R. T. (1997). *Essential Wavelets for Statistical Applications and Data Analysis*. Birkhäuser. Boston, MA.

OPSOMER, J., WANG, Y. and YANG, Y. (2001). Nonparametric regression with correlated errors. *Statistical Science* **16** 134–153.

O'SULLIVAN, F. (1986). A statistical perspective on ill-posed inverse problems. *Statistical Science* **1** 502–527.

PAGANO, M. and GAUVREAU, K. (1993). *Principles of biostatistics*. Duxbury Press. New York, NY.

PARZEN, E. (1962). On estimation of a probability density function and mode. *The Annals of Mathematical Statistics* **33** 1065–1076.

PICARD, D. and TRIBOULEY, K. (2000). Adaptive confidence interval for pointwise curve estimation. *The Annals of Statistics* **28** 298–335.

QUENOUILLE, M. (1949). Approximate tests of correlation in time series. *Journal of the Royal Statistical Society B* **11** 18–84.

RICE, J. (1984). Bandwidth choice for nonparametric regression. *The Annals of Statistics* **12** 1215–1230.

RICE, S. (1939). The distribution of the maxima of a random curve. *American Journal of Mathematics* **61** 409–416.

ROBERTSON, T., WRIGHT, F. T. and DYKSTRA, R. (1988). *Order restricted statistical inference*. Wiley. New York, NY.

ROBINS, J. and VAN DER VAART, A. (2005). Adaptive nonparametric confidence sets. *To appear: The Annals of Statistics*.

ROSENBLATT, M. (1956). Remarks on some nonparametric estimates of a density function. *Annals of Mathematical Statistics* **27** 832–837.

RUDEMO, M. (1982). Empirical choice of histograms and kernel density estimators. *Scandinavian Journal of Statistics* **9** 65–78.

RUPPERT, D. (1997). Empirical-bias bandwidths for local polynomial nonparametric regression and density estimation. *Journal of the American Statistical Association* **92** 1049–1062.

RUPPERT, D., WAND, M. and CARROLL, R. (2003). *Semiparametric Regression*. Cambridge University Press. Cambridge.

RUPPERT, D. and WAND, M. P. (1994). Multivariate locally weighted least squares regression. *The Annals of Statistics* **22** 1346–1370.

SAIN, S. R. (2002). Multivariate locally adaptive density estimation. *Computational Statistics and Data Analysis* **39** 165–186.

SCHEFFÉ, H. (1959). *The Analysis of Variance*. Wiley. New York, NY.

SCHWARTZ, L. (1965). On Bayes procedures. *Zeitschrift für Wahrscheinlichkeitstheorie und Verwandte Gebiete* **4** 10–26.

SCHWARZ, G. (1978). Estimating the dimension of a model. *The Annals of Statistics* **6** 461–464.

SCOTT, D. W. (1992). *Multivariate Density Estimation: Theory, Practice, and Visualization*. Wiley. New York, NY.

SERFLING, R. J. (1980). *Approximation Theorems of Mathematical Statistics*. Wiley. New York, NY.

SHAO, J. and TU, D. (1995). *The Jackknife and Bootstrap*. Springer-Verlag. New York, NY.

SHEN, X., SHI, J. and WONG, W. H. (1999). Random sieve likelihood and general regression models. *Journal of the American Statistical Association* **94** 835–846.

SHEN, X. and WASSERMAN, L. (2001). Rates of convergence of posterior distributions. *The Annals of Statistics* **29** 687–714.

SHEN, X. and WONG, W. H. (1994). Convergence rate of sieve estimates. *The Annals of Statistics* **22** 580–615.

SIGRIST, M. E. (1994). *Air Monitoring by Spectroscopic Techniques*. Wiley. New York, NY.

SILVERMAN, B. W. (1984). Spline smoothing: The equivalent variable kernel method. *The Annals of Statistics* **12** 898–916.

SILVERMAN, B. W. (1986). *Density Estimation for Statistics and Data Analysis*. Chapman and Hall. New York, NY.

SIMONOFF, J. S. (1996). *Smoothing Methods in Statistics*. Springer-Verlag. New York, NY.

SINGH, K. (1981). On the asymptotic accuracy of Efron's bootstrap. *The Annals of Statistics* **9** 1187–1195.

STAUDENMAYER, J. and RUPPERT, D. (2004). Local polynomial regression and simulation–extrapolation. *Journal of the Royal Statistical Society Series B* **66** 17–30.

STEFANSKI, L. A. (1985). The effects of measurement error on parameter estimation. *Biometrika* **72** 583–592.

STEFANSKI, L. A. (1990). Rates of convergence of some estimators in a class of deconvolution problems. *Statistics and Probability Letters* **9** 229–235.

STEFANSKI, L. A. and COOK, J. R. (1995). Simulation–extrapolation: The measurement error jackknife. *Journal of the American Statistical Association* **90** 1247–1256.

STEIN, C. M. (1981). Estimation of the mean of a multivariate normal distribution. *The Annals of Statistics* **9** 1135–1151.

STONE, C. J. (1984). An asymptotically optimal window selection rule for kernel density estimates. *The Annals of Statistics* **12** 1285–1297.

SUN, J. and LOADER, C. R. (1994). Simultaneous confidence bands for linear regression and smoothing. *The Annals of Statistics* **22** 1328–1345.

TEH, Y., JORDAN, M., BEAL, M. and BLEI, D. (2004). Hierarchical dirichlet processes. In *Technical Report*. Department of Statistics, University of California, Berkeley.

TIBSHIRANI, R. (1996). Regression shrinkage and selection via the lasso.

Journal of the Royal Statistical Society, Series B, Methodological **58** 267–288.

TUKEY, J. (1958). Bias and confidence in not quite large samples. *The Annals of Mathematical Statistics* **29** 614.

VAN DE GEER, S. (1995). The method of sieves and minimum contrast estimators. *Mathematical Methods of Statistics* **4** 20–38.

VAN DE GEER, S. A. (2000). *Empirical Processes in M-Estimation.* Cambridge University Press. Cambridge.

VAN DER VAART, A. W. (1998). *Asymptotic Statistics.* Cambridge University Press.

VAN DER VAART, A. W. and WELLNER, J. A. (1996). *Weak Convergence and Empirical Processes: With Applications to Statistics.* Springer-Verlag.

VENABLES, W. N. and RIPLEY, B. D. (2002). *Modern Applied Statistics with S.* Springer-Verlag. New York, NY.

WAHBA, G. (1983). Bayesian "confidence intervals" for the cross-validated smoothing spline. *Journal of the Royal Statistical Society, Series B, Methodological* **45** 133–150.

WAHBA, G. (1990). *Spline models for observational data.* SIAM. New York, NY.

WAHBA, G., WANG, Y., GU, C., KLEIN, R. and KLEIN, B. (1995). Smoothing spline ANOVA for exponential families, with application to the Wisconsin Epidemiological Study of Diabetic Retinopathy. *The Annals of Statistics* **23** 1865–1895.

WALKER, S. (2004). Modern Bayesian asymptotics. *Statistical Science* **19** 111–117.

WALKER, S. and HJORT, N. L. (2001). On Bayesian consistency. *Journal of the Royal Statistical Society, Series B, Methodological* **63** 811–821.

WAND, M. P. (1994). Fast computation of multivariate kernel estimators. *Journal of Computational and Graphical Statistics* **3** 433–445.

WASSERMAN, L. (1998). Asymptotic properties of nonparametric Bayesian procedures. In *Practical Nonparametric and Semiparametric Bayesian Statistics*. Springer-Verlag. New York, NY.

WASSERMAN, L. (2000). Bayesian model selection and model averaging. *Journal of Mathematical Psychology* **44** 92–107.

WASSERMAN, L. (2004). *All of Statistics: A Concise Course in Statistical Inference*. Springer-Verlag. New York, NY.

WEISBERG, S. (1985). *Applied Linear Regression*. Wiley. New York, NY.

WONG, W. H. and SHEN, X. (1995). Probability inequalities for likelihood ratios and convergence rates of sieve MLEs. *The Annals of Statistics* **23** 339–362.

YU, K. and JONES, M. (2004). Likelihood-based local linear estimation of the conditional variance function. *Journal of the American Statistical Association* **99** 139–144.

ZHANG, C.-H. (2002). Risk bounds in isotonic regression. *The Annals of Statistics* **2** 528 – 555.

ZHANG, P. (1991). Variable selection in nonparametric regression with continuous covariates. *The Annals of Statistics* **19** 1869–1882.

ZHAO, L. H. (2000). Bayesian aspects of some nonparametric problems. *The Annals of Statistics* **28** 532–552.

符 号 表

$\mathbb{R}$	实数
$\mathbb{P}(A)$	事件 A 的概率
F_X	累积分布函数
f_X	概率密度 (或质量) 函数
$X \sim F$	X 有分布 F
$X \sim f$	X 有密度为 f 的分布
$X \stackrel{d}{=} Y$	X 和 Y 有同样的分布
IID	独立同分布
$X_1, \cdots, X_n \sim F$	来自 F 的样本量为 n 的 IID 样本
ϕ	标准正态概率密度
Φ	标准正态分布函数
z_α	$N(0,1)$ 上 α 分位数: $z_\alpha = \Phi^{-1}(1-\alpha)$
$\mathbb{E}(X) = \int x \mathrm{d}F(x)$	随机变量 X 的期望值 (均值)
$\mathbb{V}(X)$	随机变量 X 的方差
$\mathrm{Cov}(X, Y)$	X 和 Y 的协方差
$\stackrel{\mathrm{P}}{\to}$	依概率收敛
$\rightsquigarrow$	依分布收敛
$x_n = o(a_n)$	$x_n/a_n \to 0$
$x_n = O(a_n)$	对大的 n, $|x_n/a_n|$ 有界
$X_n = o_P(a_n)$	$X_n/a_n \stackrel{\mathrm{P}}{\to} 0$
$X_n = O_P(a_n)$	对大的 n, $|X_n/a_n|$ 依概率有界
$T(F)$	统计泛函 (如均值)
$\mathcal{L}_n(\theta)$	似然函数

分 布 表

描述	PDF 或概率函数	均值	方差	MGF
在 a 的点概率	$I(x=a)$	a	0	e^{at}
Bernoulli(p)	$p(1-p)^{1-x}$	p	$p(1-p)$	$pe^t+(1-p)$
Binomial(n,p)	$\binom{n}{x}p^x(1-p)^{n-x}$	np	$np(1-p)$	$[pe^t+(1-p)]^n$
Geometric(p)	$p(1-p)^{x-1}I(x\geq 1)$	$1/p$	$\dfrac{1-p}{p^2}$	$\dfrac{pe^t}{1-(1-p)e^t}(t<-\log(1-p))$
Poisson(λ)	$\dfrac{\lambda^x e^{-\lambda}}{x!}$	λ	λ	$e^{\lambda(e^t-1)}$
Uniform(a,b)	$I(a<x<b)/(b-a)$	$\dfrac{a+b}{2}$	$\dfrac{(b-a)^2}{12}$	$\dfrac{e^{bt}-e^{at}}{(b-a)t}$
Normal(μ,σ^2)	$\dfrac{1}{\sigma\sqrt{2\pi}}e^{-(x-\mu)^2/(2\sigma^2)}$	μ	σ^2	$\exp\left\{\mu t+\dfrac{\sigma^2 t^2}{2}\right\}$
Exponential(β)	$\dfrac{e^{-x/\beta}}{\beta}$	β	β^2	$\dfrac{1}{1-\beta t}(t<1/\beta)$
Gamma(α,β)	$\dfrac{x^{\alpha-1}e^{-x/\beta}}{\Gamma(\alpha)\beta^\alpha}$	$\alpha\beta$	$\alpha\beta^2$	$\left(\dfrac{\alpha}{\beta-t}\right)^\alpha\ (t<\beta)$
Beta(α,β)	$\dfrac{\Gamma(\alpha+\beta)}{\Gamma(\alpha)\Gamma(\beta)}x^{\alpha-1}(1-x)^{\beta-1}$	$\dfrac{\alpha}{\alpha+\beta}$	$\dfrac{\alpha\beta}{(\alpha+\beta)^2(\alpha+\beta+1)}$	$1+\sum_{k=1}^{\infty}\left(\prod_{r=0}^{k-1}\dfrac{\alpha+r}{\alpha+\beta+r}\right)\dfrac{t^k}{k!}$
t_ν	$\dfrac{\Gamma\left(\dfrac{\nu+1}{2}\right)}{\Gamma\left(\dfrac{\nu}{2}\right)}\dfrac{1}{\sqrt{\nu}}\left(1+\dfrac{x^2}{\nu}\right)^{(\nu+1)/2}$	$0(\nu>1)$	$\dfrac{\nu}{\nu-2}(\nu>2)$	不存在
χ_p^2	$\dfrac{1}{\Gamma(p/2)2^{p/2}}x^{(p/2)-1}e^{-x/2}$	p	$2p$	$\left(\dfrac{1}{1-2t}\right)^{p/2}(t\leq 1/2)$

英译汉索引

A

adaptive estimation (适应性估计), 128

adaptive inference (适应性推断), 93

averaging kernel, 193

adaptive kernel (适应性核), 110

additive model (可加模型), 41, 84

adjusted percentile methods (调整的分位数方法), 28

AIC, 150

all possible subsets (所有可能子集), 123

almost sure convergence (几乎处处收敛), 3

attenuation bias (衰减偏倚), 188

average coverage (平均覆盖率), 76

average mean squared error (平均的均方误差), 42

averaging kernel, 193

B

backfitting (回转拟合), 83

Backus-Gilbert averaging kernel (Backus-Gilbert 平均核), 193

bandwidth (带宽), 58, 102, 105

Baraud, 131, 197

Bart Simpson, 100, 101, 112, 115

basis, 117

basis pursuit (基寻踪), 177

Bayes rule (贝叶斯规则), 195

Beran-Dümbgen-Stein (枢轴方法), 135

Bernstion (不等式), 8

Besov seminorm (Besov 半范数), 175

Besov space (Besov 空间), 175

bisa problem (偏倚问题), 72

bias-variance decomposition(偏倚–方差分解), 5

bias-variance tradeoff (偏倚–方差平衡), 42

bias-corrected and accelerated (偏倚矫正及加速的), 29

BIC, 150

Big Bang (大爆炸), 37

binning (装箱), 198

bins (箱), 102

binwidth (带宽), 102

bootstrap (自助法), 24

bootstrap confidence interval (自助法置信区间), 26

boundary bias (边界偏倚), 60

boxcar (核), 44

C

cascade equality (层叠等式), 183

Cauchy-Schwartz (不等式), 8

central limit theorem (中心极限定理叙述), 4

Chebyshev (不等式), 7

classification (分类问题), 195

claw (爪), 101

CMB, 58

column space (列空间), 50

complete (完全的), 117

confidence ball (置信球), 5

confidence band (置信带), 6

confidence envelope (置信包络), 6

confidence intervals (自助法枢轴置信区间), 27, 178